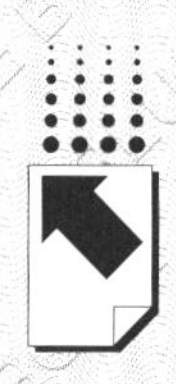

权威·前沿·原创

皮书系列为

“十二五”“十三五”“十四五”时期国家重点出版物出版专项规划项目

智库成果出版与传播平台

中国碳排放权交易市场报告（2021~2022）

ANNUAL REPORT ON CHINA'S CARBON EMISSION TRADING MARKET(2021-2022)

主　编／赵忠秀
副主编／王璟珉　彭红枫

社会科学文献出版社
SOCIAL SCIENCES ACADEMIC PRESS (CHINA)

图书在版编目（CIP）数据

中国碳排放权交易市场报告．2021～2022／赵忠秀主编；王璟珉，彭红枫副主编．--北京：社会科学文献出版社，2022.12
（低碳发展蓝皮书）
ISBN 978-7-5228-1221-2

Ⅰ．①中… Ⅱ．①赵… ②王… ③彭… Ⅲ．①二氧化碳-排污交易-市场-研究报告-中国-2021-2022
Ⅳ．①X511

中国版本图书馆 CIP 数据核字（2022）第 234987 号

低碳发展蓝皮书
中国碳排放权交易市场报告（2021～2022）

主　　编／赵忠秀
副 主 编／王璟珉　彭红枫

出 版 人／王利民
组稿编辑／恽　薇
责任编辑／冯咏梅
文稿编辑／林含笑
责任印制／王京美

出　　版／社会科学文献出版社·经济与管理分社（010）59367226
地址：北京市北三环中路甲 29 号院华龙大厦　邮编：100029
网址：www.ssap.com.cn
发　　行／社会科学文献出版社（010）59367028
印　　装／天津千鹤文化传播有限公司

规　　格／开 本：787mm×1092mm　1/16
印 张：22.25　字 数：333 千字
版　　次／2022 年 12 月第 1 版　2022 年 12 月第 1 次印刷
书　　号／ISBN 978-7-5228-1221-2
定　　价／168.00 元

读者服务电话：4008918866

《中国碳排放权交易市场报告（2021~2022）》
编　委　会

主要编撰者简介

赵忠秀　经济学博士、教授、博士生导师，山东财经大学校长。享受国务院政府特殊津贴专家。长期从事国际贸易学、产业经济学、全球价值链、低碳经济等研究。2009 年入选教育部“新世纪优秀人才支持计划”。国际贸易学国家重点学科带头人、国际贸易国家级教学团队带头人。现担任教育部高等学校经济与贸易类专业教学指导委员会主任委员、教育部新文科建设工作组成员、全国国际商务专业学位研究生教育指导委员会委员、中国专业学位案例建设专家咨询委员会委员、山东省人民政府学位委员会委员、中国世界经济学会副会长、中国国际贸易学会副会长、金砖国家智库合作中方理事会副理事长、第二届商务部经贸政策咨询委员会委员、财政部宏观研究人才库专家、中国贸促会专家委员会委员、第三届广东省人民政府决策咨询顾问委员会委员、山东省经济领域战略咨询专家委员会委员、中国碳标签产业创新联盟理事长、跨国公司领导人青岛峰会咨询委员会委员、德国艾哈德基金会国际科学家委员会委员。在《求是》、《中国社会科学》（英文版）、《管理世界》、《发展经济学评论》、《中国经济评论》等期刊上发表论文多篇，出版教材、著作、蓝皮书等多部，主持国家社科基金重大项目、教育部哲学社会科学研究重大课题攻关项目以及联合国工业发展组织、美国、挪威等国际合作课题多项，2018 年获得国家级教学成果奖二等奖 2 项。

王璟珉　工学博士、应用经济学博士后，山东财经大学中国国际低碳学院执行院长、教授、硕士研究生导师。长期从事低碳经济与可持续发展、责任战略与绿色管理等交叉领域教学科研工作。校级教学名师，山东省社会科学学科新秀。兼任中国贸促会商业行业委员会绿色低碳贸易标准化技术委员会副秘书长、山东县域经济研究会副会长、山东节能协会常务理事、山东黄河促进会常务理事、山东省节能环保产业智库专家等社会职务，《中国人口·资源与环境》等期刊盲审专家。在《管理世界》、《中国人口·资源与环境》(中/英)、《财贸经济》、《山东大学学报》(哲学社会科学版) 等期刊上发表论文20余篇，其中中国人民大学复印报刊资料全文转载2篇，出版著作、教材多部，主持国家社科基金项目1项，承担多项国家级、省部级课题，参与省、市两级节能五年规划编写，工业企业碳达峰领跑者遴选标准设计，重点行业企业“双碳”目标路径调研等工作，科研成果多次荣获山东省社会科学优秀成果奖和山东省软科学优秀成果奖。

彭红枫　金融学博士，山东财经大学金融学院院长、教授、博士生导师，“百千万人才工程”国家级人选，国家有突出贡献中青年专家，教育部国家级青年人才，享受国务院政府特殊津贴专家，国家社科基金重大项目首席专家，泰山学者特聘教授，山东省“勇于创新奖”先进个人，山东省“留学人员回国创业奖”获得者。第二届全国金融青年联合会委员，中国金融学年会理事，中国金融工程学年会理事，中国系统工程学会金融系统工程专业委员会委员，山东省留学人员协会副会长。主要研究方向为金融工程、国际金融及碳金融。主持及参与国家社科基金重大项目、国家自然科学基金重大研究计划重点支持项目、教育部人文社科基金重大攻关项目、国家自然科学基金项目、教育部人文社会科学规划基金项目12项。在《经济研究》、《世界经济》、《金融研究》、《管理科学学报》、《统计研究》、《财贸经济》、《国际金融研究》以及 *Journal of Economic Dynamics and Control*、*Journal of Financial Stability*、*Journal of International Financial Markets*、*Institutions and Money* 等国内外期刊上发表论文60余篇。著作入选“国家哲学社会科学成果文库”，成果获高等学校科学研究优秀成果奖（人文社会科学）二等奖、第四届刘诗白经济学奖、山东省社科优秀成果一等奖。所讲授的“金融工程”课程获首批国家级一流本科课程。

摘　要

《中国碳排放权交易市场报告（2021～2022）》是由山东财经大学中国国际低碳学院主持编写的以中国碳排放权交易市场为主题的系列研究报告。本报告基于全球气候治理的国际形势和我国“双碳”战略目标提出的时代背景，针对我国碳排放权交易市场（以下简称“碳交易市场”）体系发展的现状、问题和趋势进行了系统梳理与总结，为改善我国碳交易市场环境、优化碳交易市场机制与相关政策、大力推进我国绿色低碳经济转型、按时实现“3060”目标提供理论依据和实践参考。

报告指出，碳排放权交易机制因其灵活性高、减排成本低的特点，已经被越来越多的国家和地区采纳为主要的碳定价机制。目前全球正在运行的33个碳交易市场已经形成“1个超国家级、8个国家级、18个省级或州级、6个城市级”的全球市场层级。截至2022年初，活跃的碳交易市场占全球GDP的55%和温室气体排放量的17%。在气候危机愈加凸显的大背景下，中国也在不断探索温室气体减排路径与适宜国情的碳排放权交易市场机制，目前已经经历了三个主要发展阶段：2005年开始的CDM项目推行阶段，2011年启动的碳交易试点市场建设与运行阶段，以及2014年推出、2021年7月16日正式启动的全国碳市场建设与运行阶段。目前中国呈现全国碳交易市场与区域试点市场同步发展的局面。中国从广度和深度上不断加强市场机制在温室气体减排方面的作用，不仅可以有效限制碳排放，还能有效推进绿色低碳技术创新和技术投资。全国碳交易市场的正式启动象征着中国成为全球覆盖温室气体排放量规模最大的碳市场。第一履约期所覆盖的行业尽管只有电力行业，但涉及2225家发电企业，超过40亿吨二氧化碳排放量。截至2021年12月3日，全国碳市场累计成交量达到5137.7万吨，日均成交量为54.7万吨；累计成交额达到22.0亿元，日均成交金额为2336.4万元。当前，全国碳市场运行总体平稳，截至2022年8月31日，碳排放配额累计成交量达1.95亿吨，累计成交额达85.59亿元。

全国碳交易市场的有效构建与科学运行对国内经济提质增效和绿色低碳转型发展具有重要意义。通过对我国碳交易试点市场和全国市场的系统梳理，报告认为：碳交易试点市场的发展为全国碳交易市场的启动和有序发展提供了宝贵的实践经验，并将持续在制度创新、金融创新等领域做出探索性推进。从第一、第二履约期情况来看，全国碳交易市场的特征主要表现在以下几方面。①政策导向型、履约型市场特征较为突出，现货市场是主要市场，电力行业企业是唯一参与主体，挂牌协议交易和大宗协议交易是主要交易方式，其中又以大宗交易为主，挂牌协议交易则是成交额最大的交易方式。②全国碳交易市场总体运行平稳，单就第二履约期来看，与第一履约期相比，市场交易活跃度陡降，且2022年以来55%的交易量发生在1月，后续成交量较少，市场持续低迷，这与履约期从一年改为两年有一定关系。③从碳排放量抵消情况来看，控排主体在第一履约期内累计使用超过3000万吨CCER抵缴碳排放配额，成交额高达9亿元。CCER在碳排放权交易体系中占据重要地位。因此，要在满足经济稳定增长的前提下，确保配额分配略低于企业当年温室气体排放量，从而使得控排单位有购买CCER的意愿。同时，也要对CCER进行总量控制，建立健全CCER审核制度，确保项目的额外性和数据的真实性，并完善CCER与其他工具的协同机制，充分发挥价格信号引导作用。④碳市场和碳金融之间相互依存、相互促进的关系愈加紧密。碳交易市场的发展逐步成为碳金融发展的前提和基础，碳市场交易标的金融属性亦愈加明显。同时，配套碳金融举措和政策的出台将从交易产品、交易主体、交易容量、交易方式及环节等各方面助推全国碳市场的发展。

报告构建了中国碳交易市场综合评价指标体系。该体系的建设是基于前人对碳交易市场的评价分析，结合碳市场建设目标和市场运转情况，综合考虑了交易规模、市场结构、市场价值、市场活跃度、市场波动性5个维度，选取10个具体指标构建而成。为了提升分析数据的颗粒度，指标体系基于月度交易数据进行分析。该指标体系通过对2021年7月16日至2022年7月16日共计242个交易日中国碳交易市场的运转情况进行分析发现：全国碳市场和8个碳交易试点市场的综合得分均有不同程度的上涨。得益于碳交易试点市场长期以来积累的宝贵经验，全国碳市场在初建阶段发展比较迅速，交易机制运行比较顺畅，在交易规模、交易价格、市场活跃度等几个关键指标上快速超越了碳交易试点市场，综合得分增长幅度最大。

从整体运行情况看，我国碳市场存在的较为突出的问题是有效性不足，这是由多方面原因造成的。①从碳配额总量和分配机制来看，我国碳配额总量是基于纳管企业碳排放强度设定的，存在配额核算滞后且供应量不稳等问题。分配机制方面，由于配额分配及上缴存在时滞，提前持有碳配额将承担碳价波动风险，因此纳管企业更倾向于临近履约期时根据核定配额总量进行交易。②参与主体方面，全国碳交易市场参与主体有限，就行业而言目前只纳入了电力行业2000余家企业，主体只有企业，投资机构等主体尚未被允许入场交易，因此企业参与交易主要以完成履约为目标，交易频次低。③企业的认知和准备不足。企业风险管理意识不强，在现货市场交易不足的情况下，缺乏对碳金融产品创新的需求，进一步限制了相关产品的推出。④市场监管制度有待完善。目前全国碳交易市场监管部门是生态环境部，但金融交易产品的监管归证监会，部门之间的制度差异也是影响创新，进而影响市场流动性的原因之一。全国碳交易市场启动不到两年时间，还有很长的路要走。

报告不仅从市场自身情况展开分析，还切入企业微观视角全面掌握交易主体的水平，深入调研走访企业、相关部门和交易机构，对不同类型的纳管企业的分布情况，参与全国碳交易市场的履约情况、抵消情况等进行了解。从企业低碳意识与理念、企业战略定位、碳管理制度建设、碳数据管理平台建设、碳交易管理能力建设等多方面掌握了当前企业参与碳交易市场，应对碳价风险的整体水平。

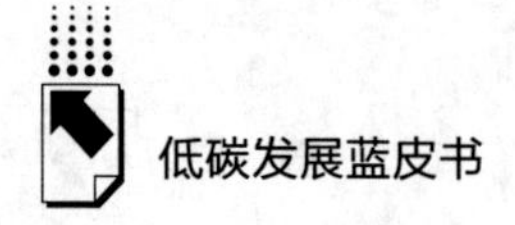

面对全国碳交易市场初始中市场和企业分别存在的问题和不足，报告认为：今后，应继续跟进国际上相对成熟碳市场的发展经验和发展态势，基于我国碳市场发展阶段及特征，尽快扩大纳入行业范围，设计多主体入市机制，扩大资金规模和平均市场活跃度；加快碳金融标准制定，推动碳金融产品设计，助力我国碳金融市场运营日趋规范与完善；加快信息化平台建设，增强各级市场协调性；提升企业碳管理意识和管理体系建设水平；培育碳市场与碳管理专业人才；将“碳税+碳市场”协同的多元碳定价机制提上日程；加快我国应对气候变化和碳交易市场相关立法进程。

关键词：“双碳”战略　碳排放权交易市场　绿色低碳转型　碳金融创新

序　一

力争2030年前实现碳达峰、2060年前实现碳中和，是以习近平同志为核心的党中央统筹国内国际两个大局、经过深思熟虑做出的重大战略决策，也是我国向世界做出的庄严承诺。党的二十大报告指出，要积极稳妥推进碳达峰、碳中和，完善碳排放统计核算制度，健全碳排放权市场交易制度。碳排放权市场交易制度是基于市场的碳减排重要政策工具，也是我国应对气候变化治理机制的重要创新，体现了我国在应对气候变化政策机制上，由过去依靠行政命令和财政补贴向基于市场的碳定价机制的重要转变。我国碳市场建设工作自2011年从地方试点开始，先后在北京、上海、天津、重庆、湖北、广东及深圳开展了碳排放权交易试点建设工作。截至2022年，我国试点碳市场覆盖钢铁、电力、水泥等20多个行业，囊括了近3000家重点排放单位。多年的碳市场试点工作为我国碳交易体系的建立和完善积累了宝贵的实践经验。

习近平主席在《中美元首气候变化联合声明》和出席巴黎气候大会的开幕致辞中，分别做出了“2017年启动碳排放交易体系”和建立碳排放权交易市场的重要宣示，并将“稳步推进全国碳排放权交易体系建设，逐步建立碳排放权交易制度”作为国家自主贡献的一项重要内容。2017年12月，国家发展改革委宣布以发电行业为突破口正式启动全国碳排放权交易市场的建设工作。2021年7月16日，全国碳市场正式启动上线交易。全国碳市场的启动和运行，展现了我国的大国责任与担当，既是中国履行《巴黎协定》中国家自主贡献目标的重要一步，也是中国将国际气候治理与国内目标有机结合的具体行动。截至2022年7月15日，全国碳市场共成交碳排放配额1.94亿吨，累计成交额84.92亿元，碳配额收盘价每吨57.99元。

全国碳市场上线一年多来效果显著，市场运行总体平稳，基本框架和基础设施初步建立，有效发挥了碳定价的基础性作用，推动企业节能减排的功效初步显现。迄今为止，全国碳市场已顺利迈入第二履约期阶段。

作为全球覆盖排放量最大的碳市场，中国的碳市场发展水平不仅影响着我国的温室气体减排和绿色低碳转型目标的实现，也对全球碳市场的持续发展意义重大。我很高兴看到赵忠秀教授及其团队，在全国碳市场开市之来进行了为期一年多的研究，并形成了此本《中国碳排放权交易市场报告（2021~2022）》。

我和忠秀教授相识于十多年前对外经贸大学准备筹建国际低碳经济研究所之时。当时忠秀教授给我的印象是，不仅深耕于国际贸易、产业经济和全球产业链研究，治学严谨、造诣深厚，而且对国内低碳发展的特点和趋势也颇具见识且观点深刻。我在和忠秀教授的交流中受益良多。也正是由于多年的辛勤耕耘和努力，忠秀教授在低碳发展领域特别是低碳发展的经济学方面成果卓著、影响重大，本书的出版不仅是其在过去低碳领域研究工作的延续，而且对我国正在发展的碳市场建设事业有着重要影响。

本书基于党的二十大报告对碳排放权交易市场的功能定位，从中国碳排放权交易体系的策略选择出发，围绕中国碳交易试点市场和全国碳市场，对碳市场运行和履约情况、政策调整与优化历程进行了分析，总结经验，寻找不足和解决方案，对稳妥有序推进中国碳排放权交易体系建设做出了展望。本书聚焦前沿、角度丰富、视野开阔、观点新颖、数据翔实，能够为从事碳交易市场相关研究和工作的同仁提供借鉴和参考。

最后，感谢本书的作者及其所在单位，他们为我国碳市场的建设和发展提出了宝贵的建议。希望忠秀教授能够带领其团队继续深入实践，不断总结创新，将《中国碳排放权交易市场报告》的研究和写作持续下去，为我国乃至全球碳排放权交易市场建设做出更大贡献。

王毅　研究员

第十三届全国人民代表大会常务委员会委员

中国科学院科技战略咨询研究院副院长

序　二

全球气候变化问题日益凸显，严重破坏地球的生态环境与人类的生产生活。从《联合国气候变化框架公约》到《巴黎协定》，人们不断探索着全球气候治理的方法和路径。第27届联合国气候变化大会于2022年11月在埃及的沙姆沙伊赫召开，会议首次将气候危机受害者的“损失和损害”赔偿问题提上议程。在格拉斯哥举行的第26届联合国气候变化大会上，各缔约国通过了一份关于碳市场交易的综合规则手册。为解决气候变化这一紧迫问题，全球主要采用碳税、碳排放权交易体系、碳信用、影子碳价格和内部碳定价等工具进行碳定价。这些工具将温室气体排放成本内部化，有效促进了净零排放目标的实现。其中，碳排放权交易体系因其灵活性高、减排成本低的优点被广泛采用。全球碳排放权交易体系在实践中不断发展，早期构建的欧盟碳排放权交易体系、新西兰碳排放权交易体系、加利福尼亚州总量与交易计划等碳交易市场已形成符合本国国情的交易机制，也为其他国家或地区提供了诸多可借鉴经验。

中国是全球第二大经济体，碳排放总量位居世界前列，其开展全国碳市场交易对本国和全球都有深远影响。中国自2011年开启地方碳交易试点工作，于2017年开始构建全国碳排放权交易市场，2021年7月16日成为全国碳排放权交易市场的第一个交易日。作为一名德国教授，我长期从事能源与气候变化经济学的相关研究，十分关注中国“双碳”目标及其经济影响。令我非常高兴的是，我的好朋友，也是我所尊敬的中国知名专家赵忠秀教授，在中国碳市场运行一周年之际，组织优秀团队撰写了这本《中国碳排放权交易市场报告（2021～2022）》。据我所知，本书是该蓝皮书系列的第一部书稿，对健全全国碳交易市场、推动中国经济提质增效、促进中国绿色低碳发展都具有重要意义。赵忠秀教授也是一位国际经济学和国际商务领域的专家，他为我们理解中国碳市场体系做出了巨大贡献，并亲自为我提供了有关中国能源和减排政策的宝贵见解。

本书立足研究前沿，系统性地梳理了中国乃至全球碳排放权交易体系，分析了全国碳市场的现状、机遇和挑战，并调查了地方试点碳市场的运行情况。本书还对典型省份的控排企业以及电力行业企业参与全国碳市场交易情况进行重点分析，并对全国八个试点碳市场进行综合评价，针对问题提出改进建议，为进一步发展和完善中国碳排放权交易市场奠定了坚实基础。除此之外，本书还从国际视角，整理了国外碳金融的政策演进路径与衍生工具类型，总结了国际碳市场链接与碳资产管理经验，这项有价值的工作对中国碳市场国际化、碳金融产品开发以及企业碳资产管理都有极大的参考价值。

我相信，赵教授领导的《中国碳排放权交易市场报告（2021～2022）》撰写团队将继续研究中国绿色低碳转型。一个运转良好、运行平稳的碳排放权交易市场对于中国“双碳”目标的达成与全球气候理想的实现都至关重要，愿这本书能对此有所贡献。

A. Löschel

吕安迪（Andreas Löschel）教授

德国联邦政府“未来能源” 专家委员会主席

德国国家工程院院士

德国波鸿鲁尔大学环境资源经济学与可持续发展讲席教授

山东财经大学顾问教授

目 录

Ⅰ 总报告

Ⅱ 碳交易试点市场篇

Ⅲ 区域与行业篇

Ⅳ 碳金融篇

Ⅴ 评价篇

Ⅵ 国际借鉴篇

Ⅶ 附 录

皮书数据库阅读使用指南

总报告

General Report

B.1
2021~2022年中国碳排放权交易市场形势与展望

赵忠秀　王璟珉　彭红枫 等*

摘　要：本报告首先总结了全球碳排放权交易体系的构建与发展过程，梳理了中国碳排放权交易体系由试点走向全国的具体路径以及中国

* 赵忠秀，经济学博士，教授，博士生导师，享受国务院政府特殊津贴专家，现担任山东财经大学校长，主要研究领域为国际贸易学、产业经济学、全球价值链、低碳经济；王璟珉，工学博士，应用经济学博士后，教授，硕士生导师，山东财经大学中国国际低碳学院执行院长，主要研究领域为低碳经济与可持续发展、责任战略与绿色管理；彭红枫，金融学博士，教授，博士生导师，山东财经大学金融学院院长，主要研究领域为人民币国际化、金融衍生工具、金融产品设计及风险管理；刘春紫，博士，山东财经大学保险学院讲师，主要研究领域为国际金融、金融文本分析、绿色金融；王营，山东财经大学金融学院副院长，教授，硕士生导师，主要研究领域为社会关系网络、公司金融、绿色金融以及金融风险；肖祖沔，山东财经大学金融学院副院长，副教授，硕士生导师，主要研究领域为数字金融、环境金融、国际金融；尹智超，山东财经大学金融学院国际金融系主任，副教授，硕士生导师，主要研究领域为货币政策、国际金融、碳金融；房芳，山东财经大学金融学院讲师，主要研究领域为货币政策、绿色金融；马世群，山东财经大学金融学院博士研究生，主要研究领域为绿色金融、金融风险管理；胡康颖，山东财经大学工商管理学院硕士研究生，主要研究领域为低碳经济与管理。

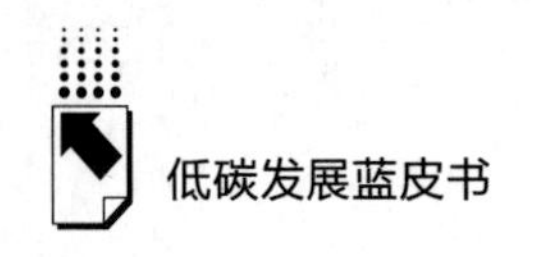

碳市场的运行机制；其次对全国碳排放权交易市场配额的价格波动特征和成交量情况分别进行统计考察，提出我国碳排放权交易市场运行面临的挑战，从内部基础和外部环境两个方面展望全国碳排放权交易市场（以下简称“碳市场”）发展；再次从碳交易履约和抵消两个层面分析了碳交易试点市场运行情况及存在问题，同时阐述了全国碳市场政策演化过程与实施情况；最后针对全国碳市场和各试点市场现存问题与发展特征，提出一系列政策优化建议：持续丰富碳市场产品结构，有序扩大碳市场交易主体范围，进一步完善交易场所建设，加快完善我国企业碳核算实践，建立碳排放持续在线监测的技术规范体系和监管体系，创新货币政策工具，建设国际化碳交易体系，以期为我国碳排放权交易市场完善与经济绿色转型提供经验启示。

关键词： 碳排放权交易市场　碳交易试点市场　低碳转型

一　全球碳排放权交易体系运行下的中国碳市场策略选择

（一）全球碳排放权交易体系的构建与发展

1. 全球碳排放权交易体系的构建

人类活动产生的二氧化碳不断累积造成气候变化，表现为全球气候变暖、酸雨和臭氧层破坏。气候变化不仅破坏生态环境，导致灾害性气候事件频繁发生，还对人类生产经营活动产生极大的不利影响，人们逐渐意识到应主动采取措施应对气候变化。1992 年 5 月 9 日，《联合国气候变化框架公约》（以下简称《公约》）通过，明确了发达国家与发展中国家合作应对气候变化最终目标：将大气中温室气体浓度稳定在防止气候系统受到危险的人为干预水平上。为落实控排目标，《公约》第三次缔约方会议通过的《京都议定书》，与 2020 年 12 月 31 日生效的《〈京都议定书〉多哈修正案》都进一步规定了全球温室气体总排放量、各协议国减排目标与碳排放配额，提出了三种灵活履约机制——国际排放交易机制（International Emission Trade，IET）、联合履约机制（Joint Implement，JI）和清洁发展机制（Clean Development Mechanism，CDM），旨在通过市场机制降低碳减排成本，催生出以二氧化碳排放权为交易标的的全球碳排放权交易体系。2015 年 11 月 30 日，《公约》第二十一次缔约方大会在巴黎举行，会上达成《巴黎协定》，该协定提出全球平均气温控制目标以及温室气体净零排放目标，并对各国的国家自主贡献与减排目标进行规定。至此，全球气候治理步入新阶段。

2. 全球碳排放权交易体系的发展

碳排放权交易体系因其灵活性高、减排成本低的特点被全球诸多国家和地区采用，其中包括发达经济体建立的代表性交易体系，如欧盟碳排放权交易体系、加利福尼亚州总量与交易计划、加拿大魁北克碳市场，也包括新兴经济体建立发展的全球碳市场，如亚洲第一个全国碳交易市场——韩国碳交易市场。表 1 为 8 个全球主要碳排放权交易体系的概况，表 2 为 2021 年与 2022 年（统计时间截至 2022 年 4 月 1 日）全球主要碳排放权交易体系的碳价格。

表 1　全球主要碳排放权交易体系概况

碳排放权交易体系	启动时间	行业	总量控制	分配方式	灵活履约机制
欧盟碳排放权交易体系	2005 年	电力、工业、航空	逐年递减	基于历史产量的基准法免费分配;拍卖	市场稳定储备机制
英国碳排放权交易体系	2021 年	电力、航空、能源密集型产业	逐年递减	30%比例免费分配;交易	成本控制机制
美国区域温室气体倡议	2009 年	电力	逐年递减	拍卖	成本控制储备
加利福尼亚州总量与交易计划	2012 年	电力、工业、建筑、交通	逐年递减	基于实际产出的基准法免费分配;拍卖	配额价格控制储备
加拿大魁北克碳市场	2012 年	电力、建筑、交通、工业和化石燃料燃烧	逐年递减	25%免费分配;75%拍卖	价格控制储备

续表

碳排放权交易体系	启动时间	行业	总量控制	分配方式	灵活履约机制
日本东京都碳排放权交易体系	2010 年	工业、商业、交通、居民垃圾	定期设定	基于历史排放量的免费分配	预设价格管理条款
韩国碳交易市场	2015 年	电力、工业、建筑、航空、废弃物处理	定期设定	基于历史排放量和产量的基准法免费分配;拍卖	配额分配委员会干预
新西兰碳排放权交易体系	2008 年	电力、工业、建筑、交通、航空、林业、废弃物处理	定期设定	基于实际产出的基准法免费分配;拍卖	成本控制储备

资料来源：根据公开资料整理。

表 2　2021~2022 年全球主要碳排放权交易体系的碳价格

单位：USD/tCO_2e

碳排放权交易体系	2021 年	2022 年
英国碳排放权交易体系	—	99
欧盟碳排放权交易体系	50	87
瑞士碳排放权交易体系	46	64
新西兰碳排放权交易体系	26	53
德国碳排放权交易体系	29	33
加利福尼亚州总量与交易计划	18	31
加拿大魁北克碳市场	18	31
韩国碳交易市场	16	19
美国区域温室气体倡议	9	14
中国全国碳市场	—	9
日本东京都碳排放权交易体系	5	4

资料来源：根据世界银行“State and Trends of Carbon Pricing 2021”与“State and Trends of Carbon Pricing 2022”整理。

全球碳排放权交易体系在实践中不断发展，主要特征如下。第一，各经济体碳排放权交易体系均分阶段逐步纳入不同行业企业，逐渐增加温室气体覆盖范围，这种方式有助于形成稳定碳价，也有助于为全行业覆盖与市场机制健全积累足够的经验。第二，碳排放总量逐渐下降，拍卖分配比例逐渐增加，目的是提高碳排放成本以激励企业采取减排行动，循序渐进地减少辖区内整体碳排放量。第三，市场交易机制愈加灵活，体现为交易产品增多、参与主体增加与市场灵活调节机制引入。在交易产品方面，由配额现货派生出各类衍生品，履约清缴产品也由碳排放配额发展为配额结合项目减排量；在参与主体方面，由以履约清缴为交易目的的控排企业扩展为其他有交易需求的机构或个人，并且金融机构进入市场为控排企业提供更多交易与融资服务；在市场调节方面，建立市场稳定储备、推迟配额拍卖、设定价格走廊等灵活调节机制，维护市场稳定。第四，随着政府减排政策力度加大与碳市场减排成效增强，各经济体不断提高减排目标以实现净零排放并控制气温上升。第五，邻近地区交易体系逐渐连接，推动碳市场区域化、全球化，促进碳排放权资源更大范围配置，进一步降低全球减排成本。

（二）2022年全球主要碳定价形式

碳定价是企业或政府将温室气体排放成本内部化，以促进低碳经济转型，并有助于实现净零排放目标的经济行为。根据世界银行发布的《碳定价机制发展现状与未来趋势 2021》，全球现有主要碳定价工具包括碳税、碳排放权交易体系、碳信用和内部碳定价。截至 2021 年，全球共有 64 个碳定价工具投入运行。虽然丰富的定价工具可以助力二氧化碳净零排放目标的实现，但是目前大部分国家碳价格仍远低于《巴黎协定》设定的 2℃温升目标应达到的 40~80 美元每吨二氧化碳当量价格。这说明，现有碳定价工具的使用与气候政策的推进仍不足以实现全球深度脱碳，未来还应不断拓展碳定价工具的使用广度与深度，提升交易工具的便利性与灵活性。下面简要概述全球主要碳定价形式与使用情况。

1. 碳税

碳税是政府向经济主体碳排放征税的一种财政收入形式，具有范围广、成本低、效果快、价格稳的优点。碳税价格由政府决定，减排量由市场决定，税收收入可进一步用于节能减排项目，促进清洁投资与低碳转型。芬兰是最早征收碳税的国家，自 1990 年起经多次碳税改革，已形成较完整的能源消费税体系。挪威、瑞典、丹麦等北欧发达国家也先后落实碳税，并于

20世纪末在全球范围内形成单一碳税的碳定价形式。随着全球应对气候变化迫切程度不断加深，越来越多的国家开始对化石能源征收碳税或气候税，与碳排放权交易结合形成复合碳定价形式。世界银行数据显示，目前全球共有27个国家或地区征收碳税，主要分布于北美洲、欧洲、非洲、南美洲、亚洲，涉及碳税有35项。

具体来看，碳税类型主要为独立税种与融入税种，前者针对碳排放直接课税，征收国家有芬兰、瑞典等；而后者将碳排放纳入其他能源或环境税种间接课税，征收国家有英国、日本等。较为特殊的是，欧盟于2022年3月15日通过全球首个碳关税政策，旨在对出口国的水泥、铝、化肥、电力、钢铁类产品征收关税，该政策于2023~2025年试运行，并于2026年正式实施，未来可能对国际贸易格局与气候政策协调产生深远影响。计税方法主要有两种，一种是使用监测设备测算实际二氧化碳排放量，另一种是将燃料消耗量折算为二氧化碳排放量，后者操作更简单，成本更低，被更多国家采用。在碳税征收环节，日本、加拿大等大部分国家在燃料生产端征税；英国、波兰等国家在燃料消费端征税；而荷兰对两端企业同时征税。在税率厘定和税收优惠方面，各国较为灵活，对不同纳税对象设定差别税率，采用定期增加税率的方式提高定价，并配套多项减税措施以避免企业竞争力的削弱，减轻企业及个人的缴税负担。例如，丹麦对自愿参与减排协议并达到协议要求的企业提供高达80%的税收优惠；日本推行“绿色税制”，对购买环保汽车的消费者免征车辆购置税等其他税。整体来看，各国碳税定价差别较大，平均水平较低，而我国目前并没有采用碳税制度。

2. 碳排放权交易体系

碳排放权交易体系是基于“总量控制与交易”体系（Cap and Trade System）的碳定价形式，运行机理是政府设定一定期限的碳排放总量目标，并以免费分配或有偿拍卖的形式向控排企业分配碳排放配额，企业在配额限度内排放温室气体并在履约期内清缴与实际排放量等量的配额，多余或不足部分可在碳交易市场卖出或买入，最终形成碳排放权的市场价格。由此可见，碳排放权交易体系一方面限制了辖区内的碳排放总量，另一方面激励企业以最低成本与最灵活方式实施减排行动，是一种基于“污染者付费原则”的高效碳定价形式。

完善且健全的碳排放权交易市场，可以有效释放碳价格信号，促进企业通过减排、技术创新、开发新能源、投资低碳项目等方式调整生产经营行为，降低社会减排成本，实现整体减排目标。各经济体碳排放权交易体系通过设置市场调节机制，促使市场形成稳定且有效的碳价格，主要措施包括双边价格调节机制和单边价格调节机制。具体来看，双边价格调节机制是采用市场稳定储备和价格走廊措施避免碳价过低或过高；单边价格调节机制是采取相应措施避免碳价向单一方向过度变动。例如，设置价格下限与拍卖底价，采用排放控制储备措施可以有效避免碳价过度下降，而设置价格上限并减少拍卖量，采用成本控制储备措施则可以有效避免碳价过度上涨。随着全球碳排放权交易体系的发展，市场主体已不局限于控排企业，金融机构也参与到碳排放权交易体系中，服务市场交易、便利企业融资、提高市场流动性的同时也增加了市场风险。这就要求未来不断加强碳排放权交易体系的风险管理，建立健全市场主体的信用评价体系，特别是对我国尚处于发展阶段的碳排放权交易市场来说，市场的活跃度与抗风险能力同样重要。此外，碳排放权交易体系的发展也派生出参与主体对市场交易产品的多样化需求，碳信用产品作为碳排放配额的替代品，被控排企业用于配额的履约清缴。

3. 碳信用

碳信用是指经政府、国际组织、第三方机构认证，企业因开发新能源、降低污染、提高能源效率而减少的碳排放量。其作用有以下几点：第一，碳信用价格一般低于碳排放权交易市场的碳排放配额价格，可以降低“总量控制与交易”体系下企业的履约成本；第二，碳信用来自企业对碳减排项目的投资，有助于发展绿色产业、促进低碳技术创新、提升企业社会责任感；第三，碳信用可以在碳排放权交易市场买卖以抵消企业配额清缴，使碳排放权交易机制更加灵活有效。相对于强制性的碳排放权交易，碳信用需求主要来自企业的自愿减排承诺。

根据减排项目核证机构不同，碳信用定价机制分为国际机制、独立机制和国内机制。国际机制代表如基于《京都议定书》设定的联合履约机制与清洁发展机制，前者是指发达国家间交易减排项目产生的碳信用额度，后者是指发达国家在发展中国家投资开发减排项目，并将核证后减排量（Certified Emission Reduction，CER）用于履约。独立机制的清洁项目核证标准由第三方非政府组织依据不同碳核算方法学构建，如核证减排标准、黄金标准等，最终形成用于碳市场交易的自愿减排信用额度。国内机制如我国的国家核证自愿减排量（Chinese Certified Emission Reduction，CCER）机制，是指企业在我国境内实施可再生能源、林业碳汇、甲烷利用等项目而产生的温室气体减排量，经国务院生态环境主管部门核证、备案后，可在碳市场交易以便重点排放单位抵消一定比例的清缴配额。2015 年 CCER 机制启动，但 2017 年暂停备案，目前存量仍在试点市场交易，为满足市场需求，CCER 机制亟须重启。国家发展改革委公示数据显示，截至 2022 年，CCER 累计审定项目 2856 个，完成备案项目 1047 个，备案公示项目 254 个，其中风电项目占比最大，水电项目减排量最多。近年来，碳信用交易主体从生产领域扩大至消费领域，个人与家庭通过各种碳交易平台也可以参与碳交易，例如碳信用卡、蚂蚁森林等，碳普惠机制初步建立，低碳生活方式开始被人们关注。

4. 内部碳定价

上文所述碳税、碳排放权交易体系和碳信用三种定价方式均建立在政府主导的外部制度之上，而内部碳定价是企业为实现减排与增收双重目标，赋予碳排放量以财务价值，并将该项财务指标纳入内部经营决策框架的碳排放主动管理行为。在实施中，企业需要结合政府经济政策与实际经营状况来确定征收碳费的频率、收费返还机制与用途。① 2020 年，全球 853 家企业向碳信息披露项目（Carbon Disclosure Project，CDP）披露内部碳定价，另外 1159 家企业表示未来两年将采用内部碳定价，更多企业将内部碳定价作为投资指导工具。CDP 调查数据显示，企业实施内部碳定价的驱动因素依次为推动低

① 朱帮助、徐陈欣、王平、赵冲、吴战篪、宋璐阳：《内部碳定价机制是否实现了减排与增收双赢》，《会计研究》2021 年第 4 期。

碳投资、驱动能源效率、改变内部行为、识别并抓住低碳机会、遵循温室气体法规、股东期望、压力测试投资、供应商参与等。此外，气候风险管理也是企业采用内部碳定价的原因之一。由金融稳定委员会（Financial Stability Board，FSB）成立的气候相关财务信息披露工作组（Task Force on Climate-related Financial Disclosure，TCFD）为企业制定气候相关财务信息披露框架，鼓励企业使用内部碳定价衡量并管理气候风险，并且遵从这一财务信息披露框架的企业也将内部碳定价视作评估企业气候风险与识别投资机会的最有效指标之一。由此可见，内部碳定价是减排企业或金融机构管理气候风险的有效工具。

内部碳定价包含内部碳税和影子碳价格两种具体的定价方式。其中，内部碳税是指企业对超额的排放量征收内部税费，通过激励机制约束员工行为，并鼓励绿色低碳技术创新；影子碳价格是指企业在投资决策时，考虑碳成本对项目投资回报和企业发展战略的影响，但不产生实际收费的最常用内部碳定价方式，有助于激励员工减排、促进低碳项目开发、提升企业应对气候风险能力。同一企业不同部门或不同地区企业之间定价差别较大，披露的内部碳价格由6美元到918美元不等，但都以政府释放的碳定价信号为基准，再结合企业所在行业、各部门业务情况、环境影响程度、外部监管风险等因素随时间确定并进行调整。虽然内部碳定价在短期内会增加企业成本，但从长期来看则有助于提高企业创新能力与可持续发展竞争力，降低企业风险，增加经营收入。

（三）中国碳市场策略两步走——从试点到全国碳市场

以上碳定价形式中，碳排放权交易体系（即碳市场）是目前减排成本最低、效率与可操作性最高的减排方式。[①] 在气候变化问题愈加凸显的背景下，中国也在不断探索温室气体减排路径与适宜国情的碳排放权交易市场。

1.地方试点碳市场建立

2011年10月29日，国家发展改革委办公厅发布《关于开展碳排放权

① 鲁政委、钱立华、方琦：《碳中和与绿色金融创新》，中信出版集团，2022，第311页。

交易试点工作的通知》，批准在北京市、天津市、上海市、重庆市、湖北省、广东省及深圳市开展碳排放权交易试点工作，要求各试点分别制定碳排放总量控制目标与分配方案，并建立注册登记系统、交易平台与监管体系。试点地区碳排放总量超15亿吨，总人口达2.5亿人，国民生产总值之和占全国29%以上。2013~2014年，各试点陆续启动，不断探索适用于我国的碳交易机制与市场规则。此外，我国还有两个省份开展非试点区碳交易。2016年12月16日，四川省作为第一个非试点地区启动碳市场，在四川省联合环境交易所（以下简称“四川环交所”）开展交易。同时，四川环交所还与中国银行四川省分行、兴业银行成都分行签署碳金融战略合作协议。2016年12月22日，福建省也开展非试点碳交易，市场主体在海峡股权交易中心参与碳排放权交易。

各试点地区碳排放权交易市场的运行机制相似，交易产品以现货为主，包括配额、CCER、森林碳汇等。由于试点地区地理位置、经济状况、产业结构、减排目标差别较大，所以各市场在覆盖行业、控排企业选择标准、惩罚措施等制度设计方面也存在较大差异。七个试点地区的碳交易市场概况如表3所示。

表3　地方试点碳交易市场概况

地区	启动时间	覆盖行业	控排企业年排放量标准	企业数量
深圳	2013年6月18日	能源、供水、大型公共建筑、制造、公共交通	0.3万吨以上；建筑行业面积1万平方米以上	2021年750家
上海	2013年11月26日	工业、交通、建筑	工业年排放量2.0万吨以上；服务业年排放量1万吨以上	2021年323家
北京	2013年11月28日	电力、水泥、石化、热力、服务、交通	0.5万吨以上	2021年886家
广东	2013年12月19日	水泥、钢铁、石化、造纸、民航、陶瓷、纺织、数据中心	1.0万吨以上	2021年178家
天津	2013年12月26日	电力、热力、建材、造纸、钢铁、化工、石化、油气开采、航空	2.0万吨以上	2021年160家

续表

地区	启动时间	覆盖行业	控排企业年排放量标准	企业数量
湖北	2014 年 4 月 2 日	电力、热力及热电联产、玻璃及其他建材、水泥、陶瓷、纺织、汽车制造、化工、设备制造、有色金属和其他金属制品、钢铁、食品饮料、石化、医药、水生产供应、造纸	1.0 万吨以上	2019 年 373 家
重庆	2014 年 6 月 19 日	工业	2.0 万吨以上	2020 年 187 家

资料来源：根据公开资料整理。

2. 地方试点市场运行机制

表 4 列出七个地方试点市场的要素，基于此，对每个试点碳市场具体运行机制展开梳理。

表 4　地方试点碳市场运行机制概况

地区	主管部门	参与主体	配额分配方式	国家核证自愿减排量（CCER）使用限制	未履约清缴惩罚
深圳	深圳市发展改革委	企业、个人	免费分配；拍卖	CCER 使用最高限为年排放量 10%	补缴，处以超额排放量乘 3 倍平均碳价（6 个月）罚款
上海	上海市发展改革委	企业、组织、个人	免费分配	CCER 使用最高限为年排放量 3%，项目不能是水电类，且产生于 2013 年 1 月 1 日以后	补缴，处以 5 万~10 万元罚款
北京	北京市发展改革委	自然人、履约和非履约机构	免费分配	CCER 使用最高限为年排放量 5%	超额排放量乘 3~5 倍碳市价罚款
广东	广东省发展改革委	控排企业、新建项目企业、其他组织与个人	免费分配；有偿分配	可使用 CCER 或广东省碳普惠核证减碳量（PHCER）抵消应清缴配额，但截至目前未发布关于抵消比例或其他限制的规定	省发展改革部门责令限期改正；逾期未改正将罚款

续表

地区	主管部门	参与主体	配额分配方式	国家核证自愿减排量(CCER)使用限制	未履约清缴惩罚
天津	天津市生态环境局	企业及国内外机构、社会团体、其他组织和个人	免费分配为主；有偿分配补充	CCER使用最高限为年排放量10%；自愿减排量使用无须备案，只需在行业指定或交易双方认可平台注册、交易、登记、核销	未清缴配额将在下一年分配配额中双倍扣除
湖北	湖北省发展改革委	企业、自愿参与的法人机构、组织或个人	免费分配；有偿分配	CCER使用最高限为企业年初始配额10%	对差额部分处以当年碳市场均价1~3倍，但不超过15万元的罚款，并在下一年配额分配中予以双倍扣除
重庆	重庆市发展改革委	配额管理单位、其他符合条件的市场主体及自然人	免费分配；竞价交易	控排企业卖出配额最高限为年获得配额的50%；减排项目必须属于特定类型，并在2010年12月31日后运行；履约使用最高限为年排放量8%；等等	主管部门责令限期改正

资料来源：根据各试点交易所公开资料整理。

（1）深圳碳交易试点

深圳是第一个启动碳排放权交易市场的试点地区，控排企业直接和间接排放的二氧化碳占深圳市二氧化碳排放总量的40%。交易体系为控排企业设定固定的碳强度目标，将所有企业数量加总得到辖区绝对总量，并采用免费分配与拍卖结合的方式分配配额。其中，免费分配主要包括初次分配与调整分配。前者由企业历史排放量、未来排放量、所属行业历史排放量等因素决定，占比83%；后者由企业实际产出与排放情况决定，占比最高10%。拍卖部分最高占比3%，剩余配额分配给新进入企业或用于调整碳价。为稳定碳价，政府预留2%的年配额用于在碳价暴涨时增加配额供给，而在碳价暴跌时，政府可从市场回购不高于碳市场有效流通配额数量10%的配额，以减少市场供给。

（2）上海碳交易试点

上海市发展改革委综合考虑上海市控排目标、能源结构与效率、与全国碳市场衔接等因素，确定本市碳排放配额总量。在分配配额时，已纳入全国碳交易市场的电力、热力企业采用行业基准线法确定基础配额；工业、交通运输、自来水生产企业采用历史强度法核算配额；建筑企业采用历史排放法核算配额。市生态环境局依据企业上一年直接排放占总排放量之比向各单位免费发放当年配额。对于采用历史排放法核算的企业，实行一次性发放；对于采用另两种核算方法的企业，按比例发放。除用于分配的配额外，市生态环境局还留存部分配额进行市场调节，这部分配额也可以通过竞买有偿发放。市场交易产品不仅有配额现货、CCER，还有配额远期，这为履约企业提供更多选择，吸引更多主体参与，也有助于形成碳价格发现机制。

（3）北京碳交易试点

北京市发展改革委负责本市碳交易试点的组织、协调、监管工作，北京市人民政府负责制定碳排放总量控制目标，北京市生态环境局负责发放配额。企业配额分配核算方式因所属行业而异，电力、热力、水泥、数据中心等行业按基准法核发配额，供水与排水、石化、其他工业、交通以及服务行业按历史强度法和历史总量法核发配额。北京市生态环境局分两次发放配额，先发放上一年核定配额的70%，再根据当年核定后的实际排放量补发或核减。控排企业可以用于抵消清缴的减排量产品有核证自愿减排量、节能和林业碳汇项目减排量、北京低碳出行碳减排量。市场调节机制也较为丰富，例如，市政府可以适时回购，减少市场配额供给；市发展改革委预留5%的配额用于市场调节与企业配额调整。

（4）广东碳交易试点

广东省发展改革委负责本省碳排放管理工作，结合国家和省内产业政策、行业规划和经济形势设定配额总量。一部分配额发放给控排企业，一部分配额被留存用于新建项目的有偿分配和市场调节。配额核算采用差别性碳分配测算方法。具体来看，水泥行业中熟料生产和水泥粉磨、钢铁行业中与炼钢相关的工序、普通造纸企业、航空服务企业采用基准线法；水泥行业其他粉磨产品、钢铁行业外购化石燃料发电、石化行业煤制氢装置、特殊造纸企业、其他航空企业采用历史强度法；水泥行业矿山开采、钢铁行业的钢压延与加工工序、石化行业中不使用煤制氢装置的企业采用历史排放法。配额分配实行免费分配和有偿分配两种形式，钢铁、石化、水泥、造纸行业企业可获得96%的免费配额，航空企业配额全部免费，新建项目企业可获得6%的有偿配额。

（5）天津碳交易试点

天津市生态环境局负责天津碳市场的制度设计、组织实施和监督管理。市生态环境局及其他有关部门综合温室气体减排目标、国家产业政策、企业历史排放、行业技术特点、减排潜力和本市未来发展规划等多重因素设定配额总量，并根据企业生产经营情况向其分配配额。若企业仅以现有设备生产，主管部门向其分配基本配额与调整配额；若企业新添设备导致排放量突增，则向其分配新增设施配额。不同行业配额测算方法不同，电力、热力、建材、造纸企业采用历史强度法，钢铁、化工、石化、油气开采、航空企业采用历史排放法。配额分配以免费分配为主，但当碳价大幅波动时，市生态环境局将采用拍卖或以固定价格出售的形式补充市场供给，并通过投放或回收配额稳定碳价。为激励企业积极清缴，政府部门鼓励金融机构为连续三年按时履约企业提供融资服务，并支持履约企业优先申报绿色低碳项目。

（6）湖北碳交易试点

配额总量由湖北省发展改革委根据省内生产总值、减排目标与增长预期确定，从结构来看分为年度初始配额、新增预留配额和政府预留配额，这与深圳试点配额结构一致。新增预留部分用于企业新增产能或产量调节，政府预留部分占配额总量的8%，用于市场调节。配额核算方法因行业而异，水泥、电力行业采取标杆法，热力及热电联产、造纸、玻璃及其他建材行业采用历史强度法，其他行业采用历史排放法。实际分配时，企业先获得上一年履约量一半的配额，而后根据当年生产状况核定应缴配额，其余部分多退少补。此外，政府预留配额还可通过拍卖有偿分配。若因产量变化企业当年实际排放量与初始配额相差20%或20万吨二氧化碳以上，主管部门将重新核定并实施追加或收缴；若企业当年因设施增加导致实际排放量增加，则这部分排放量不计入当年履约量。交易产品有配额、CCER以及二者远期。

（7）重庆碳交易试点

重庆市发展改革委对配额总量的控制以控排企业在2008~2012年最高年排放量之和为基准，2015年前按比例削减配额总量，2015年后根据国家减排目标、企业历史排放水平和减排潜力设定配额总量。配额分配采取免费分配和竞价交易形式，分配数量依据企业向重庆市发展改革委申报的年排放量与本市配额总量决定。具体来说，当申报量之和低于配额总量时，企业按申报量获得配额；当申报量之和高于配额总量时，则需要分析申报量与企业历史最高年排放量关系。前者更高则以二者均值作为分配基数，后者更高则以申报量为分配基数，在此基础上进一步判断企业分配基数总和与区域内配额总量关系，前者更高则按各单位分配基数权重确定配额，而后者更高则按分配基数确定配额。

3. 从地方试点市场到全国碳市场过渡

地方试点市场不仅有效控制各地区温室气体排放，还为全国碳市场建设提供实践经验。2017年12月18日，国家发展改革委发布《全国碳排放权交易市场建设方案（发电行业）》，要求设立全国统一的碳排放权交易市场，并对其进行总体规划与设计。自此，碳市场开始由地方试点走向全国。随着“十四五”规划与“双碳”目标的提出，中国经济不断向绿色低碳转型。2020年9月22日，习近平主席在第七十五届联合国大会一般性辩论上首次提出我国的“双碳”目标：中国将提高国家自主贡献力度，采取更加有力的政策和措施，二氧化碳排放力争于2030年前达到峰值，努力争取2060年前实现碳中和。[①] 中国实现“双碳”目标的决策是基于推动构建人类命运共同体的责任担当和实现可持续发展的内在要求做出的重大战略决

① 《习近平在第七十五届联合国大会一般性辩论上发表重要讲话》，新华网，2020年9月22日，http：//www. xinhuanet. com/politics/2020-09/22/c_ 1126527647. htm。

策。在这样的背景下，全国碳排放权交易市场势必成为节能降碳、促进全面绿色转型、改善生态环境质量的重要环节。

2021 年 7 月 16 日，全国碳排放权交易市场正式开始交易。首批仅将发电行业的重点排放企业纳入全国碳排放权交易配额管理，已纳入各地方试点市场的发电企业均移至全国碳排放权交易体系，现有地方试点仍继续运行，并在未来逐步向全国碳市场过渡。2022 年 3 月 25 日，《中共中央　国务院关于加快建设全国统一大市场的意见》（以下简称《意见》）正式发布，提出加快建立全国统一的市场制度规则，打破地方保护和市场分割，打通制约经济循环的关键堵点，促进商品要素资源在更大范围内畅通流动，加快建设高效规范、公平竞争、充分开放的全国统一大市场。《意见》更进一步指出要依托公共资源交易平台，建设全国统一的碳排放权交易市场，实行统一规范的行业标准、交易监管机制。由此可见，建设全国统一的能源市场与生态环境市场是实现“双碳”目标与绿色转型的重要路径。建设具有全国统一标准与交易监管机制的碳排放权交易市场，可以打破碳排放权与自愿减排信用额度在区域间的流通障碍，提高要素与资源配置效率，有助于发挥市场对碳交易配额价格的发现功能，促进企业节能技术创新与产业结构优化，平衡政府低碳政策与经济增长关系，从而以更低成本实现“双碳”目标。

（四）全国碳排放权交易市场运行机制

首批纳入配额管理的重点排放企业共计 2225 家，全部属于发电行业，年二氧化碳排放量约为 40 亿吨，占全国二氧化碳排放总量的 30%。全国碳市场交易系统设于上海，注册登记系统设于武汉，两地共同承担市场运行工作。目前，重点排放企业已完成第一个履约期（2021 年 7 月 16 日至 2021 年 12 月 31 日），进入第二个履约期。下面，将从全国碳市场的重要意义、市场建设、交易对象、参与主体以及交易机制五个方面概述全国碳市场运行机制。

1. 重要意义

全国碳市场的有效构建与科学运行对国内经济提质增效和国际绿色低碳发展都具有重要意义。就对内作用而言，全国碳市场直接影响我国经济产出，短期内可能导致产能下降，但从长期来看，这种减排低碳的动态机制会筛选出优质产业，优化我国创新绿色发展路径。并且，碳市场发展形成了有效的碳定价机制，丰富了环境要素市场，促进了包括全社会碳价格意识和低碳预期的形成，以及新旧动能转换等细化目标的实现，从而自下而上、由内及外地科学破解能源环境约束、推动经济绿色发展转型。就对外影响而言，建设全球最大规模的碳市场是提高我国在气候变化领域国际领导力的重大行动，是我国引领全球气候治理的重要举措，对全球碳环境容量的改善和气候变化危机的缓解起到激励和引领作用，彰显了新时代中国负责任大国的精神与担当。

2. 市场建设

全国碳市场建设进程中的重要性文件如表5所示。它们从顶层设计、交易主体、交易机制、碳排放配额总量测算与分配方式、监管规则等方面对全国碳市场进行规划。

表5 全国碳排放权交易市场建设文件

发布时间	发布部门	文件名称	主要内容
2021年5月14日	生态环境部	《碳排放权结算管理规则(试行)》	市场规范
2021年5月14日	生态环境部	《碳排放权登记管理规则(试行)》	市场规范
2021年5月14日	生态环境部	《碳排放权交易管理规则(试行)》	市场规范
2021年3月30日	生态环境部	《碳排放权交易管理暂行条例(草案修改稿)》	法律法规
2020年12月29日	生态环境部	《纳入2019—2020年全国碳排放权交易配额管理的重点排放单位名单》	参与主体名单
2020年12月29日	生态环境部	《2019—2020年全国碳排放权交易配额总量设定与分配实施方案(发电行业)》	总量设定与分配方式
2020年12月31日	生态环境部	《碳排放权交易管理办法(试行)》	市场机制
2017年12月18日	国家发展改革委	《全国碳排放权交易市场建设方案(发电行业)》	总体设计

资料来源：根据中国政府网材料整理。

3. 交易对象

全国碳市场的交易对象为碳排放配额，即一定时期内生态环境部门分配给重点排放单位的碳排放限额，1 单位碳排放配额相当于向大气排放 1 吨二氧化碳当量，最小交易申报量为 1 吨二氧化碳当量，最小申报价格变动量为 0.01 元。碳排放不仅包括煤炭、石油、天然气等化石能源燃烧、工业生产过程、土地利用变化与林业等活动直接产生的温室气体排放，还包括使用外购电力和热力间接产生的温室气体排放，涉及二氧化碳、甲烷、氧化亚氮、氢氟碳化物、全氟化碳、六氟化硫和三氟化氮七种温室气体。全国碳市场逐渐成熟，未来将增加 CCER 及其他产品。

4. 参与主体

全国碳市场参与主体有重点排放单位以及符合国家交易规则的机构和个人。其中，重点排放单位需满足两个条件。一是该单位属于全国碳市场覆盖行业。目前，市场处于初期阶段，仅纳入发电行业企业。在“十四五”期间，将逐步纳入石化、化工、建材、钢铁、有色、造纸、电力和民航八个高耗能行业。二是该单位年度温室气体排放达到 2.6 万吨二氧化碳当量。通过核查发电行业企业或组织机构在 2013~2019 年任意一年碳排放量，筛选符合标准的单位（共 2225 家），编制《纳入 2019—2020 年全国碳排放权交易配额管理的重点排放单位名单》，实行名单管理，并且纳入名单企业不再参与地方试点市场。

5. 交易机制

（1）总量配额与分配方式

发达经济体碳排放权交易体系对碳排放总量的设定一般采用“自上而下”的方法，先由政策制定者直接设定配额总量上限，再由参与者层层分解目标。与之不同的是，我国配额总量设定采用“自下而上”的方法。生态环境部基于国家温室气体排放控制要求，结合经济增长、产业结构调整、能源结构优化、大气污染物排放协同控制等因素，制定全国碳排放配额总量与分配方案，即《2019—2020 年全国碳排放权交易配额总量设定与分配实施方案（发电行业）》（以下简称《方案》）。省级生态环境主管部门根据本辖区重点排放单位 2019~2020 年实际产出量以及《方案》规定的配额核算方式，采用基准法核定本辖区内各重点排放单位的配额量，即各单位所拥有不同类别机组的配额量总和，计算公式为：机组配额总量 = 供电基准值 ×

实际供电量×修正系数+供热基准值×实际供热量。核定后，将省内单位配额加总，得到省级配额总量，将各省配额总量加总，形成全国配额总量。这种核算方法基于企业实际生产状况与碳排放配额需求设定供给总量，更有助于形成合理的碳价格。

当前碳排放配额分配遵循《方案》实行全部免费，未来可能适时引入有偿分配方式。配额总量确定后，由各省级生态环境主管部门实施分配，先通过全国碳排放权注册登记结算系统，按照上期供电（热）量的70%向辖区内重点排放单位预分配当期部分配额，在完成年度碳排放数据核查后，再根据实际多退少补。另外，国家鼓励经济个体出于减少碳排放的公益目的，自愿注销持有的碳排放配额。

（2）履约清缴

重点排放单位每年编制上一年温室气体排放报告，并于每年3月31日前报送当地省级生态环境主管部门。重点排放单位根据核查结果清缴上年碳排放配额，清缴的配额将在碳排放权注册登记系统注销。自有配额足够清缴的单位，可以将剩余配额结转实现跨期平衡，也可以通过全国碳交易市场出售；而配额无法足额清缴的单位，则需从全国碳交易市场购买配额完成清缴，清缴上限为免费配额量加20%经核查排放量。除此之外，重点排放单位还可以购买经生态环境部核证并登记的温室气体自愿排放量来抵消不超过5%的碳排放配额清缴。价格相对较低的国家核证自愿减排量有助于降低企业履约成本，并鼓励企业开发或投资自愿减排项目。

目前全国碳市场仅交易碳排放配额现货，市场交易以履约为目的于全国碳排放权交易系统中进行，交易形式主要有协议转让和单向竞价。协议转让是买卖双方协商一致并确认成交的交易方式，包括挂牌协议交易与大宗协议交易。挂牌协议交易是交易主体在交易系统中提交卖出或买入挂牌申报，意向受让方或者出让方对挂牌申报进行协商并确认成交的交易方式。挂牌协议交易单笔买卖最大申报数量为10万吨二氧化碳当量，成交价格波动区间为前一交易日收盘价上下10%。大宗协议交易是交易双方通过交易系统进行报价、询价并确认成交的交易方式，单笔交易最小申报数量为10万吨二氧化碳当量，成交价格在前一交易日收盘价上下30%波动。单向竞价是市场主体向交易机构提交卖出或买入申请，交易机构发布竞价公告，多个意向受让方或者出让方按照规定报价，在约定时间内通过交易系统成交的交易方式。注册登记机构根据交易机构提供的成交结果进行碳排放配额交收清算。

（3）风险管理

在风险管理方面，由国务院生态环境部负责全国碳市场的主要监管工作，指导和监督交易机构建立一系列风险管理制度，促进全国碳市场健康发展。生态环境部还可以建立市场调节机制维护市场稳定，当碳排放配额价格异常波动触发调节机制时，采取公开市场操作、调节国家核证自愿减排量使用方式等措施降低市场波动风险。交易机构需要对不同交易方式设定单笔买卖申报数量上下限，设定涨跌幅比率以及最大持仓量，并根据市场风险情况进行适当调整。同时，交易机构还应建立大户报告制度、风险管理制度、风险警示制度、风险准备金制度、异常交易监控制度、重大交易临时限制等制度对碳排放权交易进行风险管理。

在信息披露方面，完善的碳排放数据监测、报告、核查体系是碳交易机制有效运行的必要条件。重点排放单位应严格履行生态环境部发布的《企业温室气体排放报告核查指南（试行）》和《关于加强企业温室气体排放报告管理相关工作的通知》关于碳排放数据报告核查的规定，及时向生态环境主管部门报告碳排放数据，公开温室气体排放情况、交易情况与相关活动信息，并接受监管部门监督管理。省级生态环境主管部门需要对重点排放单位的报告进行核查，并将核查结果通知重点排放单位，待其根据核查结果清缴后，及时公开各单位实际清缴情况。对于不履行清缴义务的单位，主管部门依法处罚，并将违规企业信息公开并予以惩戒。省级生态环境主管部门也可以通过政府购买委托第三方技术服务机构对重点排放单位数据进行核查，这就要求服务机构对核查结果负责。全国碳排放权注册登记机构和全国碳排放权交易机构应及时公开碳排放权登记、交易、结算数据以及影响市场波动的信息，并建立机构间管理协调机制，以实现信息的安全共享与交换。

在监管惩罚方面，《碳排放权交易管理办法（试行）》严格规范各级主管部门、全国登记与交易机构、重点排放单位和核查服务机构的行为，《碳排放权交易管理暂行条例（草案修改稿）》（以下简称《条例》）进一步将碳市场监管上升到立法层面。《条例》规定注册登记机构、交易机构和核查技术服务机构及其工作人员不得进行碳排放权交易，对违规开展交易的单位处一百万元至一千万元罚款，对个人处五十万元至五百万元罚款，并特别对操纵碳排放权交易市场的单位和个人处一百万元至一千万元罚款，对单位负责人处五十万元至五百万元罚款。重点排放单位必须履行温室气体排放报告义务并按时清缴配额，否则将分别处五万元至二十万元及十万元至五十万元罚款，同时等量核减下年碳排放配额。核查技术服务机构应严格遵守省级生态环境主管部门的委托要求，违规行为将被计入信用记录，并在全国信用信息共享平台公示。此外，《条例》还规定对抗拒监督检查主体实施追责，由监管单位责令改正，并处二万元至二十万元罚款。

二 全国碳市场运行和履约情况

（一）全国碳市场运行情况

1. 全国碳市场配额价格波动特征

为进一步明晰全国碳市场的发展状况，本部分将碳排放权交易市场配额价格波动特征与每个交易日的每吨碳排放权交易价格走势进行了对比分析，包括横向维度的第一和第二履约期的收盘价走势特征对比和纵向切面的交易日最大价差的波动情况对比，综合阐述了我国碳交易权交易市场自正式启动以来的市场化效应情况和价格特征，为后续更为细致的分阶段对比分析及相应问题的指出提供了数据基础和支撑。

由图 1 可知，碳排放权交易价格在全国碳市场启动，初期呈现较为频繁的波动，且收盘价在小幅波动中逐渐走低，最低维持在每吨 40～50 元，后续在经历一轮较为明显的成交价上涨后，以小幅的频繁波动走势维持在每吨 60 元左右的价格，呈现较为平稳的态势。整体而言，自 2021 年 7 月 16 日全国碳排放权交易市场启动以来，碳排放权价格曾一度走低，但最终回升，收盘价稳定在每吨60元左右，且波动幅度逐渐收缩，表现出日渐平稳的交易状态。这在一定程度上反映了全国碳市场逐步成熟、发展良好的态势。

由图1可知第一履约期和第二履约期的价格走势存在明显的差异性，使全时间段内的全国碳市场收盘价格波动呈现明显的阶段性特征。第一履约期内，即2021年7月16日至2021年12月31日，全国碳市场交易日的收盘价走势整体呈现两头高且波动频繁、中间低且相对平稳的特点，其中最高收盘价达每吨58.70元，最低收盘价至每吨41.56元，最后一个交易日的收盘价格比第一个交易日收盘价上涨约13%，大部分交易日价格在每吨45.00元上下波动。

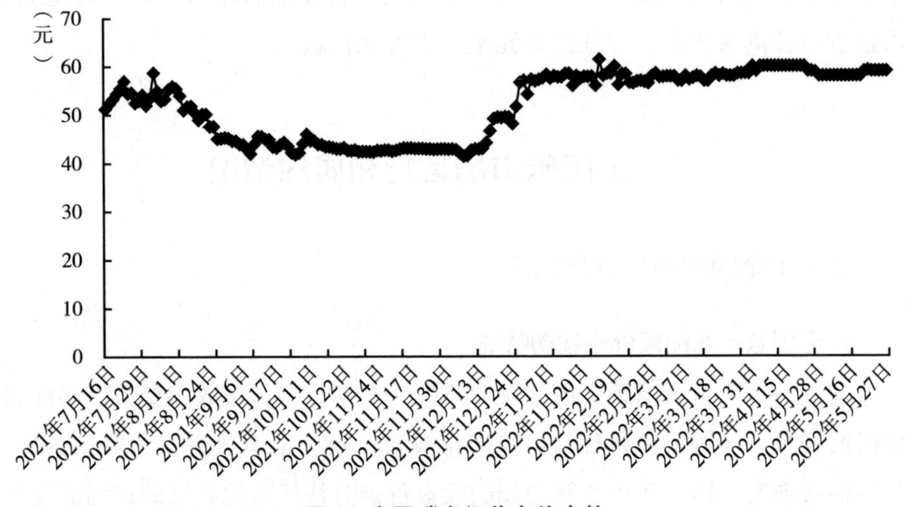

图1　全国碳市场收盘价走势

资料来源：上海环境能源交易所。

第二履约期即2022年1月4日至今，全国碳市场交易日的收盘价走势在早期经历较为频繁的波动后，后续整体表现较为平坦，且波动幅度和频率均越发平缓，其中最高收盘价达每吨61.38元，最低收盘价至每吨56.00元，大部分交易日价格在每吨58.00元上下波动。对比来看，第一履约期呈现更为明显的微笑曲线特征，第二履约期的价格波幅相对稳定，价格波动日趋平缓，价格走势随配额供需逐渐明朗，即随着配额的逐步收紧，全国碳市场价格仍具备一定的上升空间。

图 2 展示了全国碳市场正式启动以来碳排放权的最高价、最低价和收盘价的对比波动特征。最高价和最低价之间的差额显示了交易日当天的价格波动幅度，可见全国碳市场发展初期，碳价波动幅度较大，随着交易市场的发展和相应政策的出台调整，碳价日趋稳定。其中全国碳市场启动初期表现出的价格下行情况说明我国碳排放权交易仍不够成熟，交易双方仍处于试探和摸底阶段，碳交易价格的市场调控机制不足以有效发挥作用，交易当日价格波动幅度亦较为剧烈，这说明了交易价格信号并不能准确反映碳排放许可权的供给与需求状况。

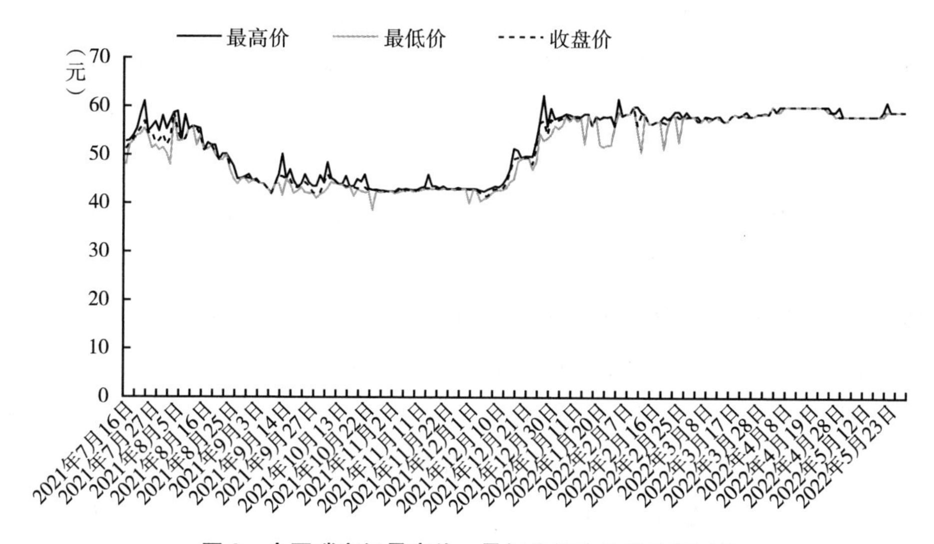

图 2　全国碳市场最高价、最低价和收盘价走势对比

资料来源：上海环境能源交易所。

但随着全国碳市场经历了一轮履约期的发展，碳价格逐渐回升且日均波动亦趋于平稳，这说明全国碳市场化程度加深，对企业生产决策的影响也逐步提升，碳排放权通过市场化手段得到了更为合理的分配，市场效应得到了更为有效的发挥，我国碳市场的发展呈现积极向好的一面。

2. 全国碳市场配额成交量情况

在前述考察全国碳市场配额价格波动特征的基础上，本部分对全国碳市场配额成交量情况进行了分析，包括整体的成交量走势和内部成交结构情况，根据当前碳排放权成交量的特征针对性分析了我国碳市场当前发展的潜在问题，并对相应的克服思路进行了简要阐述，为后文对我国碳市场交易面临的挑战和发展预期的论述提供了有效支撑。

由图 3 可知，自全国碳市场启动以来，碳排放权日累计成交量波动变化较大，整体呈现第一履约期期中成交量较低，两端成交量激增的特征。具体来看，自 2021 年 7 月 16 日正式启动交易至 2022 年 5 月 31 日，全国碳市场一共运行了 210 个交易日，碳排放配额累计成交量为 1.92 亿吨，累计成交额为 84.19 亿元。从成交量来看，有 3/4 的成交量是在 2021 年 12 月份完成的，即在第一履约期临期结束的这段时间内，碳市场的交易意向最为强烈，交易活跃度最高，从而形成当前图 3 所示的以第一履约期末期为交易重心的明显结构特征。

对比来看，第一履约期内，碳交易价格的横盘期为成交量急剧缩量时期，进入 12 月，随着履约期截止日迫近，成交量快速释放，碳交易价格上涨；第二履约期内亦表现出开市初期成交量小幅释放，日后趋于收敛的走势。基于上述特点，可知全国碳市场倾向于后期释放，整体交易总笔数仍有提升空间，市场活跃度不足，且交易流动性不稳定，如 2021 年碳市场首日成交量达 410.0 万吨，第二个交易日开始成交量则大幅下降，甚至交易日成交量不足百吨；自 11 月下旬开始，成交量提速增加，12 月成交量高达整体交易的 75%以上，当日最高成交量达 2048.0 万吨；而第一履约期结束后，第二履约期开市首日 2022 年 1 月 4 日成交量又急剧下降至 33.1 万吨。

这说明我国碳市场的日后发展应重点关注流动性特点，处理好“双碳”政策预期和富余配额处理方式间联动关系的问题，并适当安排多种市场参与主体入市，以扩大资金规模和平均市场活跃度。此外，多参与主体将有效提升全国碳市场的市场化程度，期货、远期、互换等衍生品的引入亦将改变交易现状，上述两类手段在健全价格发现机制的同时，有效地对冲市场风险。

值得关注的是，2021 年 9 月 30 日各地未能按期完成配额最终核定，导致参与企业出现交易集中现象。

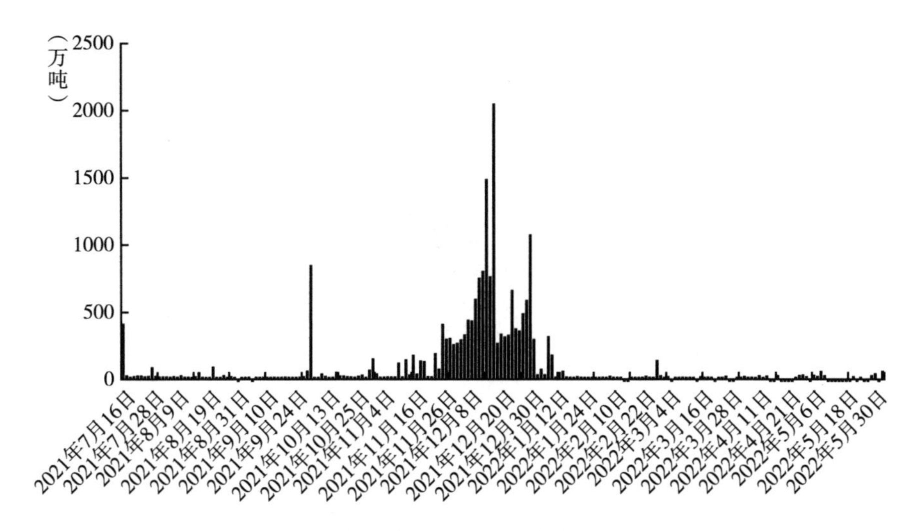

图 3　全国碳市场日成交量

资料来源：上海环境能源交易所。

为进一步考察我国碳市场的交易结构，图 4 展示了我国碳市场自正式启动以来每日成交量中大宗协议交易和挂牌协议交易的占比情况。由图 4 可明显得知，我国碳市场交易绝大部分以大宗协议交易形式完成，挂牌协议交易仅占小部分。具体来看，大宗协议交易的成交量达 1. 6 亿吨，占总成交量的 83. 1%；成交额达 67. 96 亿元，占总成交额的 80. 7%。然而值得注意的是，大宗协议交易价格一般相对挂牌成交价格存在一定程度的折价，进一步测算可知，大宗协议交易的平均成交价为每吨 42. 44 元，挂牌协议交易的平均成交价为每吨 49. 80 元，二者间价差明显。

因此，根据图 4 可知全国碳排放权交易市场在成交量的内部结构上存在交易重心偏差，以大宗协议交易为主。大宗协议交易在成交额和成交量上的占比均可达市场的 80%以上，但成交价格存在较为明显的折价现象，这也从侧面说明了以挂牌价格来衡量整体碳市场价格势必存在一定程度的高估问题。

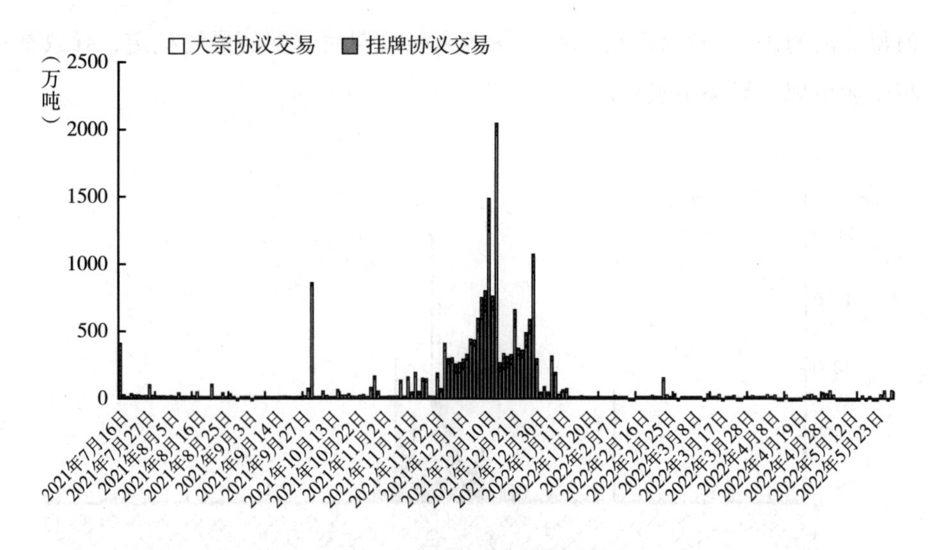

图 4　全国碳市场交易结构

资料来源：上海环境能源交易所。

（二）全国碳市场履约期与抵消情况

1. 履约期内全国碳市场运行特点

生态环境部颁布的《碳排放权交易管理办法（试行）》规定 2021 年 1 月 1 日至 2021 年 12 月 31 日为全国碳排放权交易市场第一个履约周期，并允许 2000 余家发电行业重点排放单位成为全国碳排放权交易市场首批交易企业，此举覆盖约 45 亿吨二氧化碳排放量。在这轮履约周期结束后，被纳入管控的重点排放单位需要向政府提交足够的碳排放额度来抵消其温室气体排放量，未按时足期缴额的重点排放单位将被处以罚款并被生产经营场所所在地设区的市级以上地方生态环境主管部门责令限期改正。对于逾期未改正的重点排放单位，省级地方生态环境主管部门将会根据其欠缴的碳排放额度等量降低其下一年的碳排放配额。

2021 年 12 月 31 日，全国碳排放权交易市场第一个履约周期顺利收官。自 2021 年 7 月 16 日全国碳市场正式启动上线交易，全国碳市场第一履约期共运行 114 个交易日，累计成交接近 1.79 亿吨碳排放配额，累计交易额也高达76.61亿元，重点排放单位履约完成率高达99.5%，市场整体表现良好，其中市场在运行过程中呈现了独特的运行特点，本部分着重对该特征进行描述分析。

通过对第一履约期全国碳市场碳排放权的交易数据进行收集整理分析，本部分将分别从该时段碳排放权的收盘价、日内价格波动、日累计成交量、交易方式这四个角度来分析第一履约期碳市场运行特点。

（1）碳排放权收盘价总体呈现“微笑曲线”

图5展示了第一履约期内碳排放权的收盘价。整体来看第一履约期开始时碳排放权价格（以下简称“碳价”）较高，7月和8月基本都稳定在50元/吨以上，其中8月4日碳价更是达到58.70元/吨的高价。8月至11月，碳价比较平稳，基本稳定在40.00元/吨。第一履约期末端（即12月），碳价再次上升，在12月28日突破50.00元/吨的价格，当日收盘价为51.69元/吨。整体来看，第一履约期碳排放权收盘价格呈现“两头高、中间低”的“微笑曲线”特征。

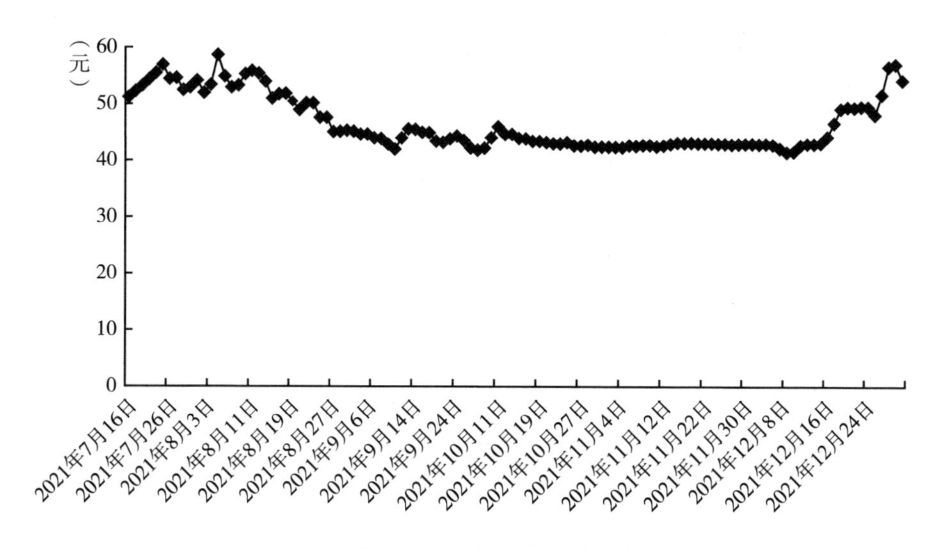

图5　第一履约期全国碳市场收盘价

资料来源：上海环境能源交易所。

（2）碳排放权日内价格波动稳定

图 6 绘制了第一履约期内碳排放权最高价、最低价、收盘价的波动情况。总的来看第一履约期内碳排放权日内价格波动较小，整体态势平稳。但相对来说，在开市之初碳排放权日内价格波动较大，这可能是因为全国碳排放权交易市场刚刚正式上线，各重点排放单位对全国碳市场交易比较陌生，还未形成常规化交易思路。

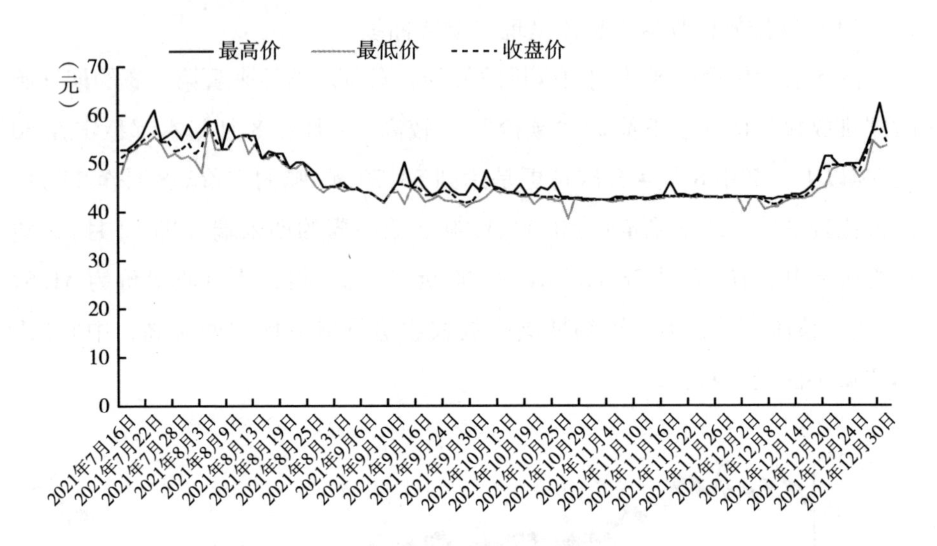

图 6　第一履约期碳排放权日内价格波动

资料来源：上海环境能源交易所。

（3）“履约期效应”明显

图 7 展现了第一履约期全国碳市场每日累计成交量情况。可以看出，除 7 月 16 日碳排放权市场开放首日累计成交量达到 410 万吨外，后期迅速下降，8 月、9 月某些交易日累计成交量甚至不足万吨，全国碳市场流动性严重不足。随着履约截止日期渐近，碳排放权每日累计成交量迅速上升，全国碳市场流动性不断增强，12 月 16 日甚至达到 2048 万吨，创第一履约期单日碳排放权成交量峰值。这反映出大部分企业的碳交易策略比较被动，临近截止日期才开始进行交易。

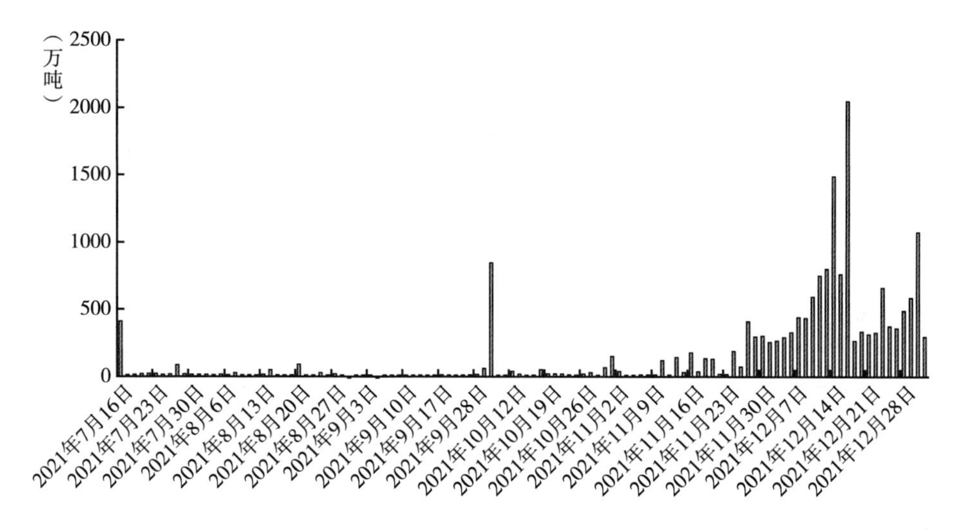

图7　第一履约期全国碳市场每日累计成交量

资料来源：上海环境能源交易所。

（4）大宗协议交易为全国碳排放权交易市场主体

图8比较了第一履约期内不同交易方式下全国碳市场的碳排放权交易量的差异。可以看出，大宗协议交易为第一履约期全国碳排放权交易市场的主要交易方式。具体来说，第一履约期全国碳市场累计成交量高达1.79亿吨，其中大宗协议交易量约为1.48亿吨，占累计成交量的82.68%，而挂牌协议交易量为3107.46万吨，占比不足20%。这可能是因为大宗协议交易涨跌幅限制（±30%）比线上挂牌交易涨跌幅限制（±10%）更为宽松，企业选择大宗协议交易方式对碳排放权进行买卖更能降低其整体履约成本。

2022年1月，全国碳市场第一个履约周期圆满谢幕，第二个履约周期的各项工作安排也陆续公布。由于第一个履约周期内碳市场出现数据造假问题，数据质量监督管理成为第二个履约周期工作安排中的重中之重。为提升排放数据质量，除加大对相关机构的管控力度外，相关部门仍进一步规范了碳排放数据报送流程并调整了多项碳排放核算计算方法。在明晰全国碳市场第一履约期相关情况的基础上，本部分将进一步以2022年1月4日至2022

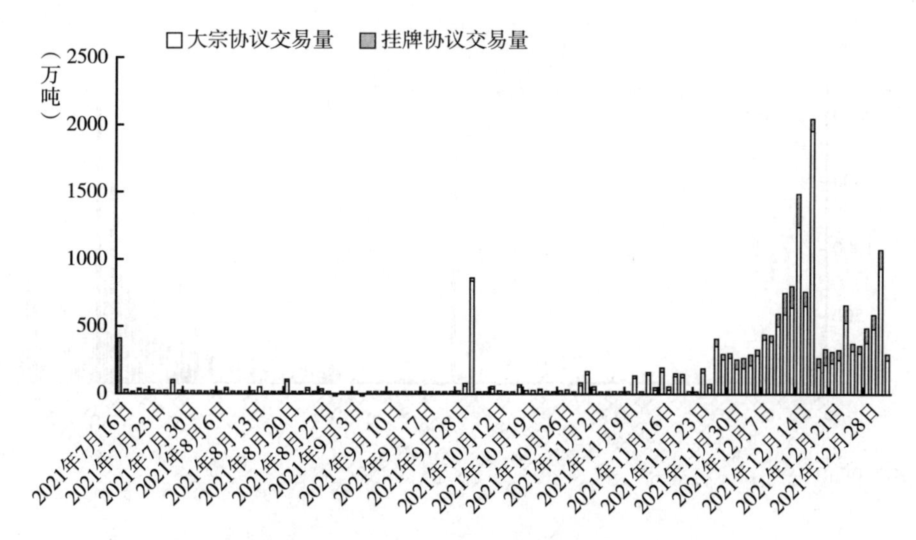

图8　第一履约期全国碳市场大宗协议交易量与挂牌协议交易量比较

资料来源：上海环境能源交易所。

年8月31日全国碳市场的日度数据为依据，分析全国碳市场第二履约期的运行特点。

本部分主要从全国碳市场的基本交易状况、碳成交量与碳交易价格三个方面展开。本报告主要以图表的形式对市场交易数据进行呈现，进而对第二履约期全国碳市场的运行特点进行分析、总结与归纳。

第二履约期全国碳市场的基本交易状况如表6所示。可以发现，全国碳市场的成交量在2022年1~3月呈现下跌趋势，主要原因是2021年12月底还属于第一履约期内，由于各地未按照计划完成配额最终核定加上中介机构数量不足，所以2021年全年成交量集中在12月，出现明显的“潮汐现象”。第二履约期开始以来，市场对未来配额的预期倾向于收紧，企业倾向“储存”配额，表现为2022年1月开始成交量显著减少，但由于部分2021年未完成履约的企业补缴其履约额（约2200万吨），碳市场出现了少量的成交量。4~5月，成交量有所增加，但市场交易行情目前仍呈现低迷的状态，盈余企业仍处于观望状态。6~8月，市场成交量下行探底，其主要原因或是在全国碳市场改革措施尚未落地的背景下市场对控排企业缺乏吸引

力。截至 2022 年 8 月底，全国碳市场第二履约期碳排放配额（CEA）累计成交量为 1617.7 万吨，累计成交额为 89749.8 万元。

表 6　第二履约期全国碳市场基本交易情况

月份	成交量（万吨）	成交额（万元）	最高成交价（元/吨）	最低成交价（元/吨）
1 月	768.2	41085.5	61.60	51.71
2 月	167.1	9642.5	60.00	50.54
3 月	70.9	3996.9	59.00	57.00
4 月	145.0	8259.3	60.00	58.80
5 月	225.5	12812.0	61.00	58.00
6 月	77.0	4456.6	60.00	57.50
7 月	109.2	6423.0	60.00	55.00
8 月	54.8	3074.0	59.50	57.00

资料来源：上海环境能源交易所。

第二履约期全国碳市场交易日成交量如图 9 所示。1~8 月成交量最高点出现在 1 月 7 日，从数据来看每个交易日都存在交易行为，但有 17 个交易日的成交量仅达 10 吨。大宗协议交易量仍占日成交量的主体地位，其最大值也出现在 1 月 7 日，具体如图 10 所示。原因在于，相较于线上交易，大宗协议交易在决策流程和审批制度上更加适合在国企内实行，并且在税务方面，大宗协议交易更容易开具增值税发票。对比图 9 和图 10 可以看出，日成交量的整体走势基本上是由大宗协议交易的走势决定的，但通过挂牌协议交易方式成交的碳权量要高于大宗协议交易方式，并且在部分日期只发生了挂牌协议交易而没有发生大宗协议交易。但综合来看，挂牌协议交易方式下的交易量仍保持在较低水平。

从交易价格方面来看，截至 2022 年 8 月 31 日，全国碳市场第二履约期已累计运行 161 个交易日，8 月 31 日收盘价为 58 元/吨，较 1 月 4 日第二履约期首日收盘价上涨 1.24%。第二履约期全国碳市场碳价变动趋势如图 11 与图 12 所示，可以发现，碳市场碳价基本保持在 55~60 元/吨的水平，其

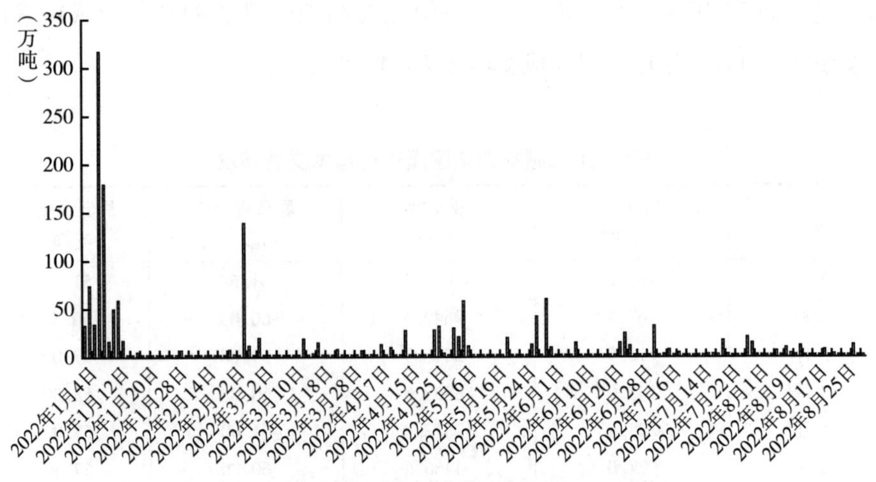

图 9　第二履约期全国碳市场交易日成交量

资料来源：上海环境能源交易所。

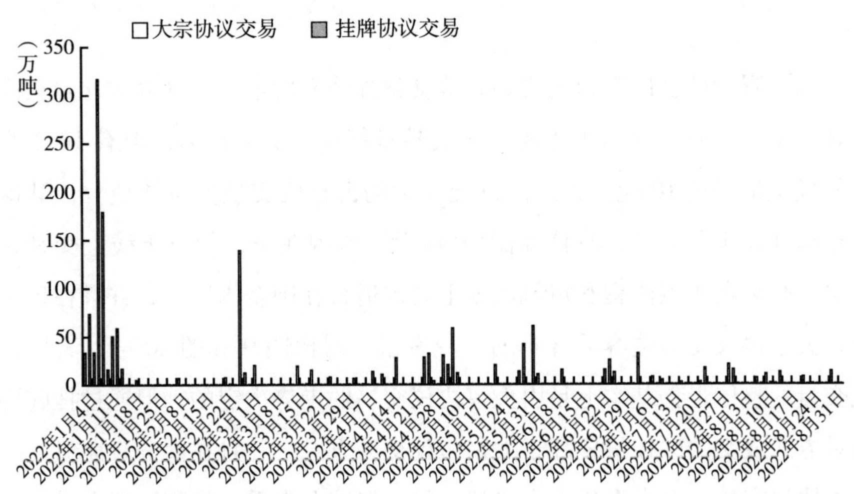

图 10　第二履约期全国碳市场大宗协议交易日成交量 vs 挂牌协议交易日成交量

资料来源：上海环境能源交易所。

中 1~3 月价格波动较大，随后碳价逐步处于横盘震荡状态，主要原因或在于市场尚不完善的基础设施与基本制度使全国碳市场缺乏吸引力，非集中履约期内的控排企业多选择离场观望。

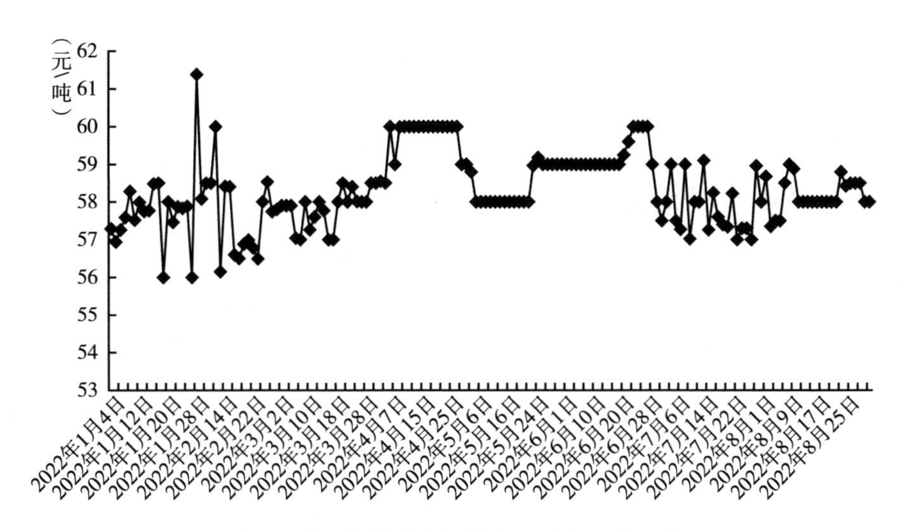

图 11　第二履约期全国碳市场交易日收盘价

资料来源：上海环境能源交易所。

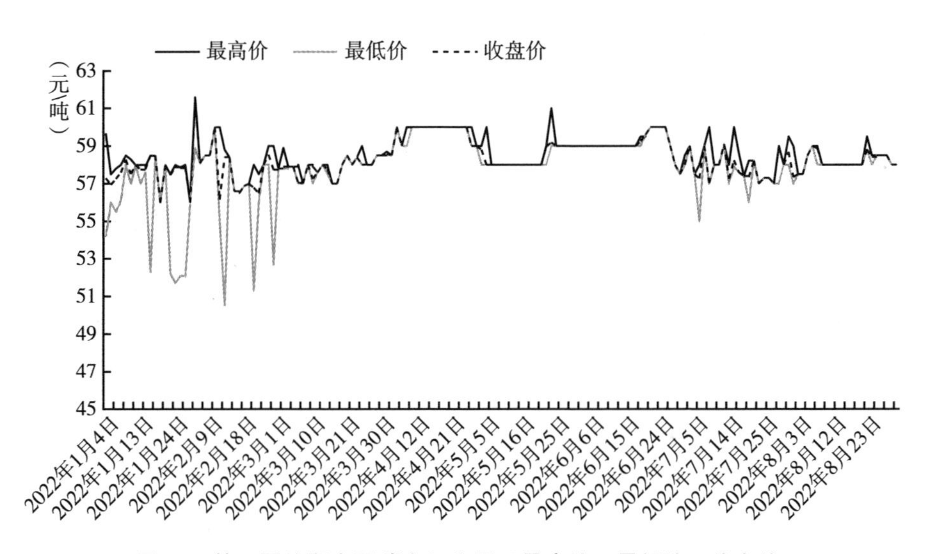

图 12　第二履约期全国碳市场交易日最高价、最低价、收盘价

资料来源：上海环境能源交易所。

综合来看，目前现货市场是我国碳排放交易的主要市场，电力行业企业是参与碳交易的主体，交易方式主要包括挂牌协议交易和大宗协议交易，其中以大宗协议交易为主，这是由电力集团这一市场主体性质决定的，而挂牌协议交易是目前成交额最大的交易方式。上海环交所数据显示，自2021年7月16日全国碳市场启动至2022年8月31日，全国碳市场碳排放配额（CEA）累计成交量为19514.69万吨，累计成交额为85.59亿元。8月31日市场价格较首日开盘价上涨20.83%，全国碳市场总体运行平稳。但单就第二履约期来看，与第一履约期相比，全国碳市场交易活跃度陡降，且2022年以来55%的交易量发生在1月，后续成交量较少，市场持续低迷。

2. 履约期内全国碳市场与配套碳金融的建设发展

在第一履约期内，中国人民银行为促进碳金融市场的发展，引领社会资金大量流入低碳环保领域，首次推出了支持煤炭清洁高效利用专项再贷款以及碳减排支持工具两项创新的结构性货币政策。截至第一履约期末，中国人民银行通过这两项工具已支持金融机构发放超过2400亿元专项贷款。中国邮政储蓄银行运用碳减排支持工具向近200个项目共发放超过200亿元贷款，贷款加权平均利率不到4.2%，共带动减少将近400万吨二氧化碳排放量。

第一履约期内碳衍生品、绿色信贷、绿色债券等碳金融热门领域也得到迅猛发展。根据Wind数据库统计，2021年新发行超过50只绿色投资主题相关基金，其发行量高于以往任何年份。其中中国宝武集团在2021年7月发起设立的宝武碳中和股权投资基金作为我国规模最大的碳中和主题基金，总规模高达500亿元。

绿色信贷项目也不甘落后，2021年末我国本外币绿色贷款余额同比增长超过30%，规模高达15.9万亿元，存量规模居全球首位。其中国内21家主要银行绿色信贷余额高达15.1万亿元，相当于每年节约超过4亿吨的标准煤用量，减少7亿吨二氧化碳排放量。此外，2021年境内绿色债券余额同比增长近200%，规模高达1万亿元，发行量亦超过6000亿元。其中，绿色资产支持证券（绿色ABS）更是迎来巨幅增长，2021年绿色资产支持证券发行规模远超1000亿元，超过此前五年的发行数量总和。我国碳金融市场在第一履约期内蓬勃发展，为促进全国碳市场长期健康的发展，进而实现

“碳达峰”与“碳中和”的最终目标打下了良好基础。[①]

2022 年，银行加快碳金融领域的布局。自 2021 年 12 月到 2022 年 1 月中旬，就有包括国有银行、股份制商业银行及地方城商银行等十多家银行宣布首笔碳排放权质押贷款落地。2022 年 2 月，上海环交所推出碳排放配额质押贷款保证保险（以下简称“碳质押险”）产品，碳质押险不仅能增加碳资产持有人的信心、提高碳资产的流动性，也为保险与碳市场的结合提供了全新发展思路。2022 年 3 月，包括中国建设银行、中信银行在内的多家银行都创新推出碳账户方案，不约而同地进行个人碳账户的新尝试。同月，中金碳期货 ETF 上市，这是中国首只碳期货 ETF，碳期货因其具有的价格发现和风险管理功能，将有效降低交易风险，在为碳市场安全运行保驾护航的同时活跃碳市场交易。4 月 22 日，首个银行个人碳账户——“中信碳账户”正式上线，通过准确记录个人减排的相关信息，“中信碳账户”将实现个人碳减排数据的资产化和价值化。5 月 9 日，南方电网公司联名卡在广州试点上线发行，推出普惠碳中和电力金融服务账户。这是南方电网在大力发展产业金融、服务实体经济的同时，面向个人用电客户提供的一项普惠性碳金融服务。6 月 1 日，全国首个碳资信评价体系试点在宁波启动，碳资信评价体系的启用具有重大意义，完成了金融应用闭环，既反映了碳风险，也反映了碳价值。7 月 25 日，海南国际碳排放权交易中心有限公司（以下简称“海碳中心”）成立，海碳中心是海南自贸港重点推动的“6+3”交易场所之一，将通过加速碳金融发展推进经济社会低碳转型。

梳理以上内容可以发现，第二履约期内全国碳市场和碳金融之间相互依存、相互促进的关系愈加紧密。一方面，相关配套碳金融举措和政策的出台将从交易产品、交易主体、交易容量、交易方式及环节等各方面助推全国碳市场的发展，碳金融市场的形成也将有助于促进碳价的合理化和稳定性，[②]

① The World Bank，“State and Trends of Carbon Pricing 2021”，2021.

② 张黎黎：《透视我国碳市场发展》，《中国金融》2021 年第 5 期 。

支持全国碳市场的平稳运行；另一方面，碳交易市场的发展逐步成为碳金融发展的前提和基础，只有存在碳交易市场并且市场规模以及交易主体发展到一定水平，才能谈碳金融的发展问题，同时碳市场交易标的金融属性亦越发明显，因此全国碳市场与碳金融之间逐步产生关联性。

3. 履约期内全国碳市场抵消情况

《碳排放权交易管理暂行办法》中明确规定，碳排放权交易包括碳排放配额（由地方生态环境主管部门确定并组织发放）和 CCER（由重点排放单位自行在碳市场上向温室气体自愿减排交易机构购买）两种交易。而碳排放权抵消机制主要通过 CCER 实现，详细说来是指控排主体通过使用一定比例的 CCER（《碳排放权交易管理办法（试行）》规定其比例不得超过碳排放总配额的 5%）来抵消部分碳减排履约义务的机制。该抵消机制可以在保证整体减排环境不受影响的前提下，降低控排主体的履约成本，并且进一步扩大碳市场的流动性，最终可以助力重点排放单位温室气体自愿减排项目顺利进行。

CCER 在碳排放权交易体系中占据重要地位。因此要在满足经济稳定增长的前提下，确保配额分配略低于企业当年温室气体排放量，从而使控排单位有购买 CCER 的意愿，也要对 CCER 进行总量控制，保证 CCER 的价格略高于碳排放配额交易价格，这样企业才有动力进行低碳技术创新，从而避免购买 CCER 这一减排成本支出。

由于 2023 年 CCER 抵消清缴条件尚未确定，其抵消比例以及可使用类型均有可能与 2022 年不同，因此 2022 年 CCER 交易情况将由 2022 年全国碳市场 CCER 抵消政策以及 CCER 何时重启决定。

三　中国碳交易试点市场运行情况

（一）中国碳交易试点市场履约情况

表 7 展示了我国各碳交易试点市场在 2013～2020 年的市场履约情况。

从表7可以看出，除上海、湖北和重庆暂未公布履约数据外，北京、天津、广东、深圳碳交易试点市场均在2020年保持100.0%的履约率。其中天津碳交易试点市场的履约率在2015~2020年都保持在100.0%的水平。总体来看，除重庆因披露水平较低履约率无法衡量外，其余6个地区的碳交易试点市场在2013~2020年的履约率都较高。

表7　2013~2020年各碳交易试点市场履约情况

单位：%

地区	2013年	2014年	2015年	2016年	2017年	2018年	2019年	2020年
北京	97.1	100.0	100.0	100.0	99.6	未公布	100.0	100.0
天津	96.5	99.1	100.0	100.0	100.0	100.0	100.0	100.0
上海	100.0	100.0	100.0	99.7	100.0	100.0	100.0	未公布
湖北	—	100.0	100.0	100.0	100.0	未公布	未公布	未公布
广东	98.9	98.9	100.0	100.0	100.0	99.2	100.0	100.0
深圳	99.4	99.7	99.8	99.0	99.1	99.0	100.0	100.0
重庆	—	70.0	未公布	未公布	未公布	未公布	未公布	未公布

资料来源：根据各碳排放交易所及生态环境部门网站数据收集整理得出。

从2013年6月我国各碳交易试点市场陆续启动交易以来，各试点从第一个履约年度（2013年）发展至今，履约率都有所提升，并且稳定度也有所提高。各碳交易试点市场在不断的实践中积累经验和吸取教训，也更加注重对于履约情况的管理，这也说明我国碳交易试点市场正不断地在实践和完善中走向成熟。①

我国碳交易试点市场的履约期除特殊原因推迟外，一般为每年的6月或7月。一般来说，我国试点碳市场在履约期前交易量会发生一定程度的激增，然后导致碳配额交易价格的暂时性上升，随后碳配额交易价格又会有所回落，成交量表现出履约驱动现象。本部分以5~7月的成交量总和/年总成交量为计算公式衡量各碳交易试点市场交易量的履约驱动水平。表8和图

① The World Bank, “State and Trends of Carbon Pricing 2022”, 2022.

13 展示了我国各碳交易试点市场 2016~2020 年 5~7 月成交量占全年成交量比重的统计情况。

由表 8 可以看出，2016 年、2017 年和 2018 年 5~7 月各试点的履约驱动现象较为严重，履约期前的成交量占全年成交量比重的半数以上，分别为 55.97%、61.07%和 67.94%。2019 年履约驱动水平显著降低，除深圳之外的 6 个碳交易试点市场均出现不同幅度的下降，其中天津碳交易试点市场的降低最为显著，履约期前的成交量占全年成交量的比重由 2018 年的 100.00%降低至 2019 年的 1.83%，降低了 98.17 个百分点。随后 2020 年的各碳交易试点市场 5~7 月成交量比重又降低至 22.05%。图 13 可以更直观地体现出 2016~2020 年各碳交易试点市场于 5~7 月成交量占全年成交量比重的变化情况。由图 13 可以看出，北京、上海碳交易试点市场的履约驱动水平随年份的改变大体上呈现递减趋势。虽然其他各个碳交易试点市场总体上呈现降低趋势，但中间年份存在反弹。总体而言，我国碳交易试点市场的履约驱动水平有明显的降低，履约驱动现象有所缓和。[①]

表 8　2016~2020 年各碳交易试点市场 5~7 月成交量占全年成交量比重

单位：%

地区	2016 年	2017 年	2018 年	2019 年	2020 年
北京	85.10	70.15	72.72	34.63	12.88
上海	79.01	61.68	66.30	34.83	24.18
重庆	0.00	54.52	84.37	2.38	29.11
深圳	44.24	16.82	62.18	73.10	12.98
广东	45.47	59.43	52.03	41.54	10.32
天津	98.81	93.45	100.00	1.83	35.80
湖北	39.14	71.41	38.00	6.34	29.06
平均占比	55.97	61.07	67.94	27.81	22.05

资料来源：碳排放交易网，http：//www.tanpaifang.com。

① 朱帮助、徐陈欣、王平、赵冲、吴战篪、宋璐阳：《内部碳定价机制是否实现了减排与增收双赢》，《会计研究》2021 年第 4 期。

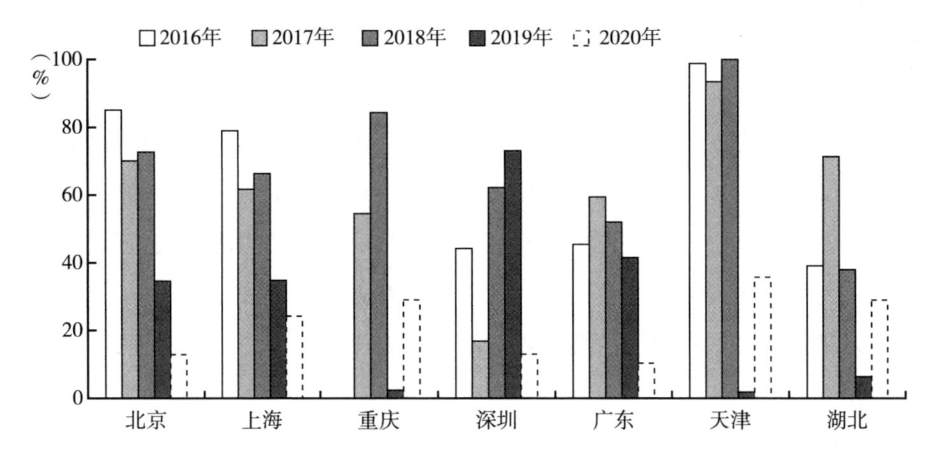

图 13　2016~2020 年各碳交易试点市场 5~7 月成交量占全年成交量比重

资料来源：碳排放交易网，http：//www. tanpaifang. com。

另外，各碳交易试点市场发展还不够完善，并且市场存在履约驱动力，多数减排企业会选择在履约期前进行集中履约，这导致核查机构超负荷，难以在短期内完成核查工作。一方面，我国各碳交易试点市场在设立之初，检查机构数量并不充裕；另一方面，随着各碳交易试点市场的发展，每个碳交易试点市场的覆盖范围也在不断拓展，控排企业的数量也在不断增加，与之相比，我国监测、报告与核查体系还不完善，并且发展的速度也相对较慢，其中机构及人员的不足，也会间接造成履约时间的推迟。在 2014 年，在五个首次履约的碳交易试点市场（北京、天津、上海、广东、深圳）中，只有上海没有出现履约推迟。深圳碳交易试点市场 2020 年的履约截止时间为 2021 年 6 月 30 日，但 2021 年的碳排放履约截止时间相较于 2020 年有所推迟，为 2022 年 8 月 30 日。

4. 信息披露水平有待提高，执法标准和处罚机制不统一

信息披露水平的提高不仅有利于碳排放权交易市场的建立和市场有效性的提高，更能降低因信息披露水平过低所带来的信息不对称风险。同时，信息披露水平的提高也有利于主管部门及时开展对市场的有效监管。但目前我国碳交易试点市场的信息披露水平还有待提高，由表 7 可以看出，重庆碳交

易试点市场仅披露了首个履约年度的履约信息，信息披露水平较低。

在对于碳交易试点市场的法律执法标准上，我国各碳交易试点市场还不够统一且执行力度小。目前我国的碳交易试点市场中，只有北京和深圳碳交易试点市场出台了地方法规来保证市场的平稳运行。上海、湖北和广东发布的碳排放权交易管理办法属于政府规章，而政府规章的力度和效力低于地方法规，约束保障力度相对较弱，因此可能存在处罚手段和处罚依据不足的问题。天津碳交易试点市场的相关规章制度不属于立法保障，相对而言其法律效力较低。

我国各碳交易试点地区的直接处罚和其他约束机制如表 9 所示。

表 9　各碳交易试点地区直接处罚和其他约束机制

地区	直接处罚	其他约束机制
北京	按照市场价的 3~5 倍予以处罚	—
上海	要求按期履行清缴义务，未完成企业处以 5 万~10 万元的罚金	纳入信用记录，向外界公开；2 年内无法获得节能减排资金申请资格，3 年内不得参加节能减排先进评选活动
重庆	按照清缴之前一个月的 3 倍配额均价予以处罚	3 年内不能享受与节能环保相关的财政补贴；不得参加与节能环保有关的评优活动；将违规行为纳入国有企业领导班子绩效考核评价体系
深圳	若缴纳不足，不足部分将从下一年的配额中强行扣除。处罚的金额为履约前半年配额均价的 3 倍	纳入信用记录，向外界公开，并通知金融机构；不予发放财政资助；向国资监管机构通报，并作为考核的重要内容之一
广东	若没有及时缴清配额，在下一年，需要扣除 2 倍没有缴清的配额，并且处以 5 万元罚款	将履约情况纳入企业信用记录
天津	暂无	3 年内无法享受到财政优惠政策，也不能获得融资支持；记入社会信用体系，并向外部公开
湖北	若缴纳数量不足，不足部分按照配额市场价的 1~3 倍缴纳罚金，但罚金最高不超出 15 万元。同时，不足部分需要在下一年双倍扣除	纳入黑名单，形成不良信用记录；向国资监管机构通报；剥夺节能减排项目申报资格，新建项目的节能审查不予通过

资料来源：根据各试点地区碳排放交易所政策规定整理得出。

由表9可以看出，各个碳交易试点市场的处罚机制和程度并不统一，“松紧”不一可能导致漏洞的存在。其中，在直接处罚中，北京、深圳和重庆碳交易试点市场的处罚相较于其他碳交易试点市场更为严格，违约的企业分别需要支付市场配额均价的3~5倍、3倍、3倍罚款；上海、广东和湖北碳交易试点市场的处罚力度相对较小，分别规定对违规企业处以5万~10万元、5万元、1~3倍但最高不超出15万元的罚款。相较于其他碳交易试点市场，天津碳交易试点市场仅有约束机制，处罚力度较小。一般来说，在处罚力度相对较小的碳交易试点市场中，企业具有相对较低的违约成本，另外，若没有一个严格的惩罚机制作为控排企业的约束条件，控排企业更容易发生违约及延迟履约行为。[4]

（二）中国碳交易试点市场抵消情况

CCER是指依据《温室气体自愿减排交易管理暂行办法》的规定，经国家发展改革委备案并在国家注册登记系统中登记的温室气体自愿减排量，单位为“吨二氧化碳当量”。简单来说，碳排放权交易市场中，有两种产品。一种是碳配额，是政府开始给企业分配的碳排放量。一些企业的初始配额大于实际所排放的温室气体量，于是这些企业可以出售自己富余部分的配额，给那些初始配额小于实际所排放的温室气体的企业，于是便形成了碳交易。另一种是CCER。企业可以选择采用新能源、资源降低温室气体排放量，这些减少的排放量得到国家认可，就是国家核证自愿减排量。当企业的二氧化碳排放量超出配额时，企业可以用CCER抵消部分碳超排量，若是CCER不足，再从市场上购买配额，在一定程度上可以降低企业的成本，同时还可以刺激企业使用清洁能源，减少温室气体排放。由此CCER的抵消机制有利于全国碳市场建设，进一步完善碳交易试点市场。

2015年1月，国家自愿减排交易注册登记系统正式上线并投入使用，自愿减排项目供给大幅提高，低成本的国家核证自愿减排量涌入各碳交易试点市场。接受EU-ETS的教训，各试点相继出台相关规定限制国家核证自愿减排量的使用，包括设定使用限额、时间和地域限制，以及项目类型限制，提高了国家核证自愿减排量的准入门槛。2015年，我国各试点省（市）的国家核证自愿减排量累计成交量分别为：上海市 2543 万吨、北京市 368 万吨、深圳市 200 万吨、广东省 101 万吨、天津市 125 万吨，湖北省、重庆省的国家核证自愿减排量交易量尚未公布。上海市因其未限制国家核证自愿减排量项目的类型与地域，国家核证自愿减排量交易最为活跃，且用于履约的比例也最高，有 50 万吨左右。

截至 2016 年 10 月 4 日，湖北省碳交易试点市场运行的第一年，其总交易量便达到 1186 万吨，累计日平均交易量达 3.4 万吨，约占全国日均交易量的 55%，交易总额超过 2.7 亿元，在全国碳排放权交易市场中居首位。

2017 年 4 月，7 个试点地区中，上海市 CCER 成交量远超其他试点省（市），高达 545 万吨；广东省、北京市、深圳市的 CCER 成交量在 50 万~70 万吨；湖北省 CCER 成交量较低，仅有 4 万吨左右；天津和重庆两市成交量为零。2017 年 5 月，上海市 CCER 成交量大幅下降，降至 175 万吨，但仍在 7 个试点地区中保持最高的成交量。深圳市 144 万吨、北京市 140 万吨和广东省 105 万吨紧随其后；湖北省成交量仍较低，仅有 14 万吨；天津和重庆两市成交量仍为零。2017 年 6 月，上海市 CCER 成交量大幅上升，达到 517 万吨，仍是试点地区中最高的；广东省 170 万吨；深圳市 153 万吨；北京市 95 万吨；湖北省 69 万吨；天津和重庆两市成交量仍为零。截至 2017 年 6 月 30 日，各试点地区 CCER 累计成交量从高到低分别为：上海市 5323 万吨、广东省 2720 万吨、北京市 1766 万吨、深圳市 1060 万吨、湖北省 353 万吨、天津市 153 万吨、重庆市 0 吨。

与其他试点地区相比，北京公布的数据相对较多。截至 2017 年 6 月 10 日，7 个试点地区的碳交易试点市场中，北京碳交易试点市场的配额累计成交量高达 1788 万吨，CCER 累计成交量高达 1928 万吨，各类碳产品交易总额超过 7.7 亿元。然而在 2018 年 1 月 3 日，北京环境交易所发布《关于暂停 CCER 交易的公告》。2018 年 2 月 12 日，北京环境交易所发布公告，恢复 CCER 正常交易。截至 2021 年 3 月，国家核证自愿减排量的累计交易量为 2.8 亿吨左右，每吨价格在 20~30 元波动。目前约有 6000 万吨 CCER 已被用于碳交易试点市场和全国碳市场配额清缴履约抵消。

四　全国碳市场政策调整与优化

（一）全国碳市场政策演化路径

1. 中国 CDM 建设阶段（2005~2011年）

CDM 即清洁发展机制，是我国间接参与国际碳排放权交易的一种方式，是《京都议定书》中提出的发达国家可以向无减排义务的发展中国家购买排放权的灵活减排机制，自 2005 年以来，CDM 风力发电项目成为我国 CDM 项目的主要组成部分，并迅速发展。2010 年 9 月，我国七部门联合颁布了《中国清洁发展机制基金管理办法》，并于 2022 年 8 月开始实施。《中国清洁发展机制基金管理办法》宗旨是支持碳达峰和碳中和，支持应对气候变化、污染防治和生态保护等绿色低碳领域的活动，最终达到促进经济社会高质量发展的目的。在 CDM 推动下，这一阶段我国完成了近 2000 个 CDM 项目的注册与实施，风能、水电等可再生能源项目快速发展，如图 14 所示。这些 CDM 项目每年温室气体减排量超过 2.2 亿吨，给我国企业带来约 20 亿欧元的收益。

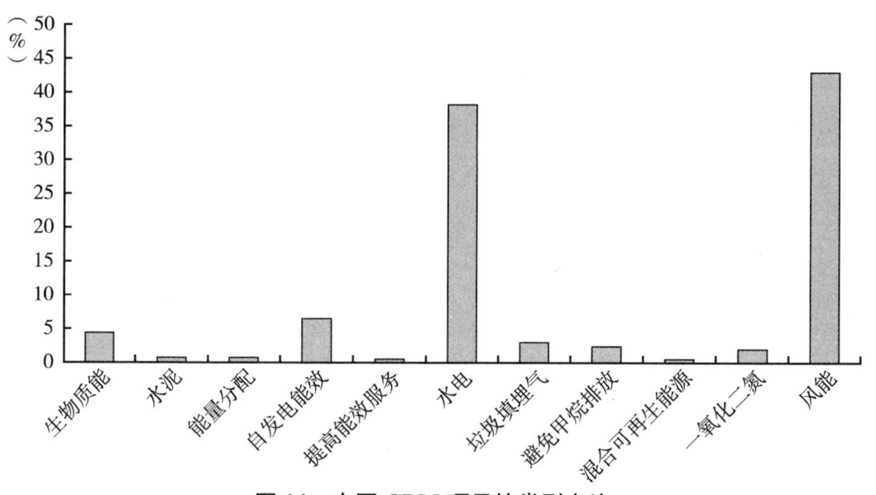

图 14　中国 CDM 项目按类型占比

资料来源：根据 Wind 数据库整理。

然而，在《京都议定书》进入第二承诺期后，国际谈判形势不容乐观，CDM 的发展变得前途未卜。《京都议定书》在第二承诺期未能顺利续约，发达国家对碳交易的需求动力大大减少，甚至消失，正在筹备中的 CDM 项目受到一定冲击，我国 CDM 项目也在 2012 年后逐渐陷于停滞状态，如图 15 所示。随着国内需求逐渐成为未来减排项目的主流，我国开始基于节能减排的任务和目标，以国内需求为导向，参照国际经验，探索建立中国的碳交易金融产品以及碳市场，继续探索用行业内部的碳交易替代以项目为单位的碳交易机制。

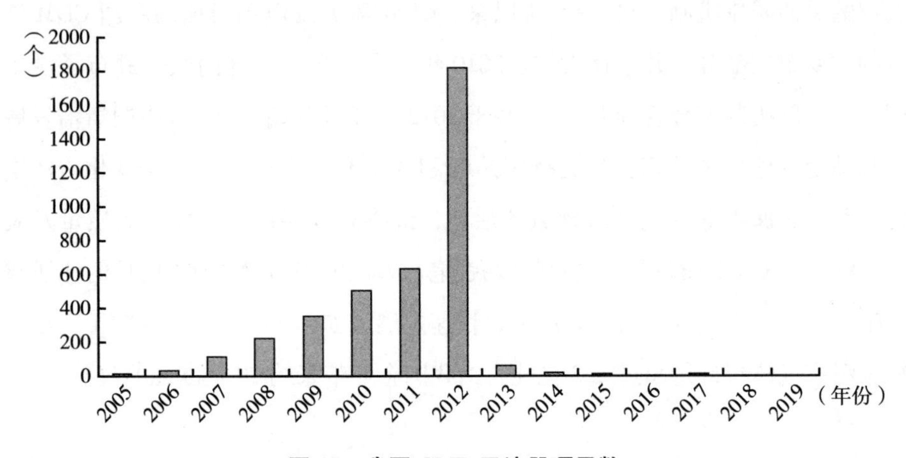

图 15　我国 CMD 已注册项目数

资料来源：根据 Wind 数据库整理。

2. 碳交易试点市场建设阶段（2012~2013年）

2011 年 10 月，国家发展改革委发布《关于开展碳排放权交易试点工作的通知》，标志着我国正式进入碳交易试点市场建设阶段。2013 年 6 月，中国第一个碳交易试点市场在深圳成立，随后北京、上海、天津、重庆、湖北、广东相继成立碳交易试点市场。目前，上述试点地区运行有序有效，为全国碳市场的技术创新和政策制度创新发挥引领作用。

经过几年的运行，中国碳交易试点市场建设阶段工作取得了显著成效。从碳交易试点市场交易量来看，2013~2021 年，中国共完成碳交易 24130.91

万吨（见图 16）。从碳交易试点市场总规模看，试点开始至今，碳交易试点市场总规模已达 58.66 亿元。从碳交易试点市场的交易额趋势来看，2013~2020 年，中国碳交易市场的碳交易额呈现增长趋势。截至 2021 年 6 月，北京、天津、上海、重庆、湖北、广东、深圳碳交易试点市场配额累计成交额达到 4.8 亿吨二氧化碳当量，累计成交额达到 114 亿元，各个碳交易试点市场履约完成率呈上升趋势。

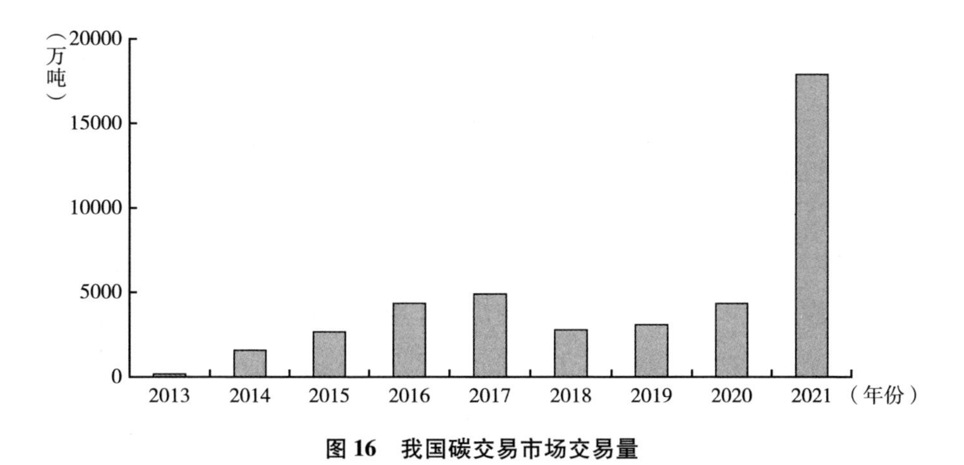

图 16　我国碳交易市场交易量

资料来源：根据 Wind 数据库整理。

在各碳交易试点市场中，湖北省和广东省的交易规模最大（见图 17）。由于湖北省和广东省拥有较大规模的高耗能工业体系，碳交易试点市场中纳入了较多的高排放厂商，因此在当前我国的各碳交易试点市场中交易量最大，分别达到了 7827.6 万吨和 7755.1 万吨。此外，湖北省和广东省的交易总额在当前我国的各碳交易试点市场中也位居前二。在“十三五”期间北京市碳强度降幅显著。北京碳交易试点市场有效利用了碳市场试点机制，促进了节能减排。“十三五”期间，北京市碳强度下降 23%以上，超过“十三五”目标，成为全国省（区、市）级地区碳强度最低的地区。

在碳交易试点市场建设阶段，我国进行了一系列有益的探索。一是在碳交易试点市场建设阶段建立了独特的制度和工作机制。各试点省市的产业结

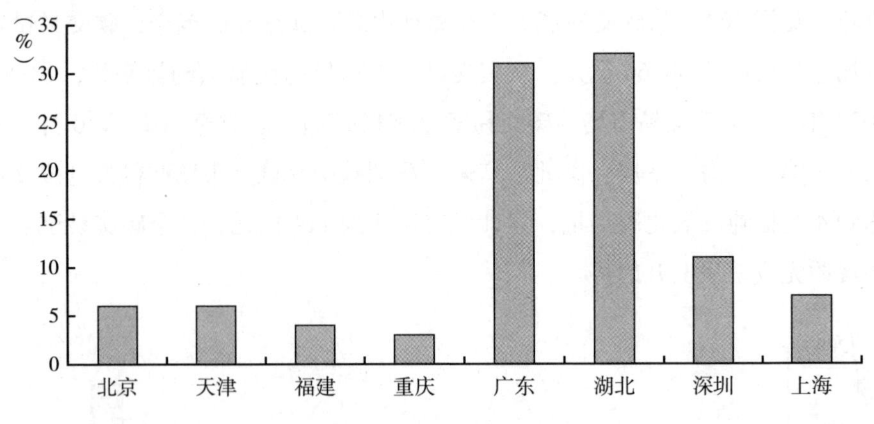

图 17　碳交易试点市场交易量占比

资料来源：根据 Wind 数据库整理。

构存在差异，它们根据实际情况设计了不同的制度，建立了有效的工作机制。二是逐渐发挥了市场配置环境资源的作用，初步形成了通过碳价格激励企业进行节能减排的机制。其中，湖北省试点纳入的企业 4 年累计减排量超过 2000 万吨。三是开发了碳交易试点市场的系统支撑平台，积累了碳交易试点市场系统设计和市场平台运营的一系列宝贵经验，并培养了一批专业化人才。我国在碳交易试点市场建设阶段，为全国碳市场的建设打下了较好的基础，也为全国碳市场建设积累了丰富的实践经验。

3. 全国碳市场建设阶段（2014年至今）

2013 年，党的十八届三中全会明确了我国要将建设全国碳市场作为全面深化改革的重要任务之一。2014 年，《碳排放权交易管理暂行办法》的发布则从制度层面确定了全国碳市场建设的总体框架，正式进入了全国碳市场建设的前期政策设计阶段。2015 年 9 月，中国首次确认将于 2017 年开放统一的全国碳市场交易体系。2017 年 12 月，国家发展改革委发布《全国碳排放权交易市场建设方案（发电行业）》，标志着全国碳排放权交易体系正式启动。

在全国碳市场建设过程中，全国统一碳排放登记系统和碳排放交易系统分别由湖北省和上海市牵头建设，全国统一碳排放登记系统和碳排放交易系统建设方案也应运而生。此外，全国企业温室气体排放数据统一直报系统的建设也在持续推进。2018 年，碳市场建设的具体技术性操作开始成为主要建设任务，如数据报送、注册登记等系统建设工作加速跟进。2019 年 4 月，《碳排放权交易管理暂行条例》公开征求意见。随着相关基础工作的完成，以发电行业配额交易为主的全国碳市场进入重要的模拟运行阶段。

2020 年，全国碳市场建设进入深化完善阶段。2020 年 12 月，生态环境部颁布了《碳排放权交易管理办法（试行）》，明确了碳排放权交易的抵消机制、参与门槛、配额分配方式、登记制度和处罚规则。与此同时，生态环境部还发布了《2019—2020 年全国碳排放交易配额总量设定与分配实施方案（发电行业）》。全国碳市场初步覆盖的行业均为电力行业，2225 家发电企业被列为重点排放单位。

2021 年 7 月，经过近 3 年的准备和模拟运行，全国碳市场于 2021 年 7 月正式启动，对实现我国“双碳”目标具有重要的现实意义。第一履约期于 2021 年 1 月 1 日开始，至 2021 年 12 月 31 日结束。碳排放配额的初始开放价格为 48 元/吨。截至 2021 年 12 月，全国碳市场累计成交量达到 5137.7 万吨，日均成交量为 54.7 万吨；累计成交额达到 22.0 亿元，日均成交额为 2336.4 万元。单日成交量和成交额最高的是 9 月 30 日，分别达到 847.4 万吨和 3.5 亿元。当前，全国碳市场运行总体平稳，截至 2022 年 7 月，碳排放配额累计成交量达 1.94 亿吨，累计成交额达 84.92 亿元，其中大宗交易占比约 83%，均价约为 48 元/吨，挂牌交易占比约 17%，均价约为 43 元/吨。

（二）当前全国碳市场政策及实施情况

作为全球最大的温室气体排放国，中国正积极承担应对气候变化的责任。目前，我国已经在碳交易试点、碳排放核算、MRV、配额方面推出了一系列政策，并取得一定成效。

1. 碳交易试点政策及实施情况

我国碳排放权交易市场是利用市场化机制实现控制温室气体排放、促进绿色低碳发展的重要政策工具。在碳交易试点市场的建设过程中，国家主管部门出台一系列相关政策以支持全国市场的建设。

2011 年 10 月，国家发展改革委确定湖北、广东、北京、上海、天津、深圳、重庆 7 个试点地区开展碳排放权交易试点工作。在此基础上，我国逐步建立起全国碳市场的 MRV 制度，并启动全国行业和企业层级基础碳排放数据库建设工作。目前，主管部门先后发布了 24 个行业的碳排放核算和报告指南和 13 个国家碳排放核算标准。

2019 年 1 月，生态环境部组织各地开展火电、钢铁、水泥、化工、有色金属、造纸六大行业重点排放单位碳排放数据的 MRV 工作。基于总量适度从紧，兼顾科学性和公平性原则，我国制订了首个基于基准线的配额分配方案，明确了发电企业排放配额分配基准线法，该方法充分考虑了我国目前的火电机组技术水平、燃料类型、电力市场特点等因素，对于指导发电行业低碳发展具有重要的现实意义。

2020 年 12 月，生态环境部发布《碳排放权交易管理办法（试行）》，用于规范全国碳排放权交易及相关活动。在全国碳排放权注册登记结算机构成立之前，湖北碳排放权交易中心承担全国碳排放权登记注册制度的开户、运维等具体工作，上海环境能源交易所承担全国碳排放交易系统的开户、运营和维护工作。通过试点，中国的碳减排工作完成了从 0 到 1 的跨越，并取得了一定的效果。根据 Wind 数据库披露的数据，2013~2022 年，我国碳交易碳排放配额累计成交量为 1.79 亿吨，累计成交额为 76.61 亿元。

2. 碳排放核算政策及实施情况

在《温室气体议定书》（GHG Protocol）等国际文件的基础上，国家发展改革委于 2013~2015 年分三批公布了 24 个行业的企业温室气体排放核算方法和报告指南，涵盖了《温室气体议定书》所包含的 6 种温室气体。2019 年，生态环境部将碳排放核算和报告要求文件升级为《2020 年 1771-T-303 温室气体排放核算和报告要求第 1 部分：发电企业》等国家标准方案建议，并将范围扩大到种植业企业和畜禽规模化养殖企业。在国家发改委的指导下，试点省市还建立了省级 MRV 制度，发布了省级工业碳排放报告指南。

3. MRV 政策及实施情况

MRV 是碳交易市场建设的核心内容之一，是确保排放数据准确性和可靠性的关键手段。目前，中国已陆续发布了《企业温室气体排放核算方法与报告指南　发电设施》《行业第三方核查指南》等 24 个规范性、指导性文件。与此同时，7 个碳交易试点市场的所在省市也相继出台了适合本地区的 MRV 政策体系。如广东省制定了 MRV 工作综合实施细则，北京市、上海市制定了对第三方机构的专项管理办法。

在实践中，我国碳交易试点市场形成了“通则+行业规则”的文件体系。一方面，建立了各种行业指南的通用报告框架和方法，统一了相关术语的定义；另一方面，提供了企业所属行业的报告方法，提高了报告指南的系统性和适用性。同时，在编制过程中设立领导单位，对各报告指南编制单位进行统筹协调和检查，避免准则文本差异较大，影响准则的统一性。为保证核查过程和结果的真实性，试点省市明确了碳交易试点市场管理文件中采用的独立第三方核查机构体系，北京市、上海市、深圳市等地专门出台了第三方核查机构管理办法，湖北省在《湖北省碳排放权管理和交易暂行办法》中对第三方核查机构的要求做出了规定。

4. 配额政策及实施情况

全国碳市场建设依托以试点经验为基础，以配额交易为主导，以国家自愿减排认证为补充的“双轨”制度。截至 2022 年 7 月 15 日，全国碳市场碳排放配额（CEA）累计成交量为 1.94 亿吨，累计成交额为 84.92 亿元。未来，我国将适时引入有偿分配，鼓励排放主体通过国家认证自愿减排，碳排放指标由省级生态环境部门根据国家生态环境部每年制定的碳排放指标总量及其分配方案进行打分。

2021 年，全国碳市场首个履约期启动，截至 2021 年 12 月 31 日，全国碳排放权交易市场在首个履约期内共运行 114 个交易日，累计完成碳排放配额成交量为 1.79 亿吨，累计成交额为 76.61 亿元，完成率为 99.5%。半数以上重点排放单位积极参与市场交易，市场运行健康有序，推动企业减少温室气体排放、加快绿色低碳转型的作用初步显现。

考虑到企业的承受能力和对碳市场的适应性，我国碳市场建立实施了成本控制机制。一是设定配额履约缺口上限。当关键排放单位的配额缺口占其认证排放量的20%以上时，其最大配额清缴义务为其获得的自由配额加上认证排放量的20%。二是纳入补充产品。重点排放单位每年可以采用经国家认证的自愿减排方式抵消碳排放配额，抵消比例不得超过应当清缴的碳排放配额的5%。另外，为了鼓励燃气机组的发展，当核定的燃气机组排放量不低于核定的自由配额时，配额清零义务为其所获得的全部自由配额，即配额缺口“免征”清零执行。

（三）碳交易政策优化建议

1. 持续丰富碳市场产品结构

目前我国碳市场上的交易行业主要集中在电力行业，交易产品为碳排放配额（CEA）现货，政府部门还未将其他行业纳入全国碳市场，也未将CCER现货纳入全国市场交易，而且未设计出CEA期货等碳金融衍生品的产品结构，这表明我国碳现货市场涵盖行业不够完善、碳金融衍生市场缺失。未来在我国碳市场规模不新提升的进程下，尽快设计碳期货、碳期权，丰富碳金融衍生品市场产品结构有助于完善全国碳排放权交易市场结构，有助于提高我国碳定价能力，加速追赶欧盟碳排放权交易体系，提升碳市场的国际竞争能力。

2. 有序扩大碳市场交易主体范围

全国碳市场需要逐步明确交易规则，将机构与个人纳入交易，多元化拓展交易主体，提高碳配额流动性，从而使碳市场更为活跃多元，保证碳市场有效运行。全国碳市场在2021年运行期间，出现明显的集中交易现象，CEA在12月的总成交量为1.36亿吨，占全年的比例约为75.82%，而其他月份以及第二履约期运行以来，碳市场不够活跃、碳配额流动行性差，部分原因在于目前在全国碳市场中进行交易的主体只有重点控排企业，这些企业主观上仍未形成常规化的交易思路，导致碳市场周期性波动较大，不利于市场的平稳运行。因此将交易主体进行多元拓展，允许机构投资者参与碳市场，提高实际活跃的市场参与主体的配额量总体占比有利于提升全国碳市场活跃度。

3. 进一步完善交易场所建设

上海环境能源交易所主要承担了全国碳市场的相关交易，同时已在全国碳现货交易中形成了相对成熟的流程，但仍主要沿用碳交易试点市场的交易规则。在未来全国碳排放权交易市场逐渐吸收地方碳交易试点市场的趋势下，地方碳交易试点市场所形成的交易流程与规则不一定适用于全国范围的交易主体，需要进一步完善，以便为全国碳市场的运行提供更有力的保障。此外，在全国碳市场扩容后，交易场所（交易机构）需要针对不同的产品类型、交易主体类型进行详细的规则设置，保证碳市场有序运行。

4. 加快完善我国企业碳核算实践

目前已经出台标准并纳入核算范围的行业主要是碳密集型行业，我国对其他行业的碳核算缺乏规范指导。应加快构建国、工、企三位一体的碳排放管理体系，夯实碳市场的运行基础。支持相关行业和科研机构加快对特定行业碳排放核算和统计方法的研究，加快形成国家碳排放核算和统计体系，明确中国的减排目标。从市场参与者出发，提高企业参与的意愿和能力。在碳排放核算体系的基础上，企业碳核算应以行业为导向，保证基础数据的真实性和可信性。

出台有约束力的法律法规，明确碳核算责任。目前碳核算行业标准基本为推荐标准，缺乏法律法规的约束力。参与企业和行业限于具体试点省市或具体行业。相关法律法规的出台，可以增加碳核算工作的深度、广度和可比性，为我国经济转型奠定基础。在碳中和和风险防控的双重背景下，制定符合国情的金融机构温室气体核算指南迫在眉睫。碳核算金融联盟（PCAF）对金融机构的碳排放方法和标准进行了有效的尝试，但对资产类别的覆盖范围仍然有限，计算中涉及的变量的定义细节也没有标准化，我国可在此基础上开展有针对性的完善工作。

5. 建立碳排放连续在线监测的技术规范体系和监管体系

虽然全国碳市场已初步建立了碳排放核算、报告和核查的技术规范体系和监管体系，但尚未建立碳排放连续在线监测的技术规范体系和监管体系。因此，根据碳市场碳排放数据的核算方法和连续在线监测技术特点及应用领域，以及目前全国基于碳市场的碳排放数据核算管理和技术规范，碳市场碳排放数据的统计应以核算方法为主、以连续在线监测方法为辅，并在发电行业积极试点碳排放连续在线监测，利用两种方式相互检查，提高数据质量。对于碳排放的及时分析，按照“核算为主、管理为辅、因地制宜、分类施策、立足科研、立足业务、注重两件以上整体融合、协同联动”的原则，在发电行业试点实施碳排放监测，评价支持持续在线监测检查企业温室气体排放是否科学可行。

6. 创新货币政策工具，畅通碳价格传输机制

加强绿色金融基础设施建设，大力支持绿色技术创新，强化与碳排放相关的信息披露要求，合理分配碳排放配额，打好碳市场建设基础。引导公积金、养老金等长期资金逐步进入碳市场，提高市场流动性。推进绿色金融产品创新，推动金融支持绿色发展，强化政、银、企对接，促进实体经济与金融互利共赢。进一步完善绿色金融融资机制，将中小银行、中小企业纳入绿色金融市场，畅通融资渠道，拓宽绿色金融整体产品规模。完善绿色金融监管，定期开展绿色信贷统计和评价工作，引导银行机构按照市场化、法治化原则支持绿色低碳产业发展，加强对融资项目碳减排量等环境效益的测量、核算、监测和信息披露。

7. 建设国际化碳交易体系，为对接全球碳交易市场奠定基础

加强与欧盟绿色金融分类框架的协同合作，稳步增补中欧各自绿色金融分类标准共同认可、对减缓气候变化有显著贡献的经济活动清单，采取有效措施应对欧盟碳关税对中国进出口贸易的影响。在碳市场设计、执行以及中美碳市场高效对接方面加强国际合作，强化与欧美碳市场的连接。利用“一带一路”倡议提升中国碳市场国际认可度，继续加强学习全球各个碳市场的发展经验，促进中国与其他国家的合作交流，加快中国碳市场的国际化

进程，通过主动同发达国家对谈价格的方式，促进我国碳价格制度的形成，同时主动对标欧盟的碳交易制度现状和有关制度，推进建立全球性的碳排放权交易，力争尽早建立有区域竞争力的“中国价格”。

五 中国碳排放权交易市场发展展望

（一）全国碳市场的发展展望

全国碳市场具有以配额交易为主、以核证自愿减排量为辅的双轨体系，其交易规模较大且发展日趋平稳，但全国碳市场自上而下的机制仍存在较多问题，面临如扩充交易主体、丰富交易方式、完善法律支撑、明确目标引领等挑战。在前述基础上，针对当前全国碳市场的发展特征和问题，本部分对全国碳市场的未来发展进行了展望分析，以期为相应政策建议的提出提供一定的依据，探索全国碳市场多层次发展路径的可能性。

1. 碳交易立法进程将进一步加快

全国碳市场建设作为一个分阶段的发展过程，需要高层级尤其是国务院针对性法案的支持。随着国务院在碳排放权交易方面的立法工作的推进，我国碳市场顶层设计文件立法进程将进一步加速。目前，国务院已对《碳排放权交易管理暂行条例》进行修订与意见征询，包括对全国碳市场地位的明晰和长期指导目标的明确等。未来碳交易法律法规应在保障碳市场减排效能的同时，还要考虑到惩罚力度对企业履约的关键作用。总体而言，相关法律法规应对奖惩两方面双管齐下，最大限度地发挥激励和惩罚机制，为碳市场自上而下的监管提供有力保障。

2. 碳交易的广度和深度将进一步扩大

为充分发挥市场化效用，全国碳市场必须尝试实现碳交易主体和对象的多元化。在参与行业扩充方面，加速纳入水泥、航空、钢铁、建材、化工、造纸等高耗能产业；在参与主体扩充方面，进一步降低企业入市门槛、引入第三方投资者，实现碳市场活跃度和参与量的提升；在交易方式和品种丰富方面，由于碳排放权衍生的金融产品将趋于多样化，“十四五”期间政府部

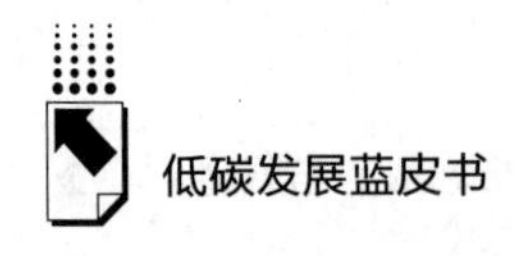

门将更为注重碳金融市场的发展，逐步形成现货、期货同时覆盖、不断丰富的交易局面。

3. 各级碳市场的制度和市场协调性将不断增强

出于区域金融发展水平、地方政府管控力度、政府配额松紧差异等原因，我国当前碳排放权交易价格差异和波动较大，全国碳市场与碳交易试点市场的行业参与范围与定价机制亦存在较大差异。而碳价统一是各级碳市场有效协调的首要体现，亦是有效均衡价格形成的必要条件。因此，各级碳市场之间制度的协调和市场间衔接是我国碳市场寻求进步所必须考虑的发展之路。“十四五”时期，避免碳市场间的割裂和断层是我国碳市场发展的关键之一，在配额分配方法、交易制度和流程上，相关部门会进一步尝试性地改革，以期维护我国碳市场的完整性和一体化程度。

4. “碳税+碳市场”协同的多元碳定价机制将提上日程

虽然全国碳市场的建立意味着我国气候治理工作向前迈出了标志性一步，但仍需适时引入碳税政策，以有效引导碳交易市场覆盖不到的领域开展碳减排，并缓解碳交易价格偏低的问题。在“碳税+碳市场”协同的多元碳定价机制之下，合理设定碳税与碳交易的调控范围，全面覆盖碳排放主体，可以允许企业在碳税和碳交易两种政策中有条件地进行选择，甚至可以考虑建立相关的互抵机制实行免税政策。将碳税作为碳交易政策的重要补充，可在碳交易发生市场失灵的情况下，及时对碳价格形成支撑作用，达到以碳税政策划定碳价格“底线”的目的。因此，我国可以在充分考虑碳排放权交易制度与碳税的优缺点、充分分析与评估开征碳税对经济和社会各方面的影响的基础上逐步推出碳税政策，通过碳交易机制与碳税政策双管齐下来保证“双碳”目标的顺利达成。

5. 推进碳产业管理制度完善，培育专门人才，建设碳产业工作平台

预期政府部门将积极推进建立国家、地方政府以及企业三位一体的低碳排放管理制度建设。明确国家的减排任务，在地区和全国制度化工作的基础上加快建立不同领域、不同区域的碳排放量考核和统计制度。同时，基于这个核算体系，提高企业的参与积极性与活跃度，从行业渗透至各个市场参与

者，正确指导企业碳核算，提高碳排放核算和统计数据的真实度与可信度。

此外，应建设相应的统一的多元化信息平台，统一数据整理方法与口径，建立全行业碳排放数据库，从而对数据的管理更加有效和条理，有效降低数据管理成本和使用成本，推动碳排放核算与统计数据的信息化建设或仍为相关部门的重要工作内容。数据整理统计以及相关数据库的建立离不开专业化的人才支持，因此预计相关部门将更加注重培养熟练掌握碳市场交易机制和相关交易工具的专业型人才和技术性人才，建设碳交易市场管理以及碳数据相关优秀队伍为全国碳市场的快速发展打下良好基础。

（二）中国碳交易试点市场的发展展望

地区差异性造成了我国七个碳交易试点市场的差异性，本部分根据碳交易试点市场的建设与发展经验与全国碳市场的发展要求，对我国碳交易试点市场的未来发展进行展望与分析。在未来，碳交易试点市场或将注重碳价稳定，逐步完善市场交易机制以及定价标准，分阶段、分地区地选择合适的配额分配方式，扩大市场开放程度，促进碳交易试点市场的健康发展。

1. 碳价将持续保持稳定

经济的稳定运行联合行业的发展决定着碳价，碳交易试点市场的长期稳定运行更离不开碳价的稳定，过高或过低的碳价对碳市场发展和企业的发展有着重要影响，短期的波动不会造成太大影响，所以从长远来看，未来的碳价应该保持相对稳定状态。改善市场上的碳配额的供需关系有利于长期低迷的碳价企稳回升，缓解企业减排的长期压力，也可以在碳市场引入价格调节机制，并非直接干预市场，公布相关的规则，由政府部门加以调控，形成透明市场机制，缓和市场供需关系。

对于碳价的波动，政府部门可以通过回购或拍卖等调控手段加以干预，当市场配额供给大于需求时，政府部门通过回购的方式卖盘；若供给小于需求时，政府部门进行拍卖来应对价格变动产生的风险。对碳市场配额的逐渐收紧以及政府实施的“双控”措施将逐步完善以基准线法和历史排放法为主的综合分配方法，并逐步形成合理的碳市场定价体系，因此碳价格的走势

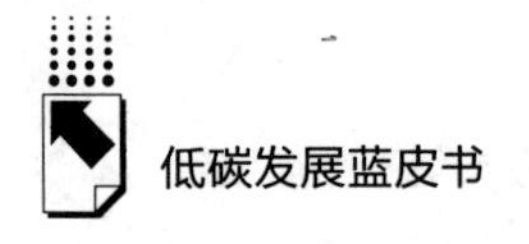

也将会形成中长期的稳定走势。

2. 完善 CCER 市场交易机制

从中国碳交易试点市场的经验来看，CCER 项目的类型不多，需要进一步开发出可以利用的新项目种类，从而充分发挥减排能力。目前 CCER 项目（可抵消配额）的开发和碳资产管理已成为重要的逐利大热点。在“碳达峰、碳中和”的要求下，更高的自愿减排贡献目标才足以推动碳市场进一步发展，而现阶段 CCER 市场不完备，市场交易机制不够完善，定价标准需进一步改进。

在国家“双碳”目标下，CCER 市场将进一步扩大，CCER 供应紧张或将缓解。除了帮助推进国内的减排目标，CCER 也可进一步与国际接轨，加强合作，进一步完善 CCER 市场交易机制，努力成为服务于应对全球气候变化的有效方式之一。

3. 分阶段选择合适配额分配方式，适度收紧配额总量

我国碳交易试点市场可以学习欧盟碳排放权交易体系以及美国区域温室气体倡议的拍卖的配额分配方式，紧跟碳市场发展步伐，逐步引进有偿分配的方式，以对二级市场进行有效的价格引导。我国需要在碳减排总量目标上有所规定，从而让各个市场主体对此有所预期和准备，并且根据地区特点以及行业特征选择合适的配额分配策略，配额过松或过紧会影响碳价以及经济的稳定发展，所以总体追寻“低价起步、适度从紧”的分配策略，根据各地碳交易试点市场的经验，具体问题具体分析，采用不同的分配方法并结合本地市场特征，提高碳市场的活跃度，也可以使重点排放企业积极参与减排，提高其重视程度。另外，政府部门应当注意各个区域碳交易试点市场和国家碳价制度化协调的情况，在额度划分方式、贸易流程和碳价格政策方面加大统筹力度，注重区域与全国碳价的衔接，保持价格的整体性。

4. 区域碳市场分割逐步弱化

目前，我国碳市场处于区域碳市场与全国碳市场双轨运行阶段，随着市场之间碳价连接、互补性的逐渐增强，区域碳价与全国碳价形成机制将区域同步，碳配额的分配将更为公平、高效，从而增强碳定价政策的减排效应。对此，我国需要制定区域碳市场向全国碳市场过渡的路线图和时间表，尽快

出台自愿市场与强制市场的联结方案，建立全国统一的碳排放监测体系与核算标准，打通市场间碳排放权流通机制，实现市场化资源调配，助力双轨运行模式向一体化的碳定价政策体系迈进。

5. 更多中小企业将参与碳交易，防止碳市场中垄断

我国碳交易试点的主要参与主体为电力部门和重工业部门，这些企业在一定程度上对碳定价造成了较大干扰，高耗能行业甚至在碳定价市场形成垄断。未来，我国应利用碳税这一财政手段，为中小企业参与碳市场交易提供补贴扶持或税收优惠，从而引导更多中小企业参与碳交易，通过对大型能源企业提高碳税税率，降低其碳定价影响力。

参考文献

[1] The World Bank, “State and Trends of Carbon Pricing 2021”, 2021.

[2] The World Bank, “State and Trends of Carbon Pricing 2022”, 2022.

[3] 朱帮助、徐陈欣、王平、赵冲、吴战篪、宋璐阳：《内部碳定价机制是否实现了减排与增收双赢》,《会计研究》2021 年第 4 期。

[4] 鲁政委、钱立华、方琦：《碳中和与绿色金融创新》，中信出版集团，2022。

[5] 张叶东：《“双碳”目标背景下碳金融制度建设：现状、问题与建议》,《南方金融》2021 年第 11 期。

[6] 李峰、王文举、闫甜：《中国试点碳市场抵消机制》,《经济与管理研究》2018 年第 12 期。

[7] 刘明明：《论中国碳金融监管体制的构建》,《中国政法大学学报》2021 年第 5 期。

[8] 潘文卿：《中国的区域关联与经济增长的空间溢出效应》,《经济研究》2012 年第 1 期。

[9] 黄明皓、李永宁、肖翔：《国际碳排放交易市场的有效性研究——基于 CER 期货市场的价格发现和联动效应分析》,《财贸经济》2010 年第 11 期。

[10] 刘华军、何礼伟：《中国省际经济增长的空间关联网络结构——基于非线性 Granger 因果检验方法的再考察》,《财经研究》2016 年第 2 期。

[11]《习近平在第七十五届联合国大会一般性辩论上发表重要讲话》，新华网，2020 年 9 月 22 日，http：//www. xinhuanet. com/politics/2020-09/22/c_ 1126527647. htm。

碳交易试点市场篇

Pilot Carbon Trading Market Reports

B.2

中国碳交易试点市场发展概况

尹智超　马世群*

摘　要： 碳排放权交易是利用市场机制控制温室气体排放的重要手段，也是落实“2030年前碳达峰、2060年前碳中和”愿景的重要制度保障与重要抓手。现阶段我国依次上线了深圳、上海、北京、广东、天津、湖北以及重庆的碳交易试点市场，并且已取得显著的实践成效，然而各碳交易试点市场中所存在的运行问题仍不容忽视，这是阻碍市场进一步发展以及市场作用充分发挥的重要因素，明晰各个碳交易试点市场的基本发展情况与各项数据特征是厘清市场存在的运行问题的重要前提。因此，本报告从碳权成交量与碳权价格双视角入手，对各个碳交易试点市场的碳配额成交量现状与各个碳交易试点市场配额价格波动性进行深入探究，以期为下文碳交易试点市场发展挑战与运行问题的分析与研究提供事实依据。

* 尹智超，山东财经大学金融学院国际金融系主任，副教授，硕士生导师，主要研究领域为货币政策、国际金融、碳金融；马世群，山东财经大学金融学院博士研究生，主要研究领域为绿色金融、金融风险管理。

关键词： 碳交易试点市场　碳配额成交量　碳排放权交易价格

一　中国碳交易试点市场的碳配额成交量现状

在国家政策的大力支持下，历经十余年的实践探索，我国各碳交易试点市场从初步建设到不断稳步发展，积累了宝贵的实践经验，目前碳排放权交易已经成为中国实现低碳减排的有效途径。同时各碳交易试点市场稳中有进，呈现良好态势。比如，截至 2021 年 12 月 31 日，七个碳交易试点市场实现配额交易规模约为 3626.242 万吨，实际实现交易金额约为 11.67 亿港元。从全国各碳交易试点市场的交易集中度和交易活跃度来看，2021 年北京、上海、广东、湖北、天津、深圳碳交易试点市场的交易集中度均出现了不同程度的提高，但相对而言，重庆碳交易试点市场的交易集中度则呈现下降趋势。就交易活跃度而言，北京、重庆、广东、深圳碳交易试点市场的交易活跃度均比 2020 年显著增加，但相对而言，湖北、天津、上海碳交易试点市场的交易活跃度则出现了不同程度的下降。

各试点地区碳排放权交易所中，深圳碳排放权交易所第一个于 2013 年 6 月 18 日正式启动，其他试点地区紧随其后接连启动碳交易试点市场，至 2014 年重庆碳排放权交易中心启动，我国七个试点碳排放权交易市场的建设工作全部完成。表 1 是截至 2020 年各碳交易试点市场有关配额总量、覆盖行业、纳入门槛、配额分配方法和配额形式的基本情况汇总。

表 1　各碳交易试点市场基本情况汇总

试点省市	2020 年配额总量（亿吨 CO_2）	覆盖行业	纳入门槛	配额分配方法和配额形式
北京	0.50	电力、热力、水泥、石化和其他工业、服务业、交通	0.5 万吨二氧化碳排放量及以上	历史强度法、历史总量法、基准线法以及组合方法；初始配额免费分配

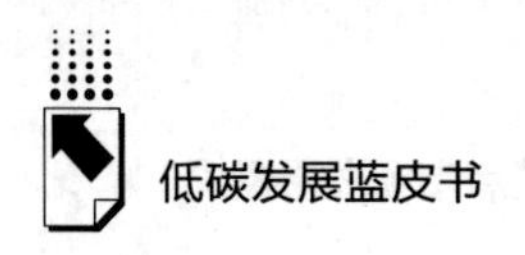

续表

试点省市	2020年配额总量（亿吨 CO_2）	覆盖行业	纳入门槛	配额分配方法和配额形式
天津	1.60	电力、热力、钢铁、化工、石化、油气开采、建材、造纸、航空	1万吨二氧化碳排放量及以上	历史法、基准线法；初始配额免费分配
上海	1.05	工业：电力、钢铁、石化、化工、有色、建材、纺织、造纸、橡胶、化纤；非工业：航空机场、港口、商业、宾馆、商务办公建筑和铁路站点	工业：二氧化碳排放量达到2万吨及以上；非工业：二氧化碳排放量达到1万吨及以上；水运业：二氧化碳排放量达到10万吨及以上	历史法、基准线法；初始配额免费分配
重庆	1.30	发电、化工、热电联产、水泥、自备电厂、电解铝、平板玻璃、钢铁、冷热电三联产、民航、造纸、铝冶炼、其他有色金属冶炼及延压加工	温室气体年排放量达到2.6万吨二氧化碳当量及以上	政府总量控制与企业竞争博弈相结合；初始配额免费分配
广东	4.65	电力、水泥、钢铁、石化、有色、化工、造纸、民航、陶瓷、纺织	年排放2万吨二氧化碳或年综合能源消费1万吨标准煤	历史法和基准线法；初始配额免费分配+有偿分配。电力企业的免费配额比例为95%，钢铁、石化、水泥、造纸企业的免费配额比例为97%，航空企业的免费配额比例为100%
湖北	1.66	食品饮料制造业、纺织业、造纸、陶瓷制造业、医药、玻璃及其他建材、有色金属和其他金属制品、电力、钢铁、水泥、化工、石化、热力及热电联产、汽车制造、设备制造	年综合能耗1万吨标准煤及以上的工业企业	历史法、基准线法；初始配额免费分配
深圳	0.30	工业：电力、天然气、供水、制造业等；非工业：大型公共建筑、公共交通	工业：0.3万吨二氧化碳排放量及以上；公共建筑：20000平方米；机关建筑：10000平方米	基准线法、历史强度法；初始配额免费分配

资料来源：根据七大排放权交易所及生态环境部门网站数据收集整理。

（一）北京

北京碳交易试点市场比较活跃，未出现长期无交易的情况，碳价格合理稳定波动，体现了碳排放权交易市场充分发挥价格发现的职能，对未履约企业处罚到位，有助于企业重视碳排放权交易并积极参与其中。2014~2022 年，北京碳交易试点市场的碳配额交易额及趋势如图 1 所示。其中，折线图表示北京碳交易试点市场交易额随时间变化的波动情况。由图 1 可知，每隔一段时间北京碳交易试点市场交易额会出现一个峰值，之后有所下降。从大致趋势来看，除了 2015 年 6 月以及 2020 年 11 月交易额峰值有所下降，其他时段峰值都处于上升趋势，所以北京碳交易试点市场交易额也处于上升趋势。柱状图表示北京碳交易试点市场交易量随时间变化的波动情况，尤其在 2018~2019 年，在大部分时间内北京碳交易试点市场的交易量均处于高位，整体而言，处于上升趋势，但该上升趋势相比交易额较为平稳，其上升幅度较小。

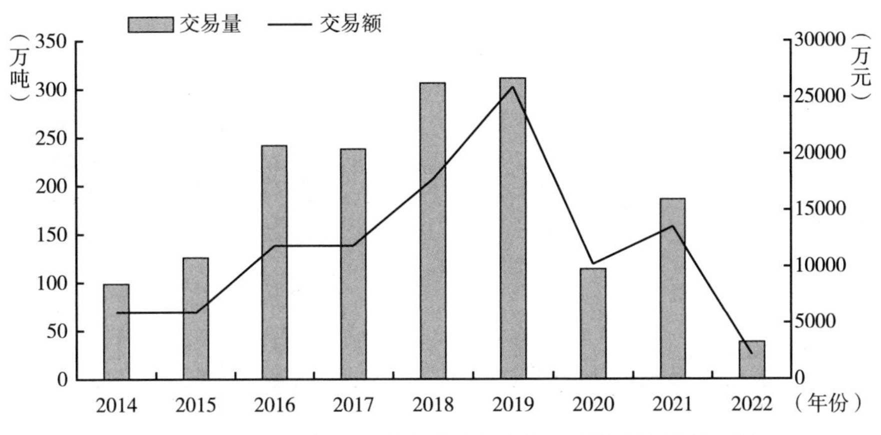

图 1　2014~2022 年北京碳交易试点市场交易额及交易量趋势

注：2022 年数据截至 8 月，下同。

资料来源：碳排放交易网，http：//www. tanpaifang. com。

（二）天津

天津碳交易试点市场于 2013 年 12 月 26 日上线，尽管天津是国内碳交易试点地区中开始比较晚的城市，但天津碳交易试点市场在开市初期就较为活跃。天津碳交易试点市场较为开放，鼓励境内外组织、公司、社会组织和个人参与交易，最初四个交易日的线上日均交易量超过了4300吨，交易额约为49亿元，同期排名全国第一。2014～2022年，天津碳交易试点市场的碳配额交易额及趋势如图2所示。其中，折线图表示天津碳交易试点市场交易额随时间变化的波动情况。由图2可知，天津碳交易试点市场交易额每隔一段时间将出现一个峰值，但大部分情况下其交易额趋向于0。天津碳交易试点市场分别在2014年7月、2015年8月、2017年6月、2020年8月以及2021年6月，交易额出现显著提升。从发展趋势来看，天津碳交易试点市场的交易额在早期随时间变化上下波动，上涨趋势并不明显；而在近两年则存在显著提升。柱状图表示天津碳交易试点市场的交易量随时间变化的波动情况。由图2可知，天津碳交易试点市场交易量与天津碳交易试点市场交易额的波动趋势类似，但不同的是天津碳交易试点市场的交易量在2017年6月存在显著提升。

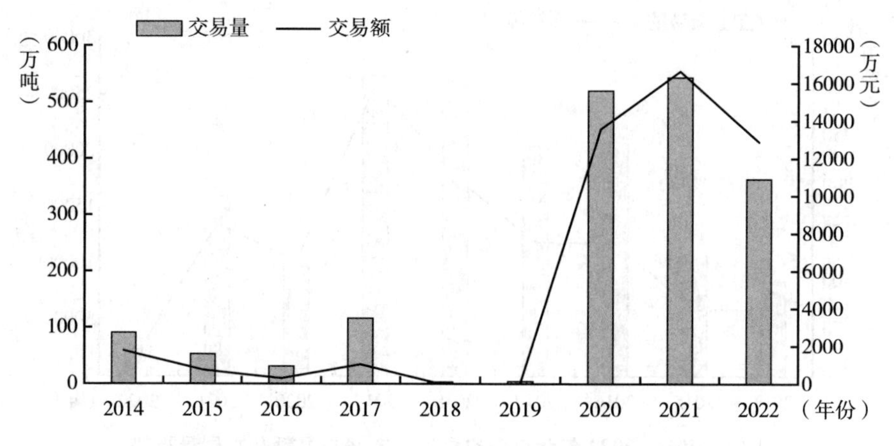

图2　2014～2022年天津碳交易试点市场交易额及交易量趋势

资料来源：碳排放交易网，http：//www.tanpaifang.com。

（三）广东

广东碳交易试点市场具有独特之处：广东碳交易试点市场对个人投资者

开放，市场参与者主体多样化，流动性较高，可以有效提升社会大众的低碳意识，从而使广东碳交易试点市场的碳排放权交易更为活跃。广东省在建设碳交易试点市场的过程中坚持“先试先行”的基本原则，是中国第一个制定碳配额数量目标、制定有偿配额标准、对碳配额进行有偿拍卖的国家试点地区。我国碳排放权交易市场主要用“基准线法”进行配额分配。该方法需要选择一种低碳排放的强度上限值作为行业基础，并以行业基准值乘以各企业当年的生产活动水平及调整系数作为该企业配额量。广东碳交易试点市场在 2015 年将局部燃煤重点联产机组的配额分配方法由“历史法”修改为“基准线法”，这一变化使广东省“基准线法”所涵盖的中小企业发展总量增加至 90%。这些极具市场化的特点均为广东碳交易试点市场稳中向好的重要基础。

2014~2022 年，广东碳交易试点市场的碳配额交易额及趋势如图 3 所示。其中，折线图表示广东碳交易试点市场的交易额随时间变化的波动情况。由图 3 可知，广东碳交易试点市场交易额自 2014 年开始逐年攀升，于 2021 年达至最高点，随后有所回落。柱状图表示广东碳交易试点市场交易量随时间变化的波动情况。由图 3 可知，广东碳交易试点市场交易量波动较

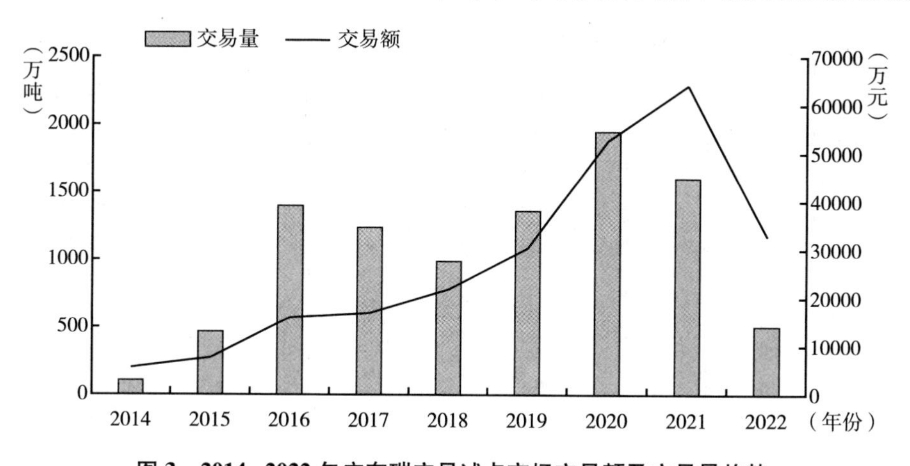

图 3　2014~2022 年广东碳交易试点市场交易额及交易量趋势

资料来源：碳排放交易网，http：//www.tanpaifang.com。

为剧烈，出现峰值的频率较高，其中在2016年7月、2018年2月以及2020年11月市场交易量较高。然而广东碳交易试点市场的交易量整体上并未体现明显的发展趋势。

（四）湖北

湖北为全国中部地区内唯一一个国家碳交易试点地区，其经济发展水平和基础设施建设的层面上略逊于其他试点地区，这使得湖北碳交易试点市场的初始额度分配相对较少，市场处罚力度较小，进而导致该碳交易试点市场在企业履约任务的完成上存在一定的难度，场内中小企业履约率相对较低。近些年湖北省积极构建碳交易试点市场，确立了绿色融资的发展思路，致力于低碳产业的融资发展，完善控排企业的低碳企业金融管理。目前湖北碳交易试点市场已基本建立起碳交易、碳价格、碳融资“三中心”的体系雏形。

2014~2022年，湖北碳交易试点市场的碳配额交易额及趋势情况如图4所示。其中，折线图表示湖北碳交易试点市场交易额随时间变化的波动情况。由图4可知，湖北碳交易试点市场交易额在2015年7月达到当年

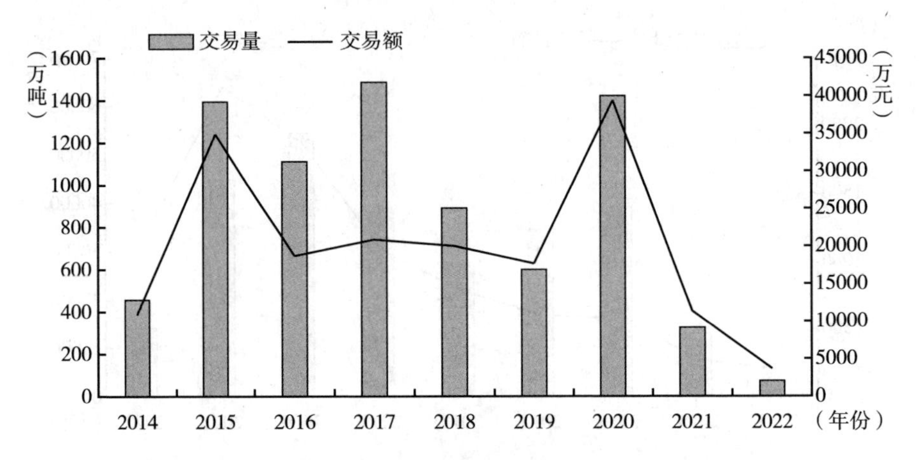

图4　2014~2022年湖北碳交易试点市场交易额及交易量趋势

资料来源：碳排放交易网，http：//www.tanpaifang.com。

最高值，在2015年7月之前该市场的交易额在较低范围内小幅度波动，在2015年7月之后其交易额波动幅度有所上升，但在2016年8月~2017年4月又陷入低谷，而后继续随时间变化上下波动，并且波动幅度进一步提升。从发展趋势来看，湖北碳交易试点市场交易额整体未体现明显的发展趋势。柱状图表示湖北碳交易试点市场交易量随时间变化的波动情况。由图4可知，湖北碳交易试点市场交易量与湖北碳交易试点市场交易额的波动情况类似，不同的是近年来湖北碳交易试点市场交易量的波动幅度有所下降。

（五）上海

上海碳交易试点市场自启动以来，有序平稳运行，充分发挥了市场机制在推进碳减排过程中的重要功能，其经国家核证的自愿低耗交易额也稳居全国首位。相比于其他试点城市，上海作为国家控排领域的试点地区，对于履约方式、市场行情和技术条件等领域都更加了解，并且上海碳交易试点市场中机构投资者和企业更多，知识和技能的专业化程度更高，这些优势共同造就了上海市独特而成熟的碳产业运营政策体系和发展战略。上海碳交易试点市场为国内碳市场交易中心，高度重视绿色金融发展，正努力成为全球碳产品定价中心，其在低碳金融服务方面不断进行尝试和探索，取得若干重大进展，一些首单产品已顺利实施，如首单绿色可转换公司债券、首单环保四证专用国债、首单低碳中和绿色债券等均是在上海市推出的，而一些国际重要平台也纷纷在上海市落户，如国际环境发展基金等。

2014~2022年，上海碳交易试点市场的碳配额交易额及趋势如图5所示。其中，折线图表示上海碳交易试点市场交易额随时间变化的波动情况。由图5可知，上海碳交易试点市场交易额自2016年开始逐年攀升，至2019年达至最高点。但从近年发展趋势来看，上海碳交易试点市场交易额有所下降。柱状图表示上海碳交易试点市场交易量随时间变化的波动情况。由图5可知，上海碳交易试点市场交易量与上海碳交易试点市场交易额的波动情况基本相同，但上海碳交易试点市场交易量在 2016 年 5 月存在一个峰值，该峰值也是 2014~2022 年该市场交易量的最高值。

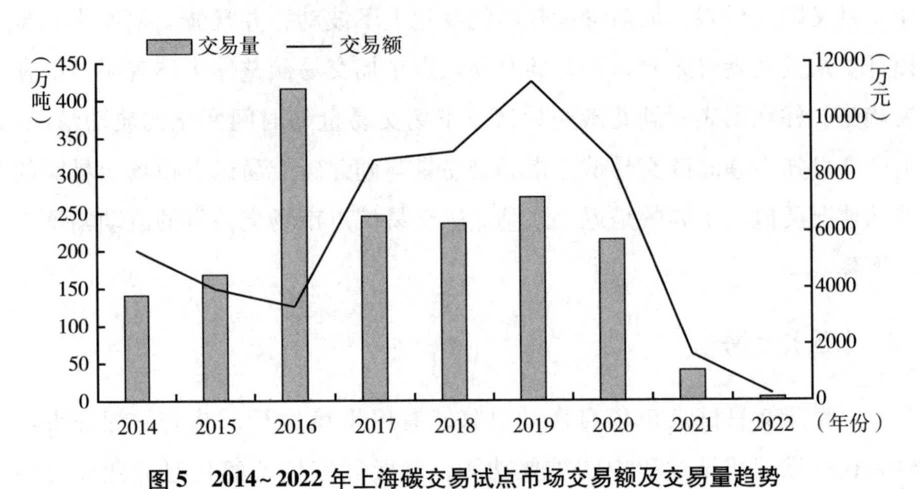

图 5　2014~2022 年上海碳交易试点市场交易额及交易量趋势

资料来源：碳排放交易网，http：//www. tanpaifang. com。

（六）深圳

深圳拥有众多的新兴民营企业，但仍有部分民营企业对碳交易、碳技术方面的专业知识欠缺了解，它们对碳交易的投入积极性相对较小。深圳市经济产业结构的局限性为碳产业结构施加了限制，市场贸易范围也相对较小。在试点初期，政策对于深圳排交易试点市场的运行存在较多的管制和限制，碳交易试点市场仍然不能高效、便捷、充分地发挥价格发现职能。

2014~2022 年，深圳碳交易试点市场的碳配额交易额及趋势如图 6 所示。其中，折线图表示深圳碳交易试点市场交易额随时间变化的波动情况。由图 6 可知，深圳碳交易试点市场交易额在 2014 年 6 月存在一个峰值，其他时期均在较低位小幅波动，大部分时期为 0。柱状图表示深圳碳交易试点市场交易量随时间变化的波动情况。由图 6 可知，深圳碳交易试点市场交易量与深圳碳交易试点市场交易额的波动情况基本相同，区别在于深圳碳交易试点市场交易量的波动幅度相对较大。

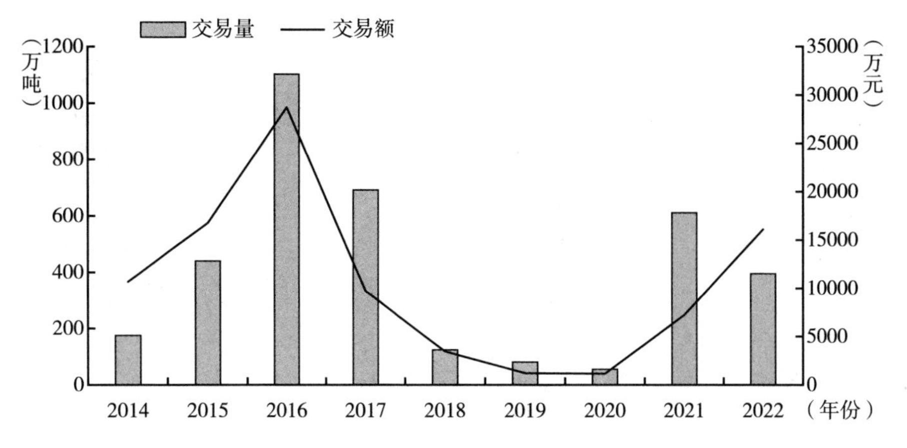

图6　2014~2022年深圳碳交易试点市场交易额及交易量趋势

资料来源：碳排放交易网，http：//www.tanpaifang.com。

（七）重庆

重庆地处我国西南，碳排放权交易的基础设施条件较为薄弱，但重庆市对碳交易试点市场的建设尤为看重，尤其重视相关技术创新，例如通过协议申报的方法进行碳排放权交易，允许机构投资者和个人公开买卖等。2014~2022年，重庆碳交易试点市场的碳配额交易额及趋势如图7所示。其中，折线图表示重庆碳交易试点市场交易额随时间变化的波动情况。由图7可知，重庆碳交易试点市场交易额除在2014年6月、2016年12月~2017年11月、2019年12月以及2022年1月~2022年5月外，其他时间均接近于0，波动幅度极小。柱状图表示重庆碳交易试点市场交易量随时间变化的波动情况。由图7可知，重庆碳交易试点市场交易量在2017年5月达到最高值，并且除在2016年12月~2017年11月以及2022年1月~2022年5月外，其他时间均接近于0，波动幅度极小。

综观我国碳排放试点市场，从成交量来看，北京碳交易试点市场、上海碳交易试点市场、广东碳交易试点市场以及湖北碳交易试点市场相对较为活跃，其交易额以及交易量不仅在较长时间内处于高位，并且波动幅度较大、

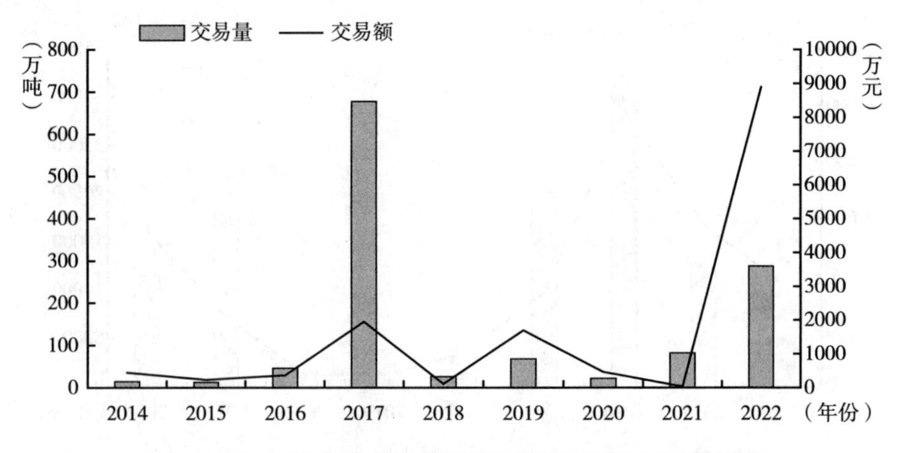

图 7　2014~2022 年重庆碳交易试点市场交易额及交易量趋势

资料来源：碳排放交易网，http：//www. tanpaifang. com。

波动频率较为频繁，因此这四个碳交易试点市场不仅对于市场政策变化较为敏感，也是政府重点关注的碳交易试点市场。而另外三个碳交易试点市场中，天津碳交易试点市场较其他两个碳交易试点市场更加活跃，并且近年来其活跃程度有上升趋势。与之相似的是，重庆碳交易试点市场成交量虽然在早年间大部分情况下接近于0，但近年来趋于活跃。而深圳碳交易试点市场则是在早年间活跃程度较高，近年来交易额与交易量均趋于0，偶尔有所波动。在一定程度上，碳交易试点市场成交量的不同体现了不同地区配额总量宽松程度的差异，以及个人、相关企业和金融机构金等交易主体交易热情的差异。

二　中国碳交易试点市场配额价格波动性

（一）北京

2014~2022 年，北京碳交易试点市场的碳配额价格波动情况如图 8~图 10 所示。其中，图 8、图 9 以及图 10 分别表示北京碳交易试点市场碳配额开盘价、成交价以及收盘价随时间变化的波动情况。

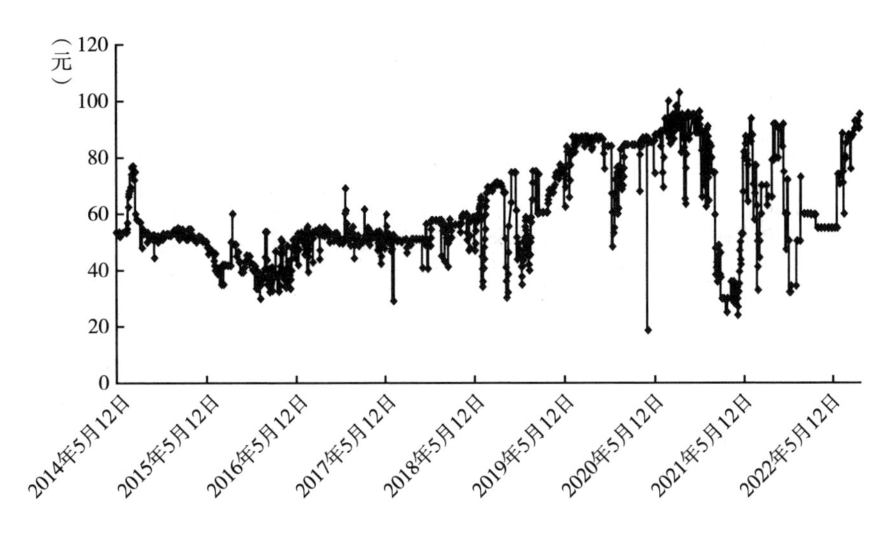

图 8　北京碳交易试点市场开盘价

资料来源：碳排放交易网，http：//www.tanpaifang.com。

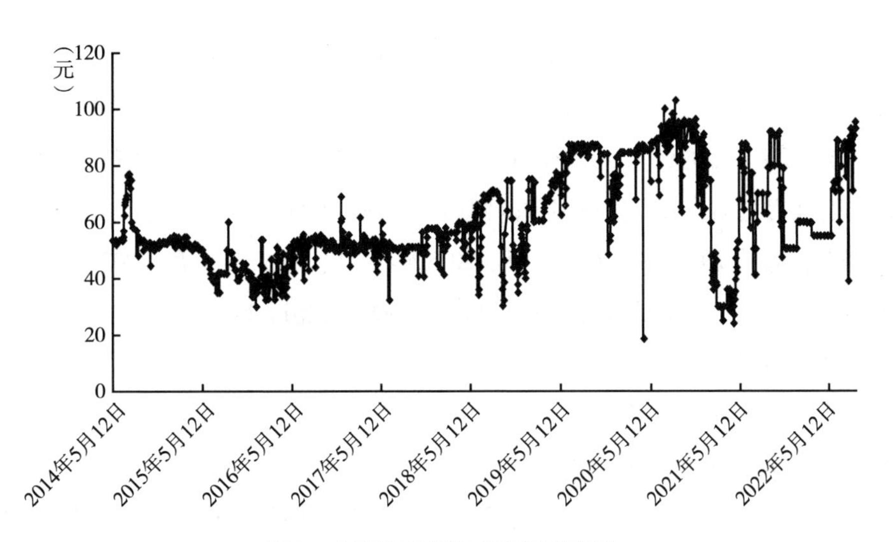

图 9　北京碳交易试点市场成交价

资料来源：碳排放交易网，http：//www.tanpaifang.com。

1. 开盘价

北京碳交易试点市场开盘价初期短暂平走后，经历小幅猛然上拉，随后断

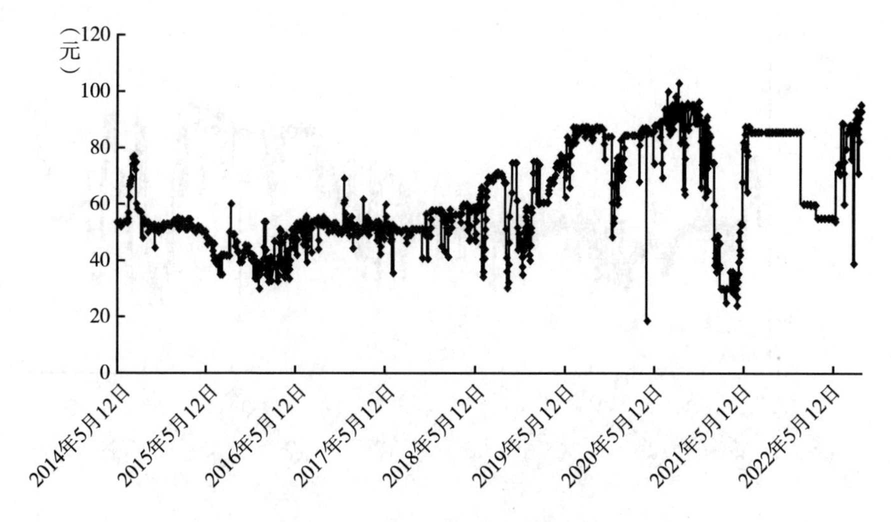

图 10　北京碳交易试点市场收盘价

资料来源：碳排放交易网，http：//www.tanpaifang.com。

崖式下降，2014 年 5 月~2015 年 5 月，北京碳交易试点市场开盘价总体呈现温和渐进下降趋势，虽然有震荡但幅度极小。从 2015 年 6 月起开始频繁震荡，一直持续到 2017 年 6 月，且 2015 年 6 月~2016 年 1 月开盘价格总体呈现下降趋势；2016 年 1 月之后，开盘价呈现震荡回调的特征。2017 年 6 月之后，市场震荡频次降低但幅度加大，2017 年 6 月、2018 年 6 月、2019 年 1 月、2020 年 1 月、2020 年 4 月北京碳交易试点市场开盘价每次震荡都超过 20 元的幅度。

2. 成交价

北京碳交易试点市场成交价自初期的 55 元短暂上调至 80 元的峰值，随后迅速下降，先后经历两次探底并伴有小幅震荡，温和下降。从 2015 年 6 月起持续频繁震荡，一直持续到 2017 年 6 月，2015 年 6 月~2016 年 1 月，成交价总体呈现温和下降的趋势；2016 年 1 月之后，成交价开始震荡回调；2017 年 6 月之后，市场震荡幅度加大但频次降低；2020 年 4 月~2022 年 5 月有两次大震荡，幅度接近 70 元。

3. 收盘价

北京碳交易试点市场收盘价初期涨至 80 元后骤然下跌，短暂震荡并经历两次探底后，缓慢下降并伴有小幅度震荡。2015 年 6 月~2017 年 6 月频繁震荡，总体呈现逐渐上升的趋势；2016 年 1 月后，收盘价开始震荡回调。

4. 总结

综上所述，从图 8~图 10 可以看出，2014~2022 年，北京碳交易试点市场开盘价、成交价和收盘价在 2020 年 5 月前的整体走势一致，随后的走势呈现差异，表现为收盘价和开盘价自震荡上升后骤然下跌随后回弹，而成交价表现为经历两次大幅震荡，随后猛然下行至谷底。三者常年不规则剧烈震荡，成交价震荡幅度大于开盘价，收盘价震荡幅度虽然比开盘价大，但是其震荡的幅度走势线形与成交价基本上走势和幅度均接近一致。

（二）天津

2014~2022 年，天津碳交易试点市场的碳配额价格波动情况如图 11~图 13 所示，图 11、图 12、图 13 依次表示天津碳交易试点市场碳配额开盘价、成交价以及收盘价随时间变化的波动情况。

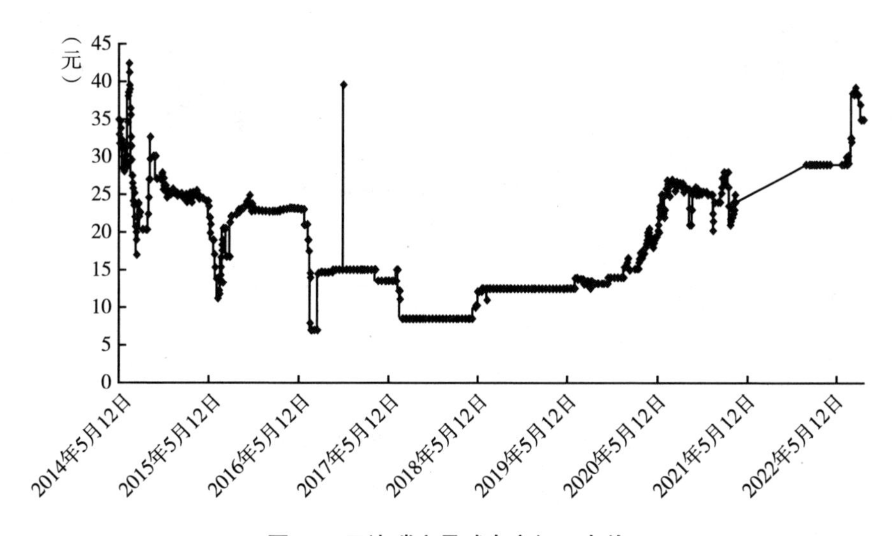

图 11 天津碳交易试点市场开盘价

资料来源：碳排放交易网，http：//www. tanpaifang. com。

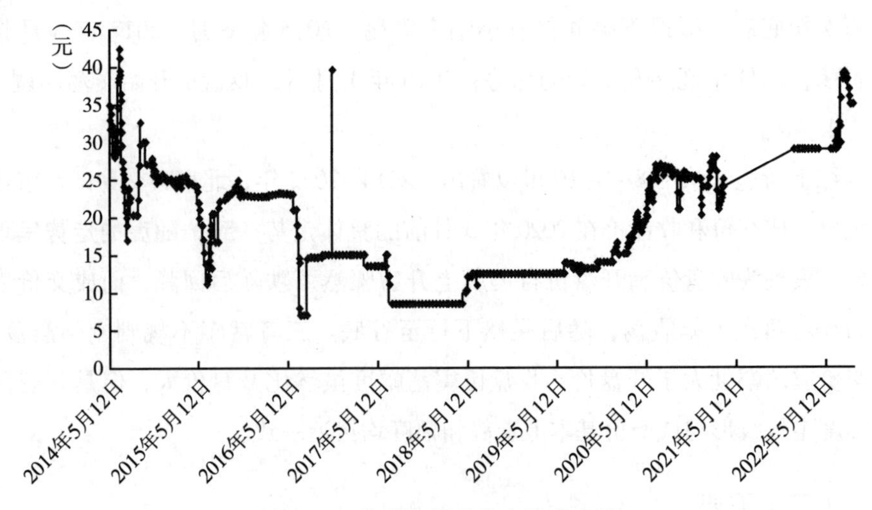

图 12　天津碳交易试点市场成交价

资料来源：碳排放交易网，http：//www. tanpaifang. com。

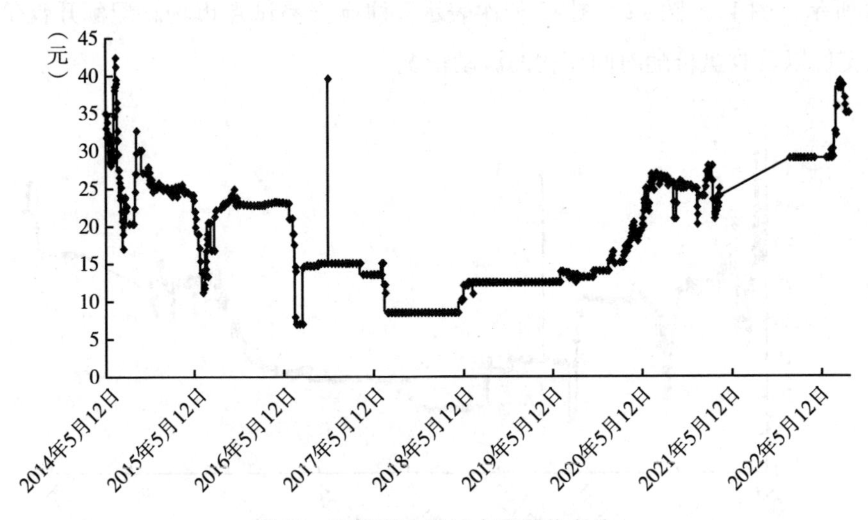

图 13　天津碳交易试点市场收盘价

资料来源：碳排放交易网，http：//www. tanpaifang. com。

1. 开盘价

天津碳交易试点市场开盘价在 2014 年 5 月中旬为 30 元左右，随后猛蹿至 35 元，又迅速降到 18 元，待回调至 33 元后，开始温和式渐进下降，虽有震荡但幅度极小。开盘价从 2014 年 6 月起开始频繁震荡，一直持续到 2019 年 6 月。这一阶段，只在 2016 年 10 月价格出现一个剧烈的不规则升降，幅度达 25 元，这种状态一直持续到 2019 年 6 月。2019 年 6 月之后，开盘价呈现回调震荡的特征，但是震荡幅度较低。

2. 成交价

天津碳交易试点市场成交价初期骤升至峰值 43 元，随后暴跌到 12 元又迅速回调，自 2014 年 6 月总体呈现温和下降的趋势且伴随小幅震荡的特征，这种特征一直持续到 2015 年 8 月：2015 年 5 月价格出现剧烈的不规则升降变化，幅度达 22 元。2016~2017 年中期成交价出现直线式上升随后回调。2019 年 6 月之后，开盘价呈现震荡回调的特征，虽然震荡频次高但是震荡幅度较低。

3. 收盘价

天津碳交易试点市场收盘价 2014 年 5 月中旬为 35 元，骤升至 43 元，然后暴跌至 17 元，随后迅速回调到 33 元之后渐进下降，这个过程伴随小幅震荡且从 2014 年 5 月起一直持续到 2016 年 5 月。这一阶段，价格只在 2015 年 5 月出现剧烈的不规则升降变化，幅度达 15 元。随后收盘价一直保持温和下降，2019 年 6 月后，收盘价呈现震荡回调的特征，虽然震荡频次高但是震荡幅度较低。

4. 总结

综上所述，从图 11~图 13 可以看出，2014~2022 年，天津碳交易试点市场开盘价、成交价和收盘价常年不规则剧烈震荡，与北京碳交易试点市场相比，2016 年与 2017 年一次暴涨暴跌市场行情之后，天津碳交易试点市场的交易行情进入平淡期。

（三）上海

2014~2022 年，上海碳交易试点市场的碳配额价格波动情况如图 14~图 16 所示，图 14、图 15、图 16 依次表示上海碳交易试点市场碳配额开盘价、成交价以及收盘价随时间变化的波动情况。

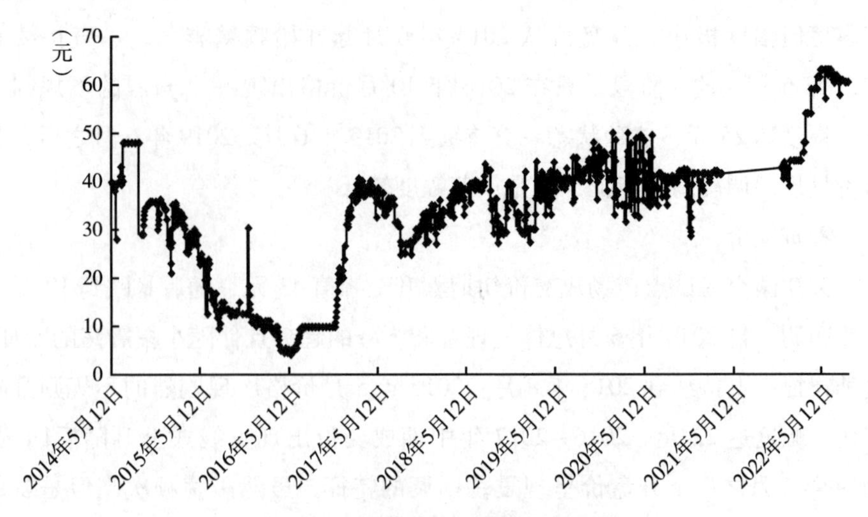

图 14　上海碳交易试点市场开盘价

资料来源：碳排放交易网，http：//www.tanpaifang.com。

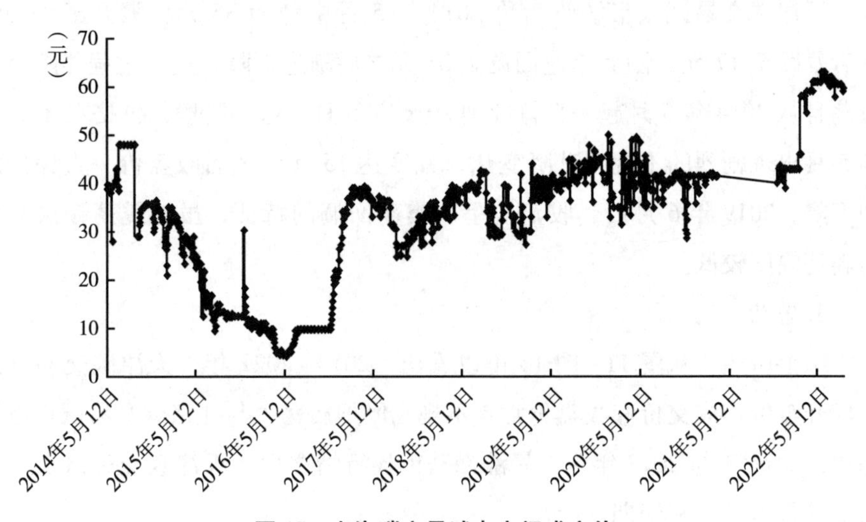

图 15　上海碳交易试点市场成交价

资料来源：碳排放交易网，http：//www.tanpaifang.com。

1. 开盘价

上海碳交易试点市场成立初期，开盘价自 40 元飙升至近 50 元，随后碳价开启下行通道，下行期长达两年，直至 2017 年，碳价开始有所回升，并

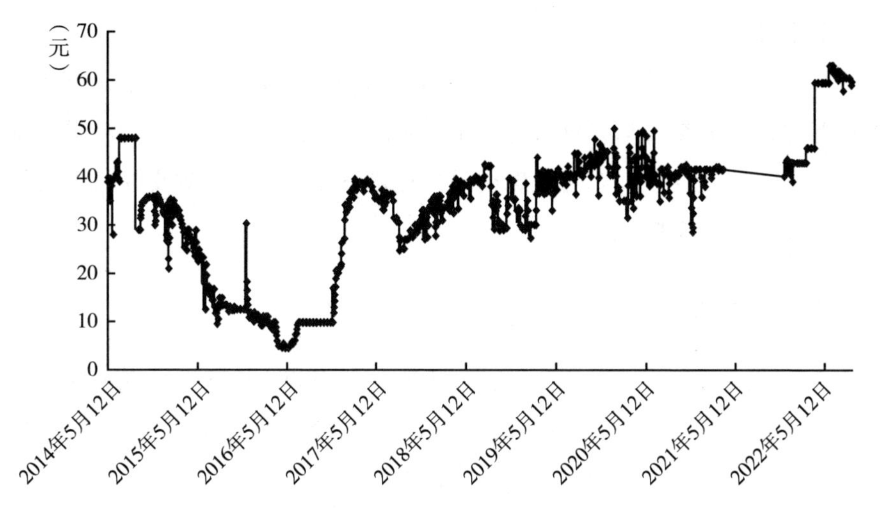

图 16　上海碳交易试点市场收盘价

资料来源：碳排放交易网，http：//www.tanpaifang.com。

进入横盘震荡期。2021 年 5 月～2022 年 5 月，市场一直处于等待观望的状态。

2. 成交价

上海市碳交易试点市场成交价初期走势与开盘价相似，价格从 2014 年 5 月中旬开始骤然上升到近 50 元峰值后在此高位维持了 1～2 个月，随后价格总体呈现下降趋势且伴随剧烈震荡；2015 年 12 月，价格开始出现一次直线升降，随后短暂下降并回弹维持在 10 元的平台位；从 2016 年 12 月起，价格开始渐进震荡回升，价格基本保持在 30～40 元的水平；2021 年 5 月～2022 年 5 月，市场一直处于等待观望状态。

3. 收盘价

上海碳交易试点市场收盘价与开盘价、成交价基本相似，初期为 40 元左右的价格，2014 年 5 月中旬～2016 年 8 月，出现两次剧烈涨跌；2014 年 8 月～2016 年 5 月，价格总体呈现渐进下降的趋势；2021 年 5 月，价格回调至 40 元；2021 年 5 月～2022 年 5 月，市场一直处于等待观望状态；2022 年 5 月，价格再度攀升。

4. 总结

综上所述，从图 14~图 16 可以看出，2014~2022 年，上海碳交易试点市场开盘价、成交价和收盘价常年不规则剧烈震荡。其中，三者趋势、幅度基本一致，与北京、天津两个碳交易试点市场相比，上海碳交易试点市场的反应基本上较为合理。

（四）重庆

2014~2022 年，重庆碳交易试点市场的碳配额价格波动情况如图 17~图 19 所示，图 17、图 18、图 19 依次表示重庆碳交易试点市场碳配额开盘价、成交价以及收盘价随时间变化的波动情况。

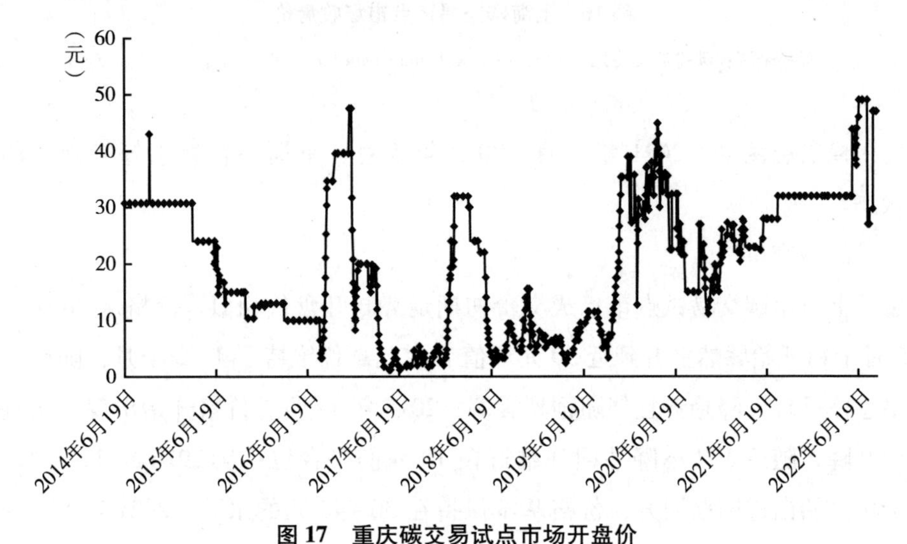

图 17　重庆碳交易试点市场开盘价

资料来源：碳排放交易网，http：//www. tanpaifang. com。

1. 开盘价

重庆碳交易试点市场开盘价初期为 30 元左右，经历短暂平台期后直线骤升至 44 元，随后不做停留地回落至 30 元，回归平台期后渐进下降直至 2016 年 6 月；随后价格骤然上升，逼至近 50 元，又直线下降至 10 元；市场于 2016 年 7 月和 2017 年 12 月先后经历两次挣扎，虽然价格在 2018 年初回

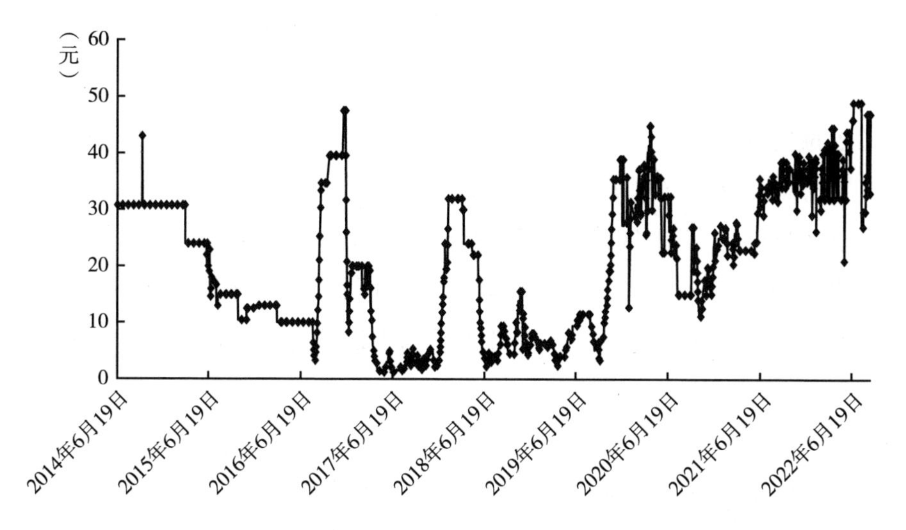

图 18　重庆碳交易试点市场成交价

资料来源：碳排放交易网，http：//www.tanpaifang.com。

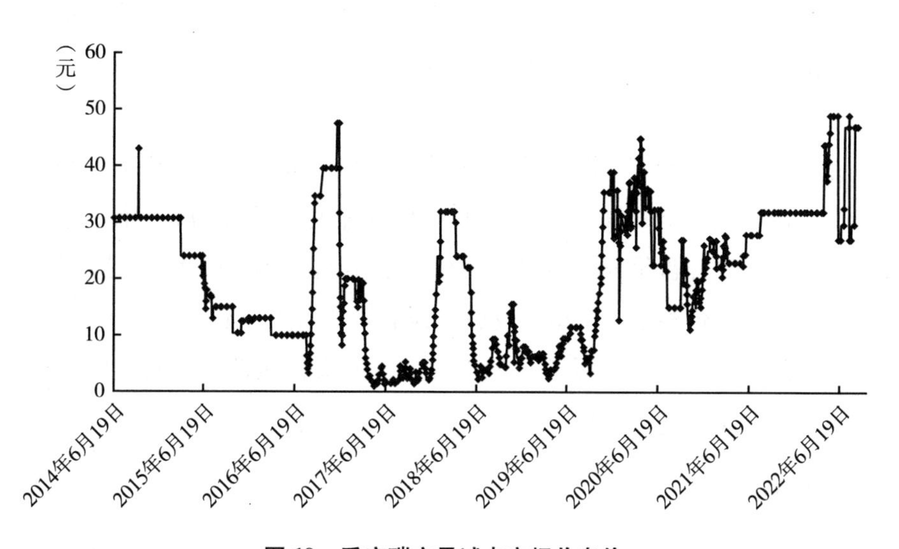

图 19　重庆碳交易试点市场收盘价

资料来源：碳排放交易网，http：//www.tanpaifang.com。

弹至 30 元附近，但短期内价格仍然在 4 元低位运行；2019 年 9 月~2021 年 4 月，市场开盘价格剧烈震荡但基本保持了向上回调的趋势；2022 年 6 月接近2014年6月的30元的水平，但是仍然低于2014年6月中旬30元的价格。

2. 成交价

重庆碳交易试点市场成交价2014年6月中旬为30元左右，短暂稳定后，骤然窜至44元，随后呈现渐进下降趋势，于2016年7月达到4元；2016年7月~2017年12月，价格经历两次挣扎，最终回落至4元的低位；2019年9月~2021年4月，市场开盘价向上回调伴随剧烈震荡，2022年6月回调至45元左右。

3. 收盘价

重庆碳交易试点市场收盘价2014年6月中旬为30元左右，持平一段时间之后，暴涨到44元，然后逐渐下降，于2016年7月达到4元，这是一个整体下降过程；虽然市场于2016年7月和2017年12月先后经历两次起伏，但价格仍然在4元低位运行；2019年9月~2021年4月，市场收盘价向上回调伴随剧烈震荡，2022年8月达到47元。

4. 总结

综上所述，从图17~图19可以看出，2014~2022年，重庆碳交易试点市场开盘价、成交价和收盘价发展的过程具有较强的市场博弈特征，缺乏投资理性思维，以开盘价开始，到成交价，再到收盘价结束，前后逻辑关系鲜明，体现了开盘价格在整个市场发展过程中的基础性决定作用，市场所有的不规则剧烈震荡，都是经历了开盘价发起、成交价过路、收盘价结束的过程，这也是其不成熟的表现。

（五）广东

2014~2022年，广东碳交易试点市场的碳配额价格波动情况如图20~图22所示，图20、图21、图22依次表示广东碳交易试点市场碳配额开盘价、成交价以及收盘价随时间变化的波动情况。

1. 开盘价

广东碳交易试点市场开盘价在2014年5月~2022年5月整个发展过程

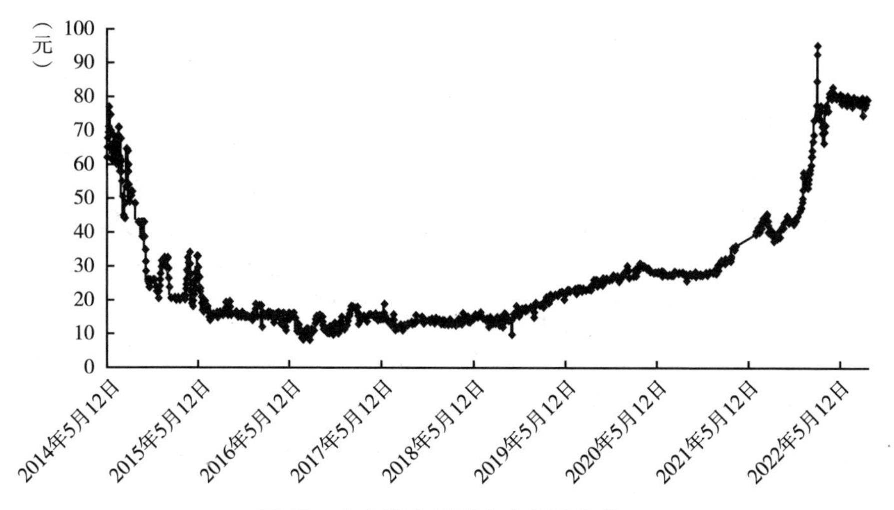

图 20　广东碳交易试点市场开盘价

资料来源：碳排放交易网，http：//www. tanpaifang. com。

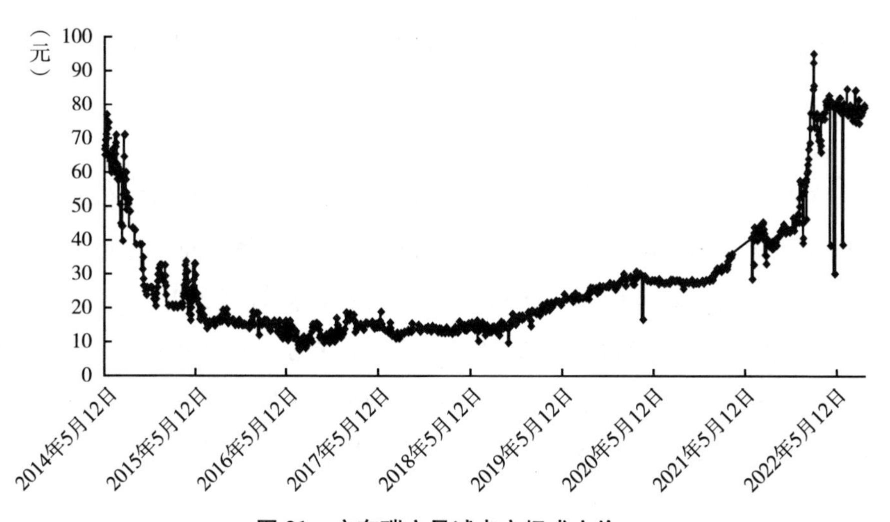

图 21　广东碳交易试点市场成交价

资料来源：碳排放交易网，http：//www. tanpaifang. com。

总体呈扁平“U”形。2014 年 5 月 ~2015 年 5 月，价格剧烈震荡下降，市场表现较为急躁，价格从初期 2014 年 5 月中旬的 60 元骤升至近 80 元的峰值；2015 年 6 月开始，价格向下冲击至 15 元；随后，开盘价进入一个平稳震荡

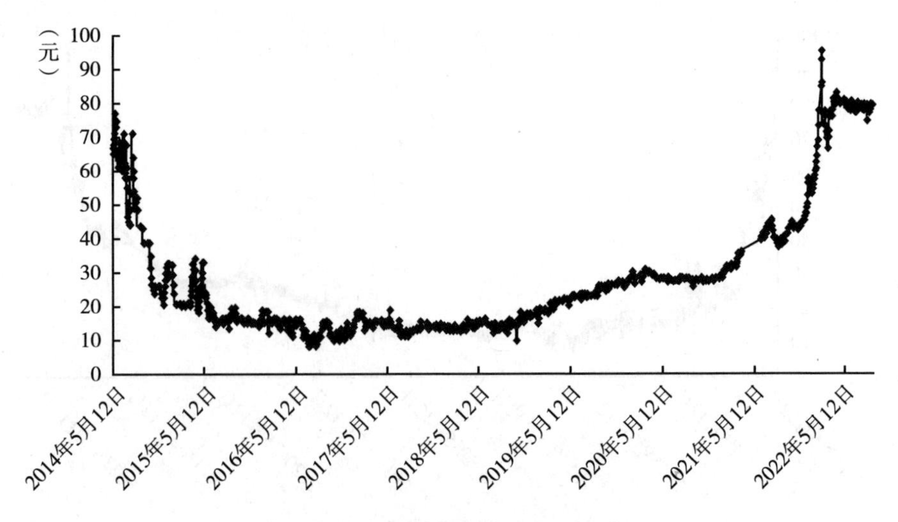

图 22　广东碳交易试点市场收盘价

资料来源：碳排放交易网，http：//www. tanpaifang. com。

的过程；从 2018 年 10 月开始，价格总体呈现上升趋势，此状态直到 2022 年 5 月结束。

2. 成交价

整体上来看，与开盘价走势相似，广东碳交易试点市场成交价经历了一个市场焦躁剧烈震荡，到缓慢理智酝酿震荡调整的过程，整个过程走势轨迹曲线呈凹形。2021 年 11 月，价格达至 60 元，此后直至 2022 年 5 月，价格始终表现为暴跌暴涨的挣扎。2014 年 5 月，广东成交价为 65 元，高出开盘价 5 元，随后猛然蹿升到近 80 元；截至 2015 年 5 月，价格总体呈现下降的趋势；2022 年 2 月，价格开始回调并伴随剧烈震荡，此状态一直持续到 2022 年 5 月。

3. 收盘价

广东碳交易试点市场收盘价从 2014 年 5 月中旬的 65 元骤涨到近 80 元，然后急剧下降，并伴随高频震荡。2016 年 5 月，价格达到最低值 9 元；2016 年 5 月～2018 年 10 月，价格进入低位震荡阶段，维持在 10 元附近；2018 年 10 月，价格开始回调上升伴随小幅震荡；2021 年底，价格达至 50

元水平，而至 2022 年，碳价快速走高，最高点逼至 100 元。

4. 总结

综上所述，从图 20~图 22 可以看出，2014~2022 年，广东碳交易试点市场与北京、天津、上海和重庆四个碳交易试点市场相比，开盘价、成交价、收盘价震荡幅度较为平和，整体上具有一定的规律可循，广东碳交易试点市场成交价总体高于其开盘价，而收盘价与成交价走势基本一致，均围绕着初期的开盘价格来回震荡回调，因此二者总体走势呈现为扁平的“U”形曲线。

（六）湖北

2014~2022 年，湖北碳交易试点市场的碳配额价格波动情况如图 23~图 25 所示，图 23、图 24、图 25 依次表示湖北碳交易试点市场碳配额开盘价、成交价以及收盘价随时间变化的波动情况。

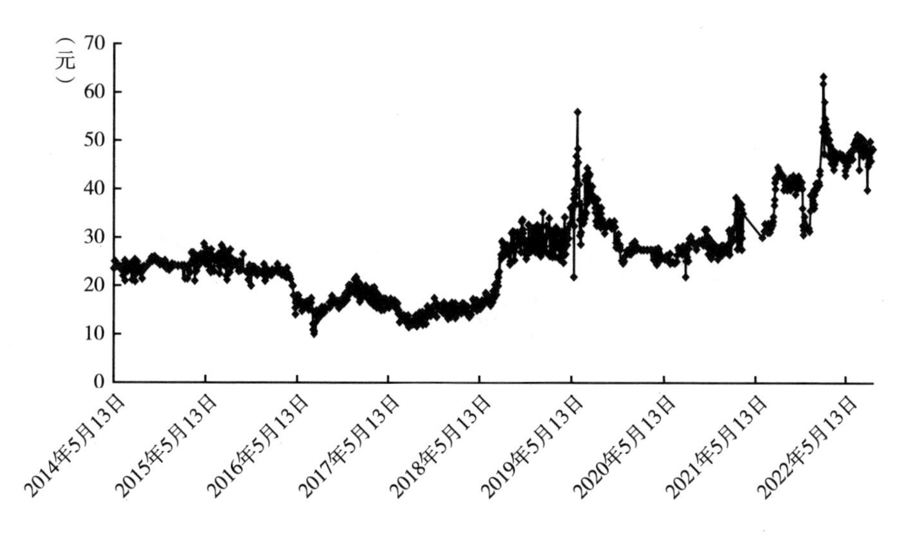

图 23　湖北碳交易试点市场开盘价

资料来源：碳排放交易网，http：//www. tanpaifang. com。

1. 开盘价

湖北碳交易试点市场开盘价在 2014 年 5 月中旬为 25 元左右，随后开始温和下降，伴有小幅高频震荡；到 2016 年 7 月，开盘价下降到 10 元的水

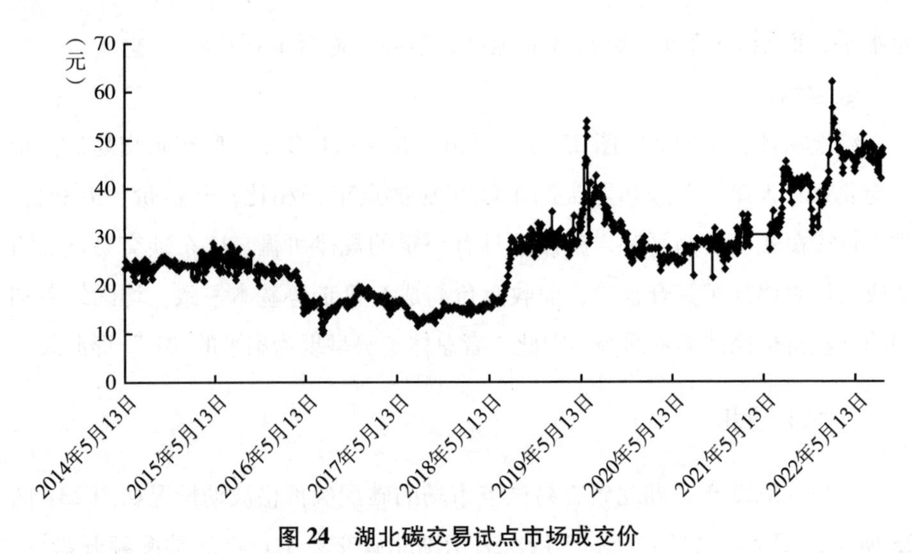

图 24　湖北碳交易试点市场成交价

资料来源：碳排放交易网，http：//www. tanpaifang. com。

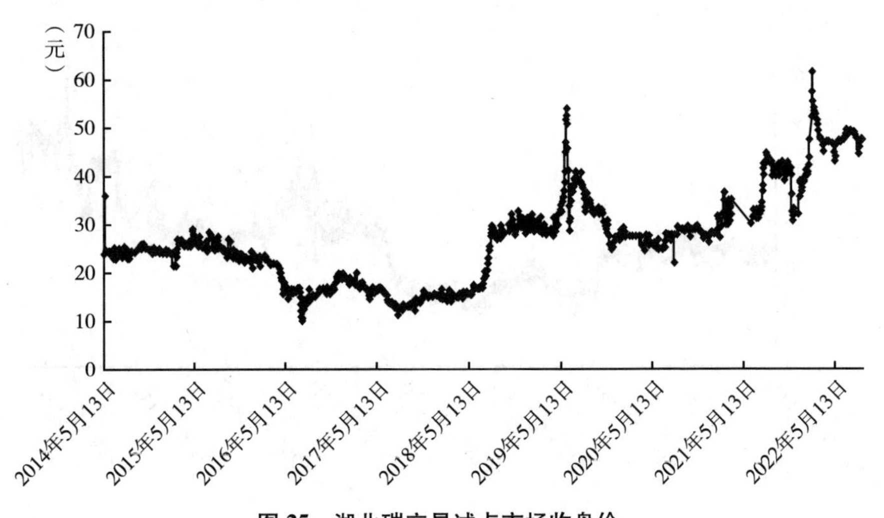

图 25　湖北碳交易试点市场收盘价

资料来源：碳排放交易网，http：//www. tanpaifang. com。

平；从 2016 年 7 月起，开盘价回调上升伴随小幅震荡；2022 年 5 月，价格剧烈震荡至 40 元左右，比 2014 年 5 月开始时的 25 元起步价格高出 15 元左右。

2. 成交价

湖北碳交易试点市场成交价在2014年5月~2018年5月总体呈现小幅平稳震荡的过程，随后骤然上升至30元左右，经历几个月的平台期后，于2019年5月前后经历直线式骤升骤降，然后开始渐进下降，伴有小幅高频震荡。2016年5月，价格下降到10元，并从2016年5月起，成交价呈现震荡回调上升的特征，但是其中振幅收窄；直到2022年3月，成交价开始出现直线式骤升骤降，并于2022年5月直线上升至40元左右。

3. 收盘价

湖北碳交易试点市场收盘价格总体上是小幅震荡平稳上升的趋势，收盘价在2014年5月中旬为25元左右，骤然上涨至35元的高位，随后开始渐进下降，伴随小幅高频震荡；2016年5月，收盘价出现10元的探底；2021年10月价格最终达到40元，比2014年5月初期的25元起步价格高出15元。

4. 总结

综上所述，从图23~图25可以看出，2014~2022年，湖北碳交易试点市场开盘价、成交价和收盘价常年虽有不规则震荡，但总体上震荡幅度较为平和，且均遵守收盘价、成交价以开盘价为基础的逻辑。值得注意的是，成交价、收盘价的价格水平总体上高于开盘价，并且涨跌的幅度也略微大于开盘价。

（七）深圳

2014~2022年，深圳碳交易试点市场的碳配额价格波动情况如图26~图28所示，图26、图27、图28依次表示深圳碳交易试点市场碳配额开盘价、成交价以及收盘价随时间变化的波动情况。

1. 开盘价

深圳碳交易试点市场开盘价整体呈现下降趋势。具体来说，2014年5月~2015年1月，深圳碳交易试点市场开盘价大幅度波动下降；2015年1月~2019年2月，开盘价随时间变化上下波动；2019年2月之后价格先下降后上升，并在2020年7月后持续走低至2022年4月。

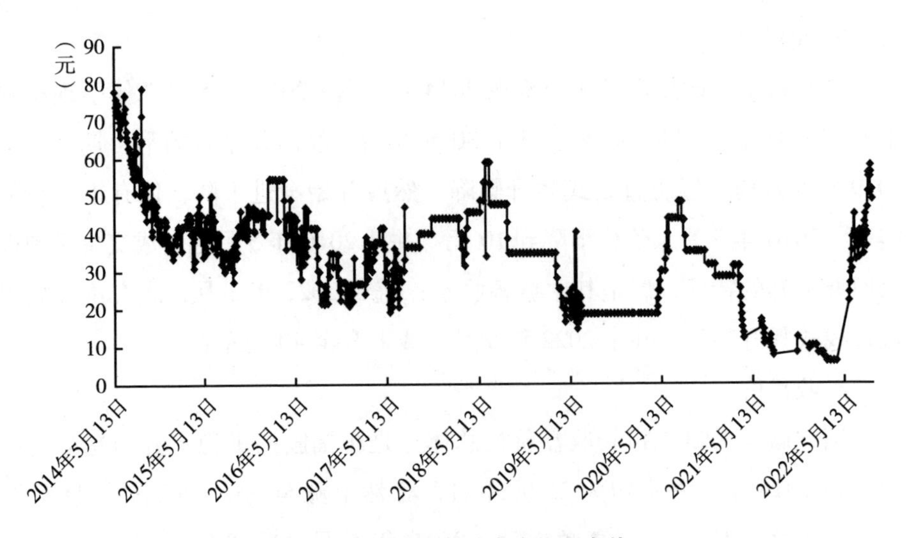

图 26　深圳碳交易试点市场开盘价

资料来源：碳排放交易网，http：//www.tanpaifang.com。

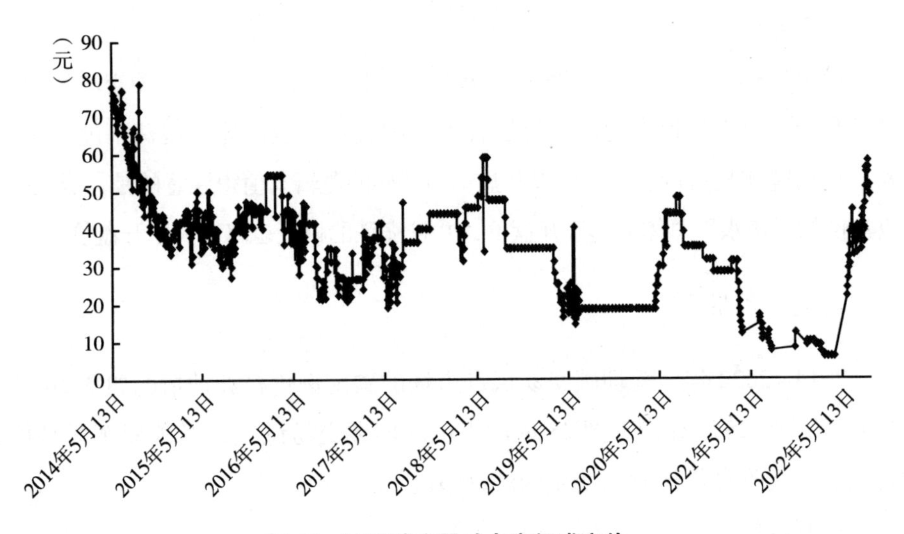

图 27　深圳碳交易试点市场成交价

资料来源：碳排放交易网，http：//www.tanpaifang.com。

2. 成交价

深圳碳交易试点市场成交价整体呈现下降趋势。2014 年 5 月~2015 年 5

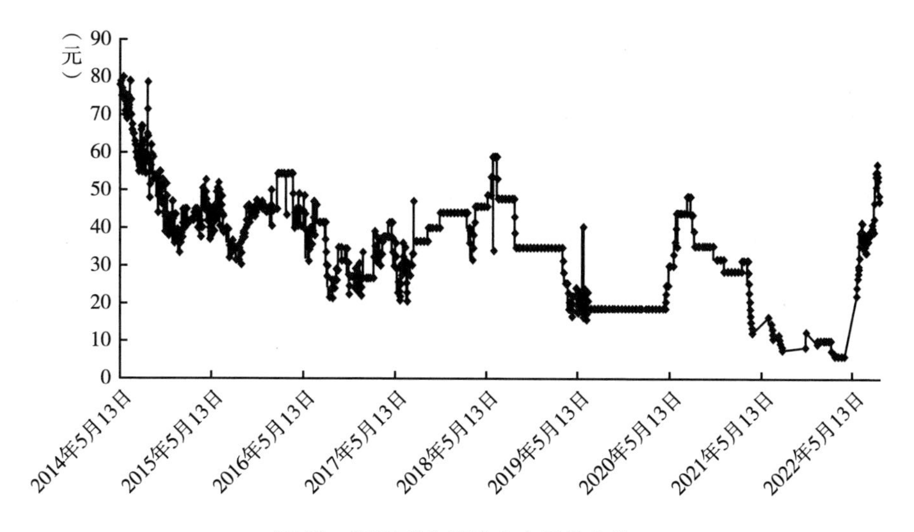

图 28　深圳碳交易试点市场收盘价

资料来源：碳排放交易网，http：//www. tanpaifang. com。

月，深圳碳交易试点市场成交价大幅度波动下降；2015 年 1 月~2019 年 2 月，成交价随时间变化上下波动；2019 年 5 月~2020 年 5 月，价格基本持平；2020 年 7 月价格呈下降趋势，并于 2022 年 5 月达到最低水平。

3. 收盘价

深圳碳交易试点市场收盘价整体呈现下降趋势。2014 年 5 月~2015 年 5 月，收盘价大幅度波动下降；2015 年 1 月~2018 年 5 月，收盘价在 20 元至 55 元上下波动，且波动幅度较大；2019 年 5 月~2020 年 5 月，收盘价基本持平；从 2020 年 7 月开始价格持续下降，收盘价于 2022 年 5 月达到最低位。

4. 总结

总体来看，从图 26~图 28 可以看出，2014~2022 年深圳碳交易试点市场成交价、收盘价与开盘价的波动情况基本相同。其中成交价的总体水平低于开盘价和收盘价，但三者整体走势一致。

整体而言，从七个市场的总体上看：开盘价、成交价和收盘价发展趋势较为协调，开盘价是成交价和收盘价的基础，成交价是收盘价的基础，这决定了开盘价、成交价和收盘价发展趋势曲线的线形走势和扭动幅度基本一致。2014~2022年，广东和湖北碳交易试点市场的开盘价、成交价和收盘价发展趋势变化曲线有一定规律可循，虽有起伏震荡但比较规则，其他五个碳交易试点市场则存在不规则的大幅度震荡，并且不同市场的价格震荡趋势之间是存在差异的，比如2016~2017年，天津和重庆碳交易试点市场均出现了一次暴涨暴跌，而上海碳交易试点市场则表现出先平后涨，呈现一定的酝酿特征，价格波动较为理智。这说明碳交易试点市场的开盘价、成交价和收盘价主要受当地的相关政策的影响，因此该影响具有较强的异质性。

B.3
中国碳交易试点市场发展机遇与挑战

房 芳　肖祖沔*

摘　要： 近年来，我国减排政策力度不断加大，经济加速转型，这无疑为碳交易试点市场的发展提供了潜在机遇。然而不容忽视的是，随着交易品种与参与主体的增加，我国碳市场在制度体系建设、基础设施完善以及履约监督方面仍存在较多问题，处于亟待完善的发展初期阶段。此外，尽管国外碳排放权交易体系建立较早，能够为我国的进一步建设提供较多的经验，但欧盟和美国等发达国家或地区的碳交易背景与我国自身环境存在较大差异。我国高耗能产业比重较高，全面深化改革的进程仍在同步推进，各类社会和经济因素的交叉影响更为显著。因此，针对我国自身背景抓住碳交易试点市场的新发展机遇，明晰其面临的发展挑战具有迫切性和必要性，这是我国碳市场顺利发展的基础，也是我国继续落实“双碳”目标的必经之路。

关键词： 碳排放权交易市场　碳关税　地方试点碳市场

* 房芳，山东财经大学金融学院讲师，主要研究领域为货币政策、绿色金融；肖祖沔，山东财经大学金融学院副院长，副教授，硕士生导师，主要研究领域为数字金融、环境金融、国际金融。

一　中国碳交易试点市场发展的机遇

（一）全国碳排放权交易市场逐渐形成

2021年7月16日，全国碳排放权交易市场（以下简称“碳市场”）正式启动并上线交易。在部门规章方面，生态环境部出台碳排放权相关试行办法，比如于2021年5月公布《碳排放权登记管理规则（试行）》。之后上海市环境能源交易所公布相关公告对碳排放交易地点、交易方式、交易时段等细节进行明确规定。在众多规章制度的约束及政策的支持下，全国碳市场自正式开市以来市场运行便相对平稳，为后期全国碳市场健康发展奠定了良好基础。

全国一体化的碳排放权交易体系的建立将有效突破区域保护和市场分割，并打通限制碳市场交易的关键堵点，实现碳市场高效规范、公平竞争、充分开放。另外，就我国目前的碳交易试点市场和全国碳排放权交易市场的发展进度而言，地方碳交易试点市场涵盖了电力、钢铁、水泥等20余个领域约3000家主要排污企业，而全国碳市场只涉及发电行业，还未包括钢铁、化工等高碳行业。随着全国碳市场行业覆盖范围逐步扩大，全国碳市场的活力将明显提升，其减排作用亦将充分发挥，这无疑将对碳交易试点市场产生积极的带动作用。

强制相关企业及单位履行减排责任是我国碳排放权交易市场的制度基础，必须通过法治化形成全国统一的标准规范与交易监管机制，促进碳排放权在区域与行业间充分流动，充分发挥价格机制配置要素和资源的基础性作用，因此全国碳市场占据主导地位将是未来碳市场发展的主要方向。此外，随着我国碳金融市场的进一步开发，其发展基础将会更加完善，在逐步制定合理的全国碳市场对接方案的同时，碳交易试点市场也将逐渐归入全国碳市场，实现我国碳市场的可持续发展。

（二）绿色技术持续创新发展

2021年3月，习近平总书记在中央财经委员会第九次会议上强调，要将“碳达峰”“碳中和”（以下简称“双碳”）纳入生态文明建设布局。[①]“双碳”目标的本质要求是经济高质量发展，而碳排放权交易市场是我国经济实现绿色、低碳、高质量发展的一项重要政策工具，可为我国“双碳”目标的实现提供制度保障。然而碳排放权交易市场作用的充分发挥仍需以市场的完善与发展为前提，市场的构建、完善与发展又以绿色技术水平的提升以及技术的迭代更新为依托，因此现阶段绿色技术创新逐步成为推进碳排放权交易市场建设与经济高质量发展的重要支撑。[②]

当前，我国正加强绿色技术创新战略设计，分析、确立绿色技术创新的发展方向，明确绿色技术创新的战略布局。同时，我国近年来大力支持数字技术、遥感技术的创新与发展。此外，我国还深入推进绿色技术创新，在新能源领域着重推进碳捕集、碳封存、微矿分离等关键技术，并加速上述技术与区块链、大数据以及人工智能技术的结合。而绿色技术的研发创新与迭代发展可加速控排企业转型，缓解碳市场的任务压力，保证全国碳市场与各碳交易试点市场平稳运行，并为碳排放检测与碳市场监管提供技术支撑。因此我国在绿色技术领域的不断突破恰恰为我国碳市场的进一步完善提供了重要的契机，这也是我国推进经济绿色转型、[③] 占据绿色经济发展先机的重要机遇。

（三）CBAM 将推动我国碳交易加速与欧洲对标

目前国内碳市场的发展状况表明我国碳排放权交易机制仍存在问题，全国碳市场与碳交易试点市场均亟待改善。就全国碳市场成交量变化情况而

① 《习近平主持召开中央财经委员会第九次会议强调　推动平台经济规范健康持续发展　把碳达峰碳中和纳入生态文明建设整体布局》，2021 年 3 月 15 日，新华网，http：//www. xinhuanet. com/politics/leaders/2021-03/15/c_ 1127214324. htm。

② 《重大绿色技术创新及其实施机制（二期）》，http：//www. cciced. net/zcyj/yjbg/zcyjbg/2021/202109/P020210930334369307884. pdf；《重大绿色技术创新及其实施机制》，http：//www. cciced. net/zcyj/yjbg/zcyjbg/2020/202008/P020200916733667242805. pdf。

③ 《绿色转型与可持续社会治理》，http：//www. cciced. net/zcyj/yjbg/zcyjbg/2021/202109/P020210917522417202220. pdf；《国合会绿色转型与可持续社会治理专题政策研究项目》，http：//www. cciced. net/zcyj/yjbg/zcyjbg/2019/201908/P020190830 110351516664. pdf。

言，在全国碳市场上线交易初期，市场日成交量相对较小，碳市场成交活跃度处于绝对低位，然而随着履约截止日的不断临近，全国碳市场成交量呈现空前活跃的状态，这表明全国碳市场存在“重履约而轻交易”的问题，市场发展水平亟待提高。就碳价而言，虽然全国碳市场碳价时常波动，但总体来说基本持平稳态势，处于40~60元/吨。与欧盟碳市场相比，目前全国碳市场的碳价仅是欧盟碳市场的1/10，在此条件下市场难以充分发挥减排降碳作用，中国的碳减排任务仍然更多依赖于自上而下的产能限制与环保限产政策等非市场手段。因此我国碳市场的减排潜力仍需进一步挖掘，这尤为迫切。

然而值得注意的是，为应对气候变化，欧盟通过了《欧洲绿色协议》，就更高的减排目标达成一致，承诺2030年温室气体排放要比1990年减少50%~55%，至2050年实现碳中和，2021年7月14日，欧盟委员会在目标2030年减排55%的“Fit for 55”系列立法提案中正式公布了碳关税提案——碳边境调节机制（Carbon Border Adjustment Mechanism，CBAM），这是世界上首个以“碳关税”形式应对气候变化的提案，其本质上是对特定进口产品征收的碳税。CBAM的推出无疑直接提升了我国碳交易与国际接轨的速度，增强了国内外碳交易的关联性与紧密性，推动了国内碳排放权交易市场的碳权价格、覆盖行业范围与欧洲对标，为我国全国碳市场与碳交易试点市场的发展打开了快车道、提供了重要机遇，这对我国碳交易产生了不容忽视的积极影响。在此背景下，全国碳市场有望加速纳入高排放行业，碳价将进一步上升，市场减排作用将得以充分发挥。

二　中国碳交易试点市场发展的挑战

我国有7个碳交易试点市场，不同的碳交易试点市场在覆盖范围、配额、市场准入、交易产品、成交价格、成交量以及成交均价的波动情况上差异较大。对比发现，深圳碳交易试点市场的控排企业数量在各碳交易试点市场中位居第一，市场竞争最明显，成交量最为活跃；湖北和广东碳交易试点市场的市场规模较为宏大，大规模的市场也促使其市场交易较为活跃；上海和北京碳交易试点市场的活跃程度和成交量在几个碳交易试点市场中居于较落后的位置；天津和重庆碳交易试点市场成交非常离散，连续性较差，交易量也非常有限。各碳交易试点市场存在的短板和问题导致各碳交易试点市场间存在明显的发展差异，就其本质而言，发展差异的存在主要源于各个试点市场制度和内容的不同。交易市场的覆盖范围、配额分配方式、机制和产品信息从根本上影响着市场有效性，为碳交易试点市场的进一步发展带来挑战。

（一）覆盖范围尚未涵盖全部碳源

目前我国 7 个碳交易试点市场的配额中，温室气体种类仅有二氧化碳一种。根据《温室气体自愿减排交易管理暂行办法》中的相关规定和要求，CCER 项目应包含 6 类温室气体，包含二氧化碳、甲烷、氧化亚氮、氢氟碳化物、全氟碳化物、六氟化硫，并按照其升温强度折算成二氧化碳当量用以计算减排总量。因此，我国各地区试点市场目前覆盖温室气体种类单一，应适当扩宽其覆盖范围。

此外，我国各碳交易试点市场存在较为严重的重复计算问题，企业电力消费的间接碳排量在计算时会被当作企业碳排量进行约束，这样的模式削弱了减排政策的有效性。目前来看，各地区试点市场所覆盖的多为传统行业，如石油、电力热力、化工、水泥、钢铁等，这些行业存在诸多如能耗高、排放量高等问题，但也具备减排潜力大、企业规模大、易于观测、便于试点时进行监督管理等优势。随着新兴企业的发展和新能源的运用，目前在北京、上海、深圳等一线城市的碳交易试点市场中，能源消费需求迅速提升，工业发展步入延缓的滞后期，此地区的市场交易主体受工业企业数量的限制，如果不将一部分交通、建筑、服务业等非工业行业纳入碳交易试点市场进行共同考察，碳交易试点市场的健康发展将难以得到有效保证。

（二）配额分配灵活性有待提升

目前，我国所有碳交易试点市场的碳配额初始分配大多采用以免费分配为主、以有偿分配为辅的方式。除了这种传统方式，一些碳交易试点市场也采用了新方式。以重庆碳交易试点市场为例，重庆碳交易试点市场采用企业自主申报方式，这导致碳市场配额大量过剩，市场交易面临停滞。想要解决这一短板，相关部门应规定企业在拥有储存配额资格以前先出售自己剩余的原始配额，再购入新的配额。目前这一做法在湖北碳交易试点市场中已经展现了部分成效，湖北碳市场交易的流动性和活跃程度明显得到提升和改进。

此外，在配额总量的设定方面，配额分配的灵活性依然有待提升。7个试点省市由于其自身所处的经济发展阶段、区域规划以及产业结构的不同，对各自碳交易试点市场配额总量的设定分别采取了不同的做法。其中大部分碳交易试点市场均采取了固定下降率的配额总量设定，但这一模式在市场配额足量的背景下仅可发挥形式减排作用，而非实际减排作用。因此各省政府、市政府部门应基于自身省情、市情，于供给侧对碳权配置进行灵活调整，按比例逐年缩减配额总量以保证碳交易试点市场减排作用的真实有效性，杜绝形式主义，这可有效提升碳权的配置与使用效率，推进碳市场与节能减排产业的良性循环。

（三）市场主体单一

目前国内碳市场主体分布中，控排企业占大多数，机构和个人投资者较少，市场交易者结构比例失衡。此外，控排企业中一些大型央企、国企将持有的配额视为国有资产，导致其资源配置能力低下，市场惜售现象严重，这是部分试点碳市场活跃度低下的重要原因之一。值得注意的是，交易者结构占比较低的个人投资者参与碳排放配额交易的主要目的是投机，这表明当前碳交易试点市场的成熟度较低，个人交易者的交易行为缺乏专业机构引导，市场主体单一，机构交易者占比较低。

此外，经济类和综合类会员主要为商业银行和券商等金融机构、咨询公司、财务公司以及能源服务公司，其他非金融企业类公司并未加入市场，市场主体种类不足。碳交易试点市场作为新兴市场，加速将机构投资者与个人投资者纳入碳交易试点市场以丰富市场交易主体、增加市场流动性尤为必要，这有助于增强参与主体的积极性与专业性。因此政府需要将市场扩容作为碳交易试点市场建设工作的重要抓手，同时提升控排企业、金融机构相关人员的能动性，进而赋活碳交易试点市场，保证市场减排增效作用的充分发挥。

（四）对于企业低碳转型的引导作用有待加强

目前试点市场推出的碳金融产品多为试验性产品，尚未形成大规模交易模式。这种状况的出现实质上是由于低碳产业和金融产业的相互作用较差，影响碳市场的活跃程度和市场流动性。此外，受到碳期货、碳期权等碳金融产品种类不足的影响，碳交易试点市场不能成为完全市场，也无法充分反映各类主体的风险偏好和预期。现有价格大多只能为短期配额需求提供依据，碳市场的长期供需关系和减排边际成本无法反映于价格中。价格信息无法充分反映，碳配额交易价格与理想交易价格之间存在较大差距，不能充分引导节能减排和低碳投资。因此，市场应在加强风险管理的基础上，逐步推出碳期货、碳期权等碳金融产品，发挥其价格发现功能，[①] 进而提升其自主定价能力，实现碳定价机制的公平合理。

（五）碳市场成交量较低

截至 2022 年，北京碳交易试点市场、上海碳交易试点市场、广东碳交易试点市场以及湖北碳交易试点市场相对比较活跃，成交量较大，交易额与成交量不仅在较长时间内处于高位，而且波动幅度较大，波动频率更为频繁。以上 4 个碳交易试点市场具有对市场以及政策变化较为敏感的特点，受到了政府的重点关注。

与之不同的是天津碳交易试点市场、重庆碳交易试点市场以及深圳碳交

---

① 《全球气候治理与中国贡献》，http：//www.cciced.net/zcyj/yjbg/zcyjbg/2021/202109/P020210917530118264391.pdf。

易试点市场。天津碳交易试点市场较另外两个碳交易试点市场交易更加频繁，并且呈现越发活跃的趋势。重庆碳交易试点市场在早年大部分时间基本没有成交量，但近年来趋于活跃。深圳碳交易试点市场则恰恰相反，其早年活跃程度较高，近年来交易量趋于零。

整体而言，我国碳交易试点市场整体成交量水平相对较低，近些年部分碳交易试点市场的成交量水平甚至出现下行趋势，主要原因或在于以下三方面：其一，碳交易试点市场改革步伐相对缓慢，市场运行逻辑未发生本质变化，市场基础设施与基本制度亟待完善，因此碳交易试点市场对控排企业的吸引力逐年下降；其二，全国碳市场的上线交易对碳交易试点市场产生了较强的虹吸效应；其三，部分控排企业加大了绿色技术的研发投入，加速自身转型步伐，因此该类企业对碳权的真实需求逐步下降。

B.4
中国碳交易试点市场发展对策建议

王营　尹智超*

摘　要： 解决碳交易试点市场运行中存在的问题是有效发挥其减排降污增效作用的重要保障，对优化碳资源配置、推进经济加速转型具有重要意义。本报告基于本书第3篇报告对碳交易试点市场发展机遇与挑战的分析，提出了进一步完善高层级的法律法规体系、加快完善碳交易试点市场在信息披露和工作流程方面的中层监管机制以及有序扩大下层参与主体和交易行业，提升碳交易试点市场的广度和深度等对策建议。

关键词： 碳排放权交易体系　碳交易试点市场　法律支撑　监管机制

一　细化长期碳排放目标，依法确认碳排放权的法律属性

碳交易试点市场已经建立基础法律法规体系，如2012年10月深圳出台《深圳经济特区碳排放管理若干规定》，2013年11月北京市发展改革委发布《关于开展碳排放权交易试点工作的通知》，2014年3月湖北省政府通过《湖北省碳排放权管理和交易暂行办法》。然而不同于欧盟、美国等发达国家或地区，我国是一个高耗能产业占比较高的发展中国家，科学处理碳排放

* 王营，山东财经大学金融学院副院长，教授，硕士生导师，主要研究领域为社会关系网络、公司金融、绿色金融、金融风险；尹智超，山东财经大学金融学院国际金融系主任，副教授，硕士生导师，主要研究领域为货币政策、国际金融、碳金融。

控制和经济发展二者的关系难度很大。此外，我国具有独特的社会经济背景，正处于全面深化改革的进程中，这种全方位、多层次的改革无疑会对碳排放权交易产生复杂且显著的影响。在多因素交叉影响的背景下，我国碳交易试点市场效益的抵消或下降问题较为突出，其发展面临更为深刻和关键的协调问题。明确更高层级的法律支撑，完善相关政策的制定、实行和落实环节，做到与国内产业结构和区域经济发展特征紧密结合，是解决我国碳交易试点市场现存协调问题的关键力量。

（一）细化长期碳排放目标

面对行业压力，更为细致的长期排碳目标仍需明确，关于碳配额的调度机制有待进一步完善。克服当前碳市场发展的局限，我们应当充分吸取他国碳市场建设的重要经验，结合自身国情，对全国碳市场的发展阶段做出细致划分，并制订升级计划，从而建设具有中国特色的长期碳排放目标。

例如，在碳强度指标的相对化和灵活化的同时，以碳调配系统的优化升级来确保碳交易试点市场运行效能的稳健性，包括相对强度控制和动态总量控制；以对政策信号的积极释放来强化碳交易试点市场的信息吸收能力，完善参与主体对中长期碳交易市场的判断；对碳市场中长期的总量和减排强度提出明确要求，以克服我国碳排放权交易市场在采取对企业配额加总得到国家总量的自下而上的行业基准测算方法时，在总量和上层层面的规划不足问题；以统一、明确的标准改善碳配额供给方面存在的分配宽松、设定多个配额调整系数进行妥协等问题的现状，促使企业将减排纳入长期规划，从而强化碳交易试点市场的效能。

（二）依法确认碳排放权的法律属性

当前碳交易试点市场相关法律的落实仍有待强化。首先，应以法规来明确碳交易推行的强制性和义务性；其次，对数据造假等违法、违规行为的处罚执行力不足，应以更高层面的法规保障更为严格、有效的处罚机制，增加企业对于我国碳减排目标的落实的信心；最后，以保障措施提高制度执行力，如明确政策衔接和部门协调，打通用能预算管理和碳排放预算管理等措施，以确保我国碳排放权交易市场的有效下沉。

例如，目前我国碳交易试点市场的法律依据为生态环境部颁布的《碳排放权交易管理办法（试行）》，其中对企业不购买足够配额履约情况的罚款数额明显小于交易配额履约减排的购买成本这一规定亟待完善与升级，以释放碳市场的活跃度和有效性。

二　加快完善碳交易试点市场的信息披露机制

除上层法律支撑和目标引导尚未完善外，中层运作的市场机制和监管流程亦不够完善和统一，如现存工作流程上的不成熟导致市场机制效用发挥程度下降，信息披露上的缺失和造假难以支撑有效的市场分析等问题不容小觑。

（一）优化交易信息的统计和公开情况

我国碳交易试点市场已对预分配—核算—配额调整—配额清缴的流程进行了充分落实，但全国碳市场在第一履约期内交易的 2019 年与 2020 年配额是对过去年份的追溯。这在一定程度上弱化了对企业碳排放行为的影响，说明这一工作流程仍需完善。作为全国碳市场重要补充机制的国家核证自愿减排量（CCER）改革进程缓慢，至今仍未明确改革方向和具体时间，但 CCER 已出现供需失衡情况，亟待主管部门出台或重启相关补充机制以辅佐全国碳市场的有序发展。中介机构对市场信息提供的不足亦影响了碳市场参与企业的履约情况，这需要各地机构积极配合，以克服在配额最终核定任务上存在的拖延问题，防范碳市场价格的集中波动。

除对上述问题的针对性措施的提出与落实之外，考虑企业耗能和碳排放预算管理的一体化模式亦是一种科学的优化方式。基于企业发展的能源保障

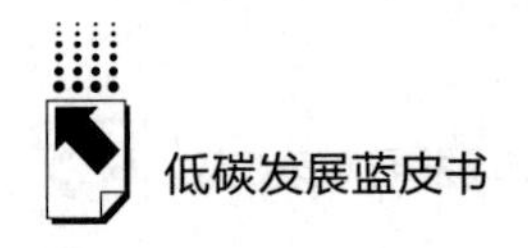

策略和碳排放措施同步考察，构建更为有效的“双碳”目标载体的信息测算，规范统计标准和核算方法，以提升碳市场信息的统计质量。

（二）强化监管流程的协调和支撑能力

作为减排保障中坚力量的各级监管调控机构，如各级生态环境部门、交易机构等，在提出信息公开的规定之外，亦应在实践上要求公开渠道、模板和内容等，做到各地域、各级别的公布层面的统一，以保证披露的相关信息的质量，从而确保对后续的市场研究和相关分析的支撑。进一步地，围绕统计结论实施动态监管，兼顾数据对标和反馈调整，以形成对碳交易主体的有效信息引导机制。

三　有序扩大下层参与主体和交易行业，提升碳交易试点市场的广度和深度

针对我国碳交易试点市场低流动性和低活跃度的特点，全国碳市场在交易行业的扩充上有待进一步尝试。当前全国碳市场仅纳入了电力行业，行业参与度单一且较为传统，个体与机构投资者暂时无法参与，非电力的“两高”行业的企业亦被排除在碳市场之外。此外，当前仅对碳排放权配额进行现货交易，碳期货、碳期权等新型碳金融工具及衍生品尚未推出，在构建成熟有效的风险对冲体系和市场调节机制上存在较大进展空间。

（一）横向拓宽交易受众面

以循序渐进的政策逐步纳入更具落实双碳目标切实性的高耗能行业。全国碳市场的主体目前仅涉及发电行业，更宽的行业范围仍待扩展，例如石化、建材、化工、钢铁等高耗能行业，可以考虑利用各行业的产能提升和淘汰机制来逐步扩大碳交易市场的行业范围，以明确的法律支撑引领高耗能行业的纳入，从而确保更大范围的市场探索和主体参与，完善碳交易的市场基础。

（二）纵向深化交易参与度

在扩大行业范围的同时，亦应增加碳交易试点市场交易品种、交易方式和交易主体，以交易创新驱动市场活跃度。逐步、适当降低我国碳市场交易的入市门槛，从制度出台和制度创新两方面引导重点排放单位和机构投资者积极入市。值得注意的是，碳金融正逐步成为行业热点，合理地引导金融机构入市、发挥碳金融的驱动作用，能够强化市场化手段减排方法的有效性，从而破解市场流动性下降、积极性不足的难题。

四　完善个人参与碳减排市场的机制体制，促进消费端碳普惠发展

为减少消费端碳排放，国家发展改革委等七部门印发的《促进绿色消费实施方案》提出，到2025年，重点领域消费绿色转型取得明显成效，绿色消费方式得到普遍推行，绿色低碳循环发展的消费体系初步形成；到2030年，绿色消费方式成为公众自觉选择，绿色消费制度政策体系和体制机制基本健全。在碳普惠体系中，各类行为的碳排放可准确计量，其中低于高碳水平的行为能获得奖励，利用个人碳账户抵消自身高碳排放、参与碳交易或转化为其他社会福利。

（一）完善碳普惠顶层设计，实现个人碳足迹科学计量

适时制定个人碳账户相关的制度，研究分析国内外现有的个人碳减排量折算方法，探索出一套理论扎实、行之有效的折算标准，为个人碳账户提供支持和参考，实现碳减排成果的科学计量。在收集个人碳账户用户信息数据的同时，注重保护客户隐私和消费习惯，监管部门应通过多种形式对个人碳账户的信息安全进行定期监测审查，对泄露和滥用客户隐私的行为严肃追究责任。

（二）发展消费端碳减排模式，形成多元化激励机制

目前，消费端碳减排尚不属于碳市场的范围，也不属于自愿减排范围，个人端碳减排量小，需要建立个人碳减排倒逼机制，提高个人碳减排价值。扩大碳账户覆盖范围，运用与企业合作的方式整合资源优势，集中资源力量，逐步探究获取用户低碳行为数据的途径，深度结合用户实际生活场景，并与相应的金融服务权益挂钩。

参考文献

[1] 王科、李思阳：《中国碳市场回顾与展望（2022）》，《北京理工大学学报》（社会科学版）2022 年第 2 期。

[2] 王科、陈沫：《中国碳交易市场回顾与展望》，《北京理工大学学报》（社会科学版）2018 年第 2 期。

[3] 段茂盛、吴力波主编《中国碳市场发展报告——从试点走向全国》，人民出版社，2018。

[4] 鲁政委、汤维祺：《国内试点碳市场运行经验与全国市场构建》，《财政科学》2016 年第 7 期。

[5] 李高：《“双碳”目标指引新发展》，《中国环境管理》2021 年第 4 期。

[6] 王波、吴彦茹、张伟、张敬钦：《“双碳”目标背景下绿色技术创新路径与政策范式转型》，《科学管理研究》2022 年第 2 期。

[7] 汪明月、李颖明：《政府市场规制、产品消费选择和企业绿色技术创新》，《管理工程学报》2021 年第 2 期。

[8] Porter M. E., Van der Linde C., “Toward a New Conception of the Environment-competitiveness Relationship,” *Journal of Economic Perspectives* 4 (1995): 97-118.

[9] 秦炳涛、余润颖、葛力铭：《环境规制对资源型城市产业结构转型的影响》，《中国环境科学》2021 年第 7 期。

[10] 李楠博、高晨磊、臧云特：《绿色技术创新、环境规制与绿色金融的耦合协调机制研究》，《科学管理研究》2021 年第 2 期。

[11] 彭红枫、马世群：《中国碳交易市场间的动态溢出效应研究》，《会计与经济研究》2022 年第 4 期。

区域与行业篇

Region and Industry Reports

B.5

广东碳排放权交易试点市场运行报告（2021～2022）

张辰　陈浩*

摘　要： 广东省作为中国改革开放风气之先、敢闯敢试的"桥头堡"，是我国最早开展建设碳交易市场的试点之一，在体制机制建设、市场工具创新等方面做出了大量探索，取得了明显成效。广东省碳排放权交易试点市场（以下简称"广东碳市场"）自2013年启动以来，市场交易规模稳居全国首位、企业碳资产管理意识显著提升、控排行业减排幅度效果突出、境内外市场参与主体高度认可、碳普惠营造绿色理念深入人心，已成为广东促进高质量发展的重要支撑。随着全国碳市场建设的加速推进，在碳达峰、碳中和工作的政治推动和国际碳关税的压力下，广东碳市场作为全国碳市场的重要组成部分，将承担新的历史使命，通过在顶层机制

* 张辰，广州碳排放权交易中心创新业务部总经理，主要研究领域为碳定价市场化机制、碳金融、碳普惠；陈浩，广州碳排放权交易中心碳市场部副总经理，主要研究领域为碳达峰与碳中和政策与制度、碳交易市场、绿色金融。

建设、市场提质扩容、服务水平提升、基础设施优化、对外合作交流等领域深层次、大范围的改革，先行先试，为广东实现碳达峰和碳中和目标提供有力支撑，为全国碳市场不断深化发展提供有益探索，为应对国际贸易碳关税摩擦提供广东解决方案。

关键词： 碳排放权交易试点市场　碳普惠　碳市场　碳关税

一　广东省碳排放权交易试点市场发展现状

自2012年广东省人民政府印发《广东省碳排放权交易试点工作实施方案》以来，广东省碳排放权交易试点市场经过多年的运行，日趋成熟，已将占全省碳排放近70%的电力、水泥、钢铁、石化、航空、造纸6个行业近250家控排企业纳入碳排放管理范围，市场规模和各项交易指标稳居全国首位；已成为制度体系完善、交易市场活跃、减排效果明显、参与主体高度认可的世界第四大碳排放权交易市场（碳排放配额规模仅次于中国国家碳市场、欧盟碳市场和韩国碳市场）；已成为推动节能减排、凝聚多方共识、连通港澳和“一带一路”沿线国家和地区的有效工具。

市场规模全国领先。自2013年12月正式启动交易以来，广东碳市场交易规模连续多年领先全国。截至2022年8月，广东碳市场配额现货累计成交量为2.103亿吨，占全国7个碳交易试点市场的37.23%，居全国首位，累计成交额为53.35亿元，占全国7个碳交易试点市场的36.62%，是国内首个且是唯一一个配额现货交易额突破50亿元大关的碳排放权交易试点市场。广东碳市场碳排放权配额现货年交易量于2020年、2021年相继超过欧洲能源交易所和韩国的现货交易所，位居世界前列。

节能减排效果突出。控排企业2019年排放量与纳入碳市场当年相比，整体实现绝对量减排，减排量达4374万吨，减排幅度达11.4%。其中，电力、钢铁、石化、造纸行业排放量减少幅度分别达14.6%、2.5%、9.7%、

11.0%，水泥行业排放量保持平稳。碳市场给落后产能带来了更大的成本压力，落后企业逐步退出市场。自纳入碳市场以来，已有85家控排企业关停、停产或降产至控排门槛以下，该类企业年排放量规模达1480万吨，有效促进了广东淘汰落后产能、节能减排目标的实现。

通过10年的探索，广东碳市场在以下七个方面取得了明显成效，并仍处于不断发展完善之中。

（一）法规制度体系

为保障广东碳市场的有序运行，2014年1月，广东省人民政府颁布实施《广东省碳排放管理试行办法》，对碳排放信息报告与核查、配额发放管理、交易管理等提出了明确管理要求。2014年，广东省碳交易主管部门印发《广东省碳排放配额管理实施细则（试行）》《广东省企业碳排放信息报告与核查实施细则（试行）》，进一步对碳排放配额的分配、交易、核查、清缴等做出了详细的规定。在当前碳达峰、碳中和工作及全国碳市场启动背景的形势下，《广东省碳排放管理试行办法》《广东省碳排放配额管理实施细则（试行）》《广东省企业碳排放信息报告与核查实施细则（试行）》等法规制度按照生态环境主管部门的要求重新进行修订。

（二）碳排放权配额总量与分配机制

广东省根据国家下达的控制温室气体排放总体目标，结合广东省重点行业发展规划和能源消费总量控制目标，确定并发布每个履约年度的“碳排放权配额分配实施方案”，明确碳排放配额总量。目前配额总量由控排企业免费配额、储备配额组成。广东省在配额分配时，对于历史数据基础好、易于监测、不同基线生产效率与碳排放差异较明显的行业企业采用了基准法分配配额；对于产品较多、工序较复杂的行业企业采用历史强度法或历史法分配配额。同时，在配额分配过程中建立配额评审专家审议制度和行业配额技术评估制度，及时对配额分配机制进行跟踪、评估并及时加以修正，力求配额分配思路与方法既符合总量控制目标，又符合广东行业

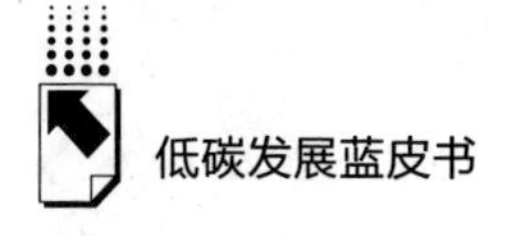

发展与产业政策实际。目前广东碳市场基准法配额分配所覆盖的排放量占比已接近90%。

（三）碳排放权有偿分配机制

广东省是国内最早实行配额免费和有偿发放相结合的区域市场，目前广东碳市场钢铁、石化、水泥、造纸企业的免费配额比例为97%，航空企业的免费配额比例为100%。2013年以来，广东碳市场共组织了20次有偿配额竞价，竞价收入超过8亿元。配额有偿竞价发放既体现了碳排放权"资源稀缺、使用有价"的理念，又提高了企业主动减碳的意识。从广东的经济体量出发，对标国际主要碳市场，广东碳市场主要控排行业的有偿分配比例还有很大提升空间，将会成为潜在财政收入来源。

（四）碳排放信息报告与核查机制

为支撑企业碳排放信息报告与核查工作，广东省建立了企业碳排放信息报告制度和第三方核查制度，制定了《广东省发展改革委关于企业碳排放信息报告与核查的实施细则》、《广东省企业（单位）二氧化碳排放信息报告指南（2017年修订）》和《广东省企业碳排放核查规范（2017年修订）》等制度体系，同时建立了公开招标遴选第三方核查机构、核查评议管理和第三方机构信用档案机制，纳入"黑名单"的核查机构将取消核查任务资格，其相关违规行为将被纳入金融征信系统。鼓励控排企业主动公开碳排放信息，履行社会责任与义务。

（五）碳排放权交易及履约机制

广东省开展碳排放权交易的平台为广州碳排放权交易中心。为促进交易的公开透明，广州碳排放权交易中心制定了《广州碳排放权交易中心碳排放配额交易规则》《广州碳排放权交易中心国家核证自愿减排量交易规则》《广东省碳普惠制核证减排量交易规则》，对交易方式、交易价格、风险处置等进行了明确规定，每年根据市场监管需要与会员需求，及时调整相关交易规则，确保市场公平、公开、透明，推动广东碳市场健康和可持续发展。在履约机制方面，按照《广东省碳排放管理试行办法》《广东省企业碳排放信息报告与核查实施细则（试行）》《广东省碳排放配额管理实施细则（试行）》等文件的规定执行，明确不履行清缴义务的，下一年度配额中扣除未足额清缴部分2倍配额，并处5万元罚款。

（六）碳普惠机制

为鼓励社会各部门参与低碳社会的建设，2015年，广东省发布《广东省碳普惠制试点工作实施方案》，2017年制定《广东省发展改革委关于碳普惠制核证减排量管理的暂行办法》，建立起以家庭、居民节水、节电、节气、垃圾分类回收、低碳出行、使用低碳节能产品、植树造林等低碳领域为主的广东温室气体自愿减排碳普惠制度，并规定广东省碳普惠制核证减排量（PHCER）可作为补充机制进入广东碳市场交易，用于广东碳市场控排企业履约清缴。截至2022年，广东省已备案三批省级碳普惠方法学，涉及森林保护、森林经营、分布式光伏、高效节能空调、家用型空气源热泵热水器、自行车骑行等领域。目前，广东省PHCER累计成交量为538.07万吨，成交金额为1.244亿元，累计备案签发175个项目，为苏区老区、少数民族地区、偏远地区带来直接经济效益约2000万元，碳普惠制已成为全省乡村振兴、区域协调发展市场化生态补偿机制的新尝试。

2022年4月广东省生态环境厅印发的《广东省碳普惠交易管理办法》，在2017年原文件的基础上重新编制，是深入贯彻习近平生态文明思想，落实绿色发展理念，充分调动全社会节能降碳的积极性，深化完善广东省碳普惠自愿减排机制，推动碳达峰碳中和战略目标实现的重要举措。该管理办法创新性地提出“碳普惠共同机制”，即秉持减源增汇、跨区域连接、相互认可的理念，通过链接多元碳普惠，带动全社会助力实现碳达峰、碳中和目标的创新型普惠减排机制。碳普惠共同机制是广东碳普惠在新发展阶段的创新之举，以更加开放、包容的理念推动建立粤港澳大湾区碳普惠合作机制，同时积极与国内外碳排放权交易机制、温室气体自愿减排机制等相关机制进行对接，推动跨区域及跨境碳普惠制合作。2022 年 8 月广东省生态环境厅印发《广东省林业碳汇碳普惠方法学（2022 年修订版）》等 5 个方法学，对原有方法学进行修订调整，更加贴合各类碳汇和减排项目实际情况和市场需求。

（七）碳金融产品创新

为了发挥碳市场的绿色融资和服务实体经济的作用，广东碳市场陆续推出碳排放权抵押融资、配额回购、配额托管、远期交易等创新型碳金融业务，为企业碳资产管理提供灵活丰富的方案。截至 2022 年 8 月，各类创新型碳金融交易业务累计交易碳排放权为 2872.53 万吨，交易金额为 3.73 亿元；碳金融融资业务，累计抵押碳排放权为 795.27 万吨，实现融资 9617.52 万元。各项碳金融业务规模位居全国前列。

三　“十四五”期间广东碳市场的定位和深化改革

（一）“双碳”目标下的广东碳市场定位

（1）进一步发挥市场机制作用，助力广东实现碳达峰目标。

（2）积极探索“期现联动”机制，支持全国碳市场建设多层次市场体系。

（3）发挥担当作用，作为全国碳市场与国际对接的战略支点，为全国碳市场后续进行深入的国际交流合作开展先行先试，夯实基础。

（4）进一步深化“一带一路”碳减排标准、碳普惠等机制，巩固强化广东绿色“一带一路”桥头堡地位。

（5）发挥联通作用，凝聚低碳发展共识，深化推动粤港澳大湾区碳市场试验田建设，促进港澳融入国家碳达峰体系。

（二）加快推进广东碳排放权交易顶层机制的建设

为进一步深化广东碳市场，主管部门积极推进修订出台《广东省碳排放权交易管理办法》，并以管理办法为基础构建完善的配套制度体系。

随着全国碳市场的启动，广东碳市场将继续发挥以市场化机制促进绿色发展的作用，同时将为落实二氧化碳排放达峰目标与碳中和愿景目标的实现发挥核心政策工具的作用，规范和深化广东碳市场的建设运行。广东省于2022年对《广东省碳排放管理试行办法》进行修订，以《广东省碳排放权交易管理办法》作为规范广东碳市场建设的总章程，适应碳达峰工作新的形势。管理办法对碳排放权交易的概念、目的、原则、对象、组织、流程、方法、管理、惩戒等内容进行统一修订和规范，以起到对主要行业开展碳排放权交易的统领作用。

（三）推动开展广东碳市场扩容

2021年4月，广东省人民政府印发《广东省国民经济和社会发展第十四个五年规划和2035年远景目标纲要》，提出要深化碳交易试点，积极推动形成粤港澳大湾区碳市场。2021年12月，广东省生态环境厅印发《广东省2021年度碳排放配额分配实施方案》，提出自2022年度起，广东省碳排放管理和交易企业纳入标准调整为年排放量1万吨（或年综合能源消费量5000吨标准煤）及以上，并增加陶瓷、纺织、数据中心等新行业覆盖范围。2022年6月，广东省人民政府印发《广东省发展绿色金融支持碳达峰行动的实施方案》，提出要逐步将交通运输业、数据中心、陶瓷生产、纺织业等高碳排放领域与超高超限超能耗公共建筑纳入碳排放交易试点。

1. 新增控排行业

交通运输业的碳排放量占全省碳排放总量有9.1%左右，排放源主要为移动源，相对于工业固定源排放来说，管理对象较为分散，因此首批将碳排放体量大、污染物排放浓度高的重型货运车辆纳入控排管理。近年来，广东省加快推进数据中心建设，2021年广东省在运营机柜29.4万架，到2025年，全省累计折合标准机架数约100万架，基于数据中心的高耗能和快速增长态势，将数据中心纳入控排管理。广东省是陶瓷生产和出口大省，2021年综合能耗在1万吨标准煤以上的陶瓷企业超过149家，合计超过597条生产线，陶瓷行业碳排放规模较大，且已开展碳排放信息报告，可以较好地纳入控排管理。广东是轻工纺织大省，是我国最大的服装生产和出口加工基地，碳排放规模大，企业数量多，具备纳入控排管理的条件。广东省内大型公共建筑规模不断扩大，能源消耗日益增长，广东将参考北京、深圳等地区试点经验，将大型公共建筑纳入控排管理。

2. 降低广东碳市场控排企业纳入门槛

将控排企业“年排放 2 万吨二氧化碳（或年综合能源消费量 1 万吨标准煤）及以上”的纳入标准降低，扩大碳市场控排范围，有效增加市场体量，切实倒逼推动企业低碳转型。根据各类纳入控排行业的碳排放体量和特点，制定差异化的纳入标准，扩大碳市场管控范围和降低控排企业纳入范围，做大广东碳市场的现货交易规模。

3. 扩大温室气体覆盖范围

《京都议定书》规定了 6 种主要的温室气体，分别是二氧化碳（CO_2）、甲烷（CH_4）、氧化亚氮（N_2O）、六氟化硫（SF_6）、氢氟碳化物（HFCs）和全氟化碳（PFCs）。目前广东碳市场覆盖的温室气体种类为二氧化碳。为进一步加强应对气候变化，深化广东碳市场促进温室气体减排的作用，借鉴欧盟碳市场、韩国碳市场、英国碳市场、新西兰碳市场、美国加利福尼亚州区域碳市场、加拿大魁北克区域碳市场、加拿大新斯科舍区域碳市场纳入的温室气体范围（见表 1），广东碳市场在“十四五”期间扩大温室气体覆盖范围，考虑将甲烷、氧化亚氮、六氟化硫、氢氟碳化物和全氟化碳纳入广东碳市场温室气体范围。

表 1　主要碳市场纳入温室气体范围

主要碳市场	纳入的温室气体范围
欧盟碳市场	CO_2、N_2O、PFCs
韩国碳市场	CO_2、CH_4、N_2O、PFCs、HFCs、SF_6
英国碳市场	CO_2、N_2O、PFCs
新西兰碳市场	CO_2、CH_4、N_2O、SF_6、HFCs、PFCs
美国加利福尼亚州区域碳市场	CO_2、CH_4、N_2O、SF_6、HFCs、PFCs、NF_3和其他氟化温室气体
加拿大魁北克区域碳市场	CO_2、CH_4、N_2O、SF_6、HFCs、PFCs、NF_3和其他氟化温室气体
加拿大新斯科舍区域碳市场	CO_2、CH_4、N_2O、SF_6、NF_3、HFCs、PFCs

资料来源：International Carbon Action Partnership。

4. 深化配额分配机制

随着广东碳市场向纵深发展，原有部分行业的基于历史碳强度的配额分配方法的弊端应及时消除，应及时组织专家在水泥行业其他粉磨产品、钢铁行业的自备电厂、特殊造纸和纸制品生产企业、有纸浆制造的企业开展行业基准法的研究，编制基于产品基准法或产量基准法的分配方法学，在数据基础完备的基础上由历史碳强度法转向产品基准法或产量基准法（航空业除外）。从世界范围看，欧盟、瑞士、美国加利福尼亚州、加拿大魁北克等国家或地区碳市场都采取产品基准法或产量基准法。加快研究制定交通运输业、数据中心、陶瓷生产、纺织业、大型公共建筑配额分配实施方案，明确配额分配的各项技术要求。

（四）提高广东碳排放权交易有偿分配比例

作为一项市场化减排的工具，配额有偿分配是以市场化手段促进减排的制度设计核心，被认为是建立有效碳市场的关键环节。从欧盟等主要碳市场（见表2）和广东碳市场的实践来看，配额有偿分配真正地激活了市场主体减排的动力。在服务于“3060”的目标下，广东碳市场纳入的钢铁、石化、水泥、造纸行业有偿配额比例在现有3%的基础上分阶段、分步骤地提高，2022年度除民航外，控排企业有偿配额比例提高至4%，新建项目企业有偿配额比例提高至6%。

表2　主要碳市场配额有偿分配比例

主要碳市场	有偿分配比例
欧盟碳市场	对于工业制造业部门有偿分配比例为70%以上，航空业有偿分配比例为18%，电力部门有偿分配比例为100%
韩国碳市场	除电子工业部门之外的行业，有偿分配比例为10%
新西兰碳市场	2021年引入有偿分配，工业部门2021~2030年有偿分配比例每年提高1%，2031~2040年每年提高2%
美国加利福尼亚州区域碳市场	电力、制造业和天然气设施的配额实行免费分配制度，免费的配额将随着时间递减（例如免费配额由100%逐渐减少至50%，而后减至30%），其他行业需要通过拍卖获取

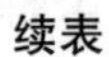
续表

主要碳市场	有偿分配比例
加拿大魁北克区域碳市场	电力和燃料分销商必须100%参与拍卖获取配额,其他行业获得部分免费配额
加拿大新斯科舍区域碳市场	工业设施获得75%的免费配额,燃料供应商与电力进口商获得80%的免费配额,电力公司根据BAU预测情景逐步减少免费分配

资料来源：International Carbon Action Partnership。

（五）优化广东碳排放信息报告与核查机制

按照生态环境部发布的《碳排放权交易管理办法（试行）》，地方生态环境主管部门应当采取“双随机、一公开”的方式，监督检查重点排放单位温室气体排放和碳排放配额清缴情况。①为解决重点排放单位碳排放数据台账管理问题，使碳市场数据统一化和台账管理规范化，针对钢铁、石化、水泥、造纸行业及新增的交通运输业、陶瓷生产、纺织业、数据中心、大型公共建筑等行业编制《碳排放数据管理台账技术规范》，指导重点排放单位建立碳排放管理台账记录制度，使广东碳市场报送数据更加真实、完整、规范和准确。②建立碳排放监测、报告与核查制度。在《广东省碳排放权交易管理办法》的基础上，制定发布《广东省企业碳排放信息报告管理实施细则》《广东省碳排放第三方核查机构管理实施细则》等配套细则，进一步规范报告与核查的工作流程、要求和相关方责任，以及对第三方机构的管理。③在扩大温室气体覆盖范围的基础上，制定广东碳市场《重点行业温室气体排放核算与报告指南》、第三方核查指南以及监测计划模板，明确数据监测、报告与核查的详细具体的技术要求，做到数据可追溯、可信赖、可比较。

（六）提升广东碳排放权交易服务水平

1. 提升广东碳市场基础设施服务能力

进一步优化升级广东省碳排放权注册登记系统，提升广州碳排放权交易中心、全国碳市场能力建设（广东）中心等碳市场基础服务平台能级。发挥绿色金融体系、气候投融资体系有效支持碳市场发展的作用，强化绿色资金对低碳企业、气候友好项目的支持。

2. 优化交易方式、强化履约监管

在合法合规的前提下，探索效率更高的交易模式。进一步提高履约监管力度，对标欧盟、韩国碳市场等，加大对不履约企业的处罚力度。

3. 强化广东碳市场能力建设

依托全国碳市场能力建设（广东）中心，积极发挥辐射和带动作用，深入开展新纳入控排企业的碳排放信息报告、核算等碳交易能力建设和培训，提高新增行业企业碳排放管理能力。

（七）创新广东碳金融产品

创新碳金融产品，探索开发上线以广东碳配额为标的的碳金融产品和交易模式。做大碳排放权抵质押融资规模。探索期现货联动，依托广东碳市场配额现货交易市场的优势，研究碳期货合约产品，充分发挥期货产品的价格发现功能，扩大碳市场流动性，助力控排企业通过碳期货完善自身碳资产管理。

（八）深化推广广东碳普惠机制

1. 扩大碳普惠试点范围

结合广州等6个试点城市碳普惠工作经验，在全省范围内开展碳普惠探索，推动碳普惠机制走向全省，辐射粤港澳大湾区。鼓励企业、研究组织、社会团体在新能源、节能减排、湿地、自然资源等领域开发备案更多高质量的碳普惠方法学，支持粤东、西、北地区的新能源、自然资源领域碳普惠项目开发，适当提高来自粤东、西、北地区碳普惠项目的吸纳比例，以碳普惠为抓手支持乡村振兴。

2. 加强省际的跨区域碳普惠交易机制

建立高质量的自愿减排标准和项目库。推动广东省与其他省份在自愿减排市场产品开发、交易方面的合作，结合不同地区的资源禀赋、经济发展等情况，探索开发高质量的、符合国家自主贡献要求和标准的自愿减排项目，探索建立碳普惠共同机制。开展省际自愿减排产品价值互认。加强与其他省份的合作沟通，扩大广东碳普惠机制产品的开发与适用范围，建立高标准的省际自愿减排产品价值互认机制。

（九）推进建设粤港澳大湾区碳市场

广东省“十四五”规划以及广东省“双碳”1+N 政策顶层文件都提出要推动形成粤港澳大湾区碳市场。未来粤港澳大湾区碳市场将以广东碳市场为主体，纳入港澳参与主体，通过融合港澳行业、跨境碳交易等形成粤港澳大湾区碳排放权交易市场，并在国际交流合作、跨境交易链接、绿色金融共同标准、气候投融资等方面先行先试，以更好地服务于大湾区生态文明建设，打造多层次碳市场体系建设样本，助力建成粤港澳大湾区国家生态文明示范区。

2019 年 2 月，中共中央、国务院印发《粤港澳大湾区发展规划纲要》，明确了内地与港澳深度合作的示范区定位，将培育国际合作新优势、加强重大合作平台建设、推动基础设施互联互通等作为重要建设内容。碳排放作为国际通行语言，是凝聚粤港澳共识和互联互通的有效议题，在三个关税区、三种货币、三种法律制度的背景下，发挥碳排放共识的联通作用，深化推动粤港澳大湾区碳市场试验田建设，不仅有助于畅通粤港澳大湾区低碳发展的要素流，而且能够将港澳融入全国碳市场建设的战略体系中，为全国碳市场发展成熟后逐步纳入港澳探索实践路径。

（十）加强广东碳排放权交易市场的国际合作

1. 加强应对气候变化南南合作的碳定价机制交流

依托全国碳市场能力建设（广东）中心，积极开展应对气候变化的南南合作，开设碳市场建设国际合作高级研修班，输出广东碳市场建设经验，为其他发展中国家在既有条件下发展碳市场提供样本。推动落地“南南合作”碳市场发展论坛、广州国际 ETS 大会等大型会议论坛，提高广东碳市场在全球的影响力。

2. 推进基于“一带一路”碳市场合作的规则、技术和标准

以全面建设更高水平开放型经济新体制为着眼点，发挥广东在“一带一路”建设中的战略枢纽、经贸合作中心和重要引擎作用，制定实施广东碳市场对外合作方案，基于广东省碳市场建设经验，加快建立“一带一路自愿减排标准”（B&R Standard），带动广东标准走出去。有条件适度接纳“一带一路”沿线国家和地区采用 B&R Standard 开发的自愿减排量，推动“一带一路”沿线国家和地区通过 B&R Standard 机制加入碳市场互联互通合作。

3. 强化跨区域碳市场的合作对话

以中美、中欧应对气候变化合作为基础，加强与美国加利福尼亚州区域碳市场、欧盟碳市场的交流对话，建立跨区域碳市场合作机制。推进与黄金标准组织（GS）、国际碳排放交易协会（IETA）等国际自愿减排组织合作，推动广东碳普惠机制与国际标准衔接。

B.6

山东省控排企业参与全国碳交易市场报告（2021~2022）

张金英　赵 昆*

摘　要： 山东省是全国碳排放量最高的省份，两高行业数量多，在重点排放单位名单里，山东省的企业数量在全国各省市中名列第一且遥遥领先。但是，山东省并没有经历过碳排放权交易试点，企业不具有碳资产管理知识和碳市场交易经验，履约任务艰巨。在山东省各级政府主管部门的统筹协调和企业的积极参与下，山东省重点排放单位在2021年交出了令人满意的答卷，碳配额累计成交额达到了45.98亿元，占全国成交总额的58.14%。在第一个履约周期内，除13家被法院查封，2家关停注销外，其余305家正常运营的企业全部在规定期限内完成额定履约任务，第二个履约周期的各项工作也正在有序开展。

关键词： 山东省　碳交易市场　非试点省份

一　山东省重点排放企业配额分配和履约的总体情况

（一）第一履约期

根据生态环境部2020年12月29日发布的《纳入2019—2020年全国碳

---

* 张金英，经济学博士，山东财经大学经济学院教师，主要研究领域为低碳经济理论与政策；赵昆，山东财经大学中国国际低碳学院办公室主任，主要研究领域为可持续发展、市场营销。

排放权交易配额管理的重点排放单位名单》，中国 31 个省、自治区、直辖市和新疆生产建设兵团共纳入重点排放单位 2225 家，如图 1 所示，山东省有 338 家，数量遥遥领先，占全国总数的 15.19%，是各地区平均分布企业数量的 4.7 倍。山东省是全国碳排放量最高的省份，两高行业数量多，不仅碳排放量较大的发电行业企业较多，两高行业的企业自备电厂数量也较大，因此，履约任务较为紧迫。

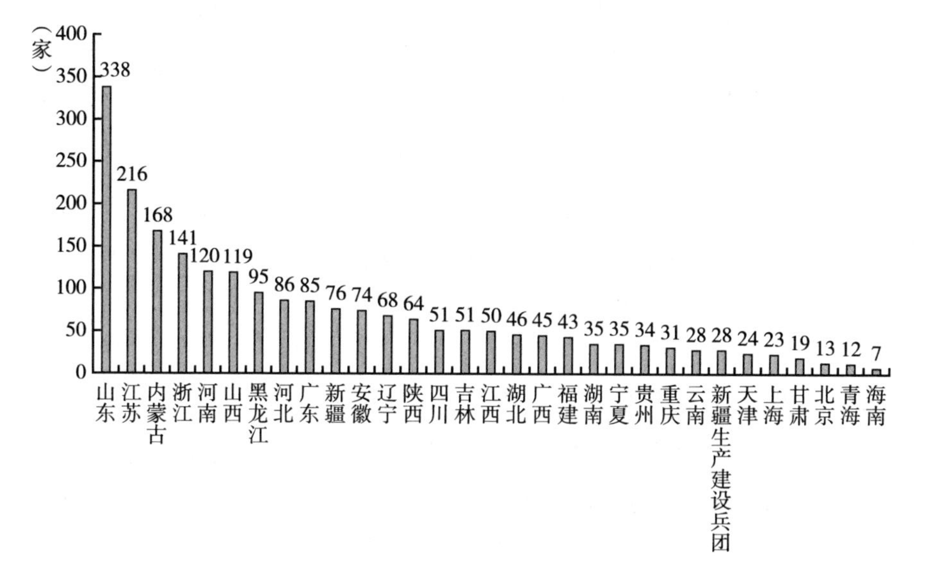

图 1　全国碳市场第一个履约周期企业数量分布

资料来源：根据生态环境部发布的《纳入 2019—2020 年全国碳排放权交易配额管理的重点排放单位名单》整理。

在全国碳市场第一个履约周期内，全国共核定配额管理的发电行业重点排放企业有 2023 家，其中山东省核定应履约企业 320 家，占全国总数的 15.82%，是各地区平均分布企业数量的 4.6 倍。如图 2 所示，山东省应履约企业数量全国第一，比排名第二、三位的江苏省和内蒙古自治区分别多出 111 家和 148 家。

第一个履约周期内山东省核准的重点排放单位中共有 15 家企业无法履约，其中有 13 家被法院查封，2 家关停注销。其余 305 家正常运营的企业

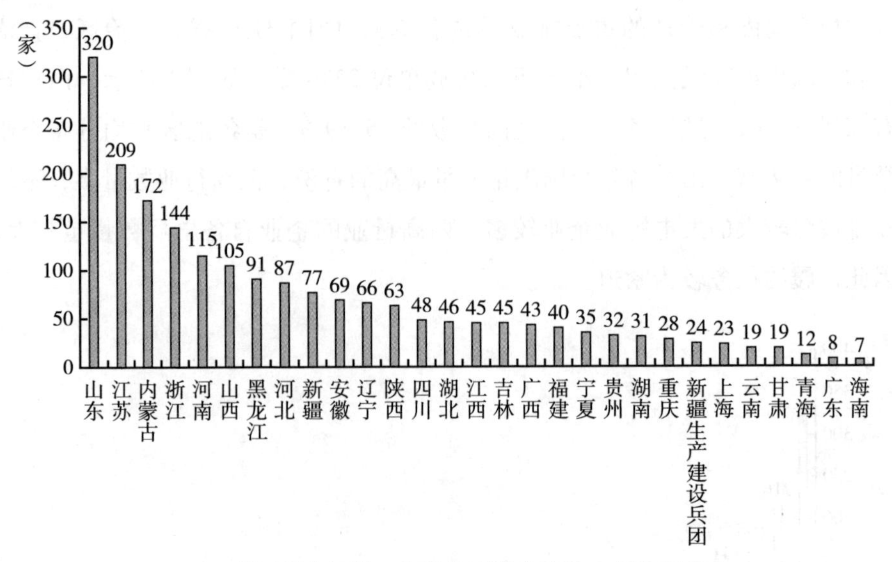

图 2　全国碳市场第一个履约周期应履约企业数量分布

资料来源：根据各省市生态环境厅官网数据整理。

全部在规定期限内完成额定履约任务。山东省重点排放企业实际履约量为 11.52 亿吨，占应履约总量 11.54 亿吨的 99.83%。山东省重点排放企业在全国碳市场累计成交额高达 45.98 亿元，在全国碳市场累计成交总额 79.08 亿元中占比为 58.14%。

（二）第二履约期

山东省 2021 年重点排放单位名录从 2019~2020 年重点排放单位名录中剔除 36 家企业，新增 43 家企业，比 2019~2020 年共增加 7 家，2021 年重点排放单位为 327 家。截至 2022 年 8 月，全国有 23 个省、直辖市和自治区公布了 2021 年应履约企业名录，共计 1894 家企业，山东省占比为 17.27%，数量仍为全国第一，比排名第二、三位的江苏省和内蒙古自治区分别多出 111 家和 147 家。（见图 3）。[①]

① 《19 省 1405 家全国碳市场企业名录》，《碳视野》2022 年 6 月 25 日。

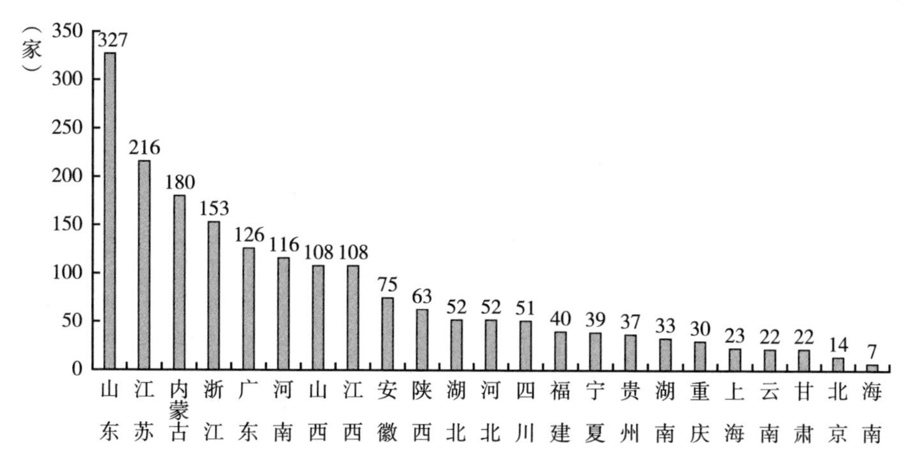

图3　全国碳市场第二个履约周期已公布企业数量分布（截至2022年8月）

资料来源：根据各省份生态环境厅网站数据整理。

二　山东省重点排放企业分布情况

2021年重点排放单位分布情况及与2019~2020年重点排放单位分布的对比情况如下。

（一）山东省重点排放企业类型

如图4所示，在纳入全国碳市场2021年重点排放单位的327家山东省企业中，有限责任公司有295家，所占比例高达90%。另外，全民所有制企业有2家，股份有限公司有30家。

股份有限公司中有5家企业为上市公司，6家企业由自然人投资或控股，台港澳与境内合资的企业有2家，外商投资企业分公司有6家，台港澳分公司有2家。

有限责任公司中有90家自然人投资或控股企业，7家台港澳与境内合资企业，6家中外合资企业，4家外商投资企业法人独资企业，3家国有控股企业，3家国有独资企业，2家外国法人独资企业，1家台港澳法人独资

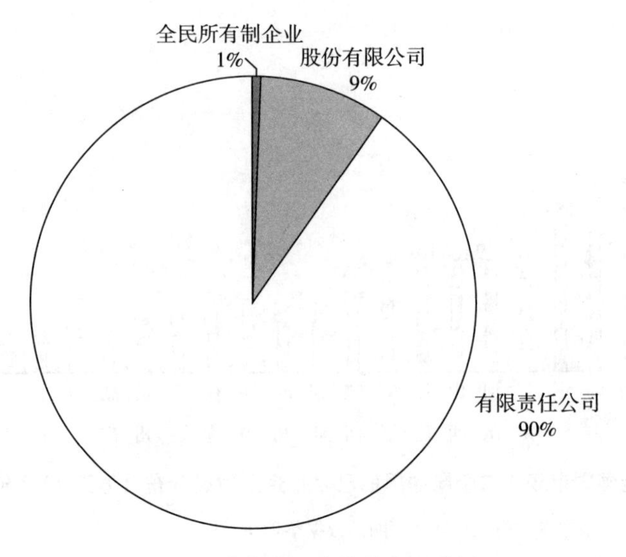

图4　山东省重点排放企业类型

资料来源：企业类型来自爱企查、天眼查等查询平台。

企业，1家中外合作企业，1家由外商投资企业投资，其余为境内非自然人投资的有限责任公司。

2021年重点排放单位名录在2019~2020年重点排放单位名录基础上新增了3家股份有限公司，其中有一家为上市公司。新增了40家有限责任公司，其中国有控股企业和台港澳与境内合资企业各1家。

2021年重点排放单位名录从2019~2020年重点排放单位名录中剔除了4家股份有限公司，其中3家为非自然人投资或控股的法人独资有限责任公司，1家为外商投资企业分公司。剔除了26家有限责任公司，其中有1家国有独资的有限责任公司和1家国有控股的有限责任公司。

（二）山东省重点排放企业的行业分布

山东省2021年重点排放企业属于电力、热力生产和供应业的有223家，属于其他行业自备电厂的有104家。其中，属于化学原料和化学制品制造业的有27家，造纸和纸制品业各有11家，有色金属冶炼和压延加工业有9

家，食品制造业有 6 家，农副食品加工业有 5 家，商务服务业、批发业、水的生产和供应业各有 4 家，非金属矿物制品业、金属制品、机械和设备修理业、酒、饮料和精制茶制造业、石油、煤炭及其他燃料加工业各有 3 家，居民服务业、科技推广和应用服务业、燃气生产和供应业各有 2 家，电气机械和器材制造业、纺织业、非金属矿采选业、公共设施管理业、化学纤维制造业、机动车、电子产品和日用产品修理业、开采专业及辅助性活动、生活服务业、零售业、生态保护和环境治理业、汽车制造业、医药制造业、橡胶和塑料制品业、资本市场服务、其他服务业和其他制造业各有 1 家。企业数量排名前三位的化学原料和化学制品制造业、造纸和纸制品业，以及有色金属冶炼和压延加工业均属于控制碳排放的重点行业（见图 5）。

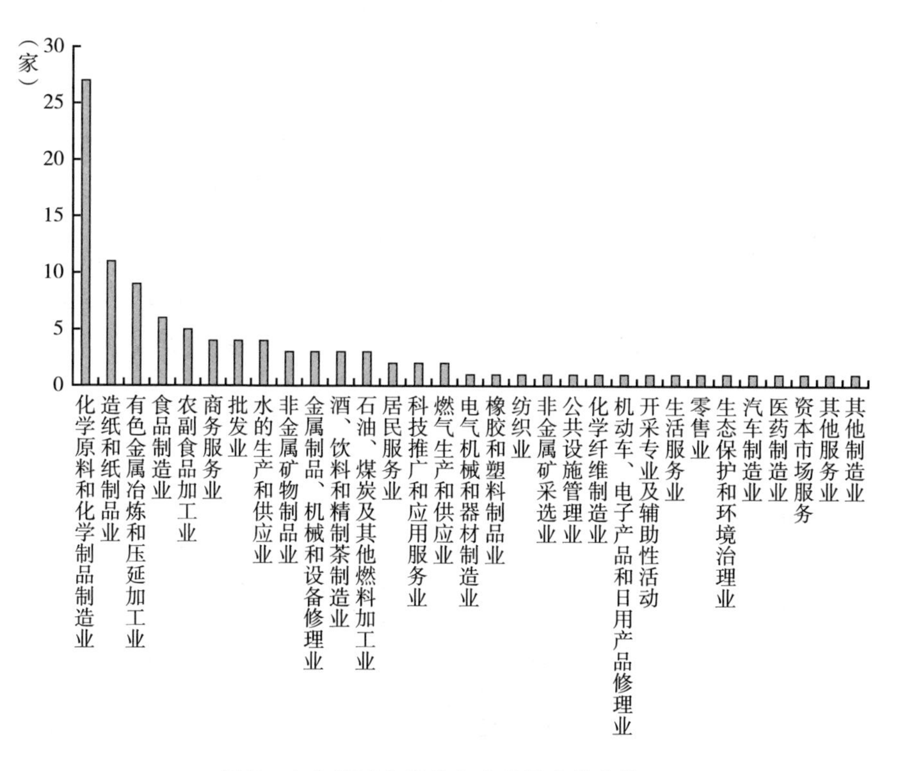

图 5　山东省重点排放企业的行业分布情况

资料来源：企业所属行业来自爱企查、天眼查等查询平台。

2021年重点排放企业比2019~2020年增加了电力、热力生产和供应业企业25家，化学原料和化学制品制造业企业4家，酒、饮料和精制茶制造业、造纸和纸制品业、有色金属冶炼和压延加工业企业各2家，商务服务业、农副食品加工业、食品制造业、批发业、非金属矿采选业、化学纤维制造业、水的生产和供应业、生态保护和环境治理业企业各1家。

2021年从2019~2020年名录中剔除了电力、热力生产和供应业企业23家，化学原料和化学制品制造业企业6家，批发业企业2家，居民服务业企业2家，造纸和纸制品业、农副食品加工业、木材加工和木、竹、藤、棕、草制品业企业各1家。

（三）山东省重点排放企业的区域分布

如图6所示，山东省各地市中拥有全国碳市场2021年重点排放企业数量最多的是滨州市，共有31家企业纳入重点排放单位名录，并列第二的是淄博市和潍坊市，均有30家企业纳入重点排放单位名录。坐落在临沂市、青岛市、烟台市、济宁市和泰安市的重点排放企业均超过20家。东营市和聊城市分别有19家，德州市和枣庄市分别有18家，菏泽市有15家，济南市有13家，威海市12家。日照市最少，只有7家重点排放企业。

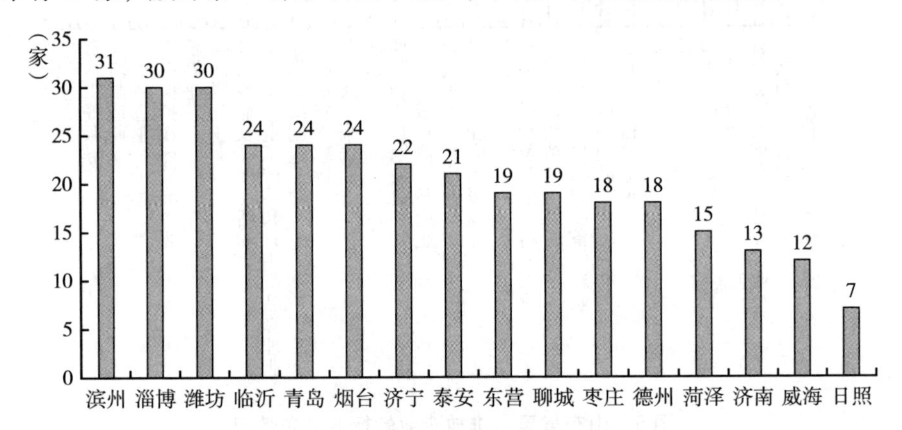

图6 山东省重点排放企业地区分布情况

资料来源：企业所属地区来自爱企查、天眼查等查询平台。

济南市2021年重点排放单位在2019~2020年重点排放单位名录基础上新增1家企业；青岛市新增3家企业，从2019~2020年名录中剔除2家企业；淄博市新增3家企业，剔除1家企业；枣庄市新增1家企业；东营市新增2家企业；烟台市新增4家企业，剔除4家企业；潍坊市新增4家企业，剔除5家企业；济宁市新增2家企业，剔除6家企业；泰安市新增2家企业，剔除3家企业；威海市新增2家企业，剔除4家企业；日照市剔除1家企业；临沂市新增8家企业，剔除3家企业；德州市新增2家企业，剔除1家企业；聊城市新增1家企业，剔除1家企业；滨州市新增3家企业，剔除3家企业；菏泽市新增5家企业，剔除1家企业。

三　山东省重点排放企业的碳市场交易情况

（一）山东省重点排放企业参与全国碳市场情况

在第一履约期内，山东省重点排放企业中有174家存在配额缺口，约占全省重点排放企业的54%。山东省重点排放企业在全国碳排放权交易市场集中统一交易配额的占比为60%~70%。占比为30%~40%的企业主要使用先进的大装机容量机组，减排措施得力，碳排放强度较低，企业自身履约能力强，没有参与全国碳市场集中统一交易。部分企业仍有剩余配额，但是没有在全国碳市场出售配额，一是因为有些企业参与排放权交易的积极性不足，二是因为有些企业预期未来碳价上升空间大，仍在观望市场动态，寻找更好的交易时机。

（二）山东省重点排放企业使用CCER抵销配额清缴情况

生态环境部于2021年10月26日发布《关于做好全国碳排放权交易市场第一个履约周期碳排放配额清缴工作的通知》，根据通知要求，重点排放单位可以自愿使用国家核证自愿减排量（CCER）抵销碳排放配额清缴，抵销比例不得超过应清缴碳排放配额的5%。如图7所示，在山东省纳入全国碳市场第一个履约周期的核定应履约企业中，开立 CCER 账户的有 145 家，占核定应履约企业的 45.31%。申请 CCER 抵销配额清缴的有 51 家，占核定应履约企业的 15.94%。申请抵销量共计 628 万吨，占核定履约量的 0.54%。

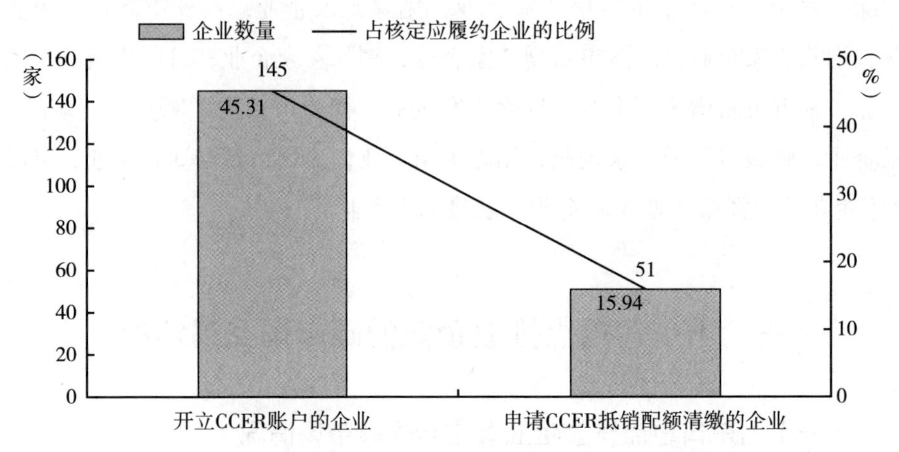

图 7　山东省重点排放企业开立 CCER 账户和申请抵销配额清缴情况

资料来源：山东省生态环境厅。

四　山东省控排企业参与全国碳交易市场的困难

（一）企业应对政策调整的能力有待提高

碳交易是 21 世纪的新生事物。世界上最早的碳市场是欧盟碳市场，自 2005 年启动，至今也不过 17 年的历史。中国从 2011 年开始进行碳排放权交易试点建设，2021 年开始建设全国碳市场，可遵循的经验不多，相关政策还在不断完善。山东省没有经过碳排放权交易试点建设，多数企业对碳排放相关政策了解甚少，不仅要学习现有的政策，还要不断关注政策调整，适应新的政策要求。

在第一履约期内，许多企业因为对元素碳样品留存和测试的政策要求理解不到位、对政策变化适应力不强而影响履约。元素碳含量是核算企业燃煤燃烧碳排放量的重要参数。生态环境部于2019年底发布的《关于做好2019年度碳排放报告与核查及发电行业重点排放单位名单报送相关工作的通知》（环办气候函〔2019〕943号）明确要求，对2019年没有开展燃煤元素碳含量实测的企业，单位热值含碳量按从国内近10种常见煤种的单位热值含碳量缺省值中数值最高的型煤的缺省值（33.56tC/TJ）计算，碳氧化率按100%计算。从2020年起，对于燃煤低位发热值缺省值将采用惩罚性缺省值。最高限值和实测值的差异为20%~30%，大量企业因为没有按规定进行实测而被以最高限值估计碳排放量，导致履约成本激增。也有许多企业因为缺少样品邮寄和取样记录、留存记录不完整、样品测试方法达不到规定流程要求等原因实测报告得不到认可。原来政策要求留存样品时长为3个月，后来调整为1年，虽然很多企业有检测报告，但是样本留存时间达不到规定时长，导致检测结果不予采纳。

（二）中小企业政策落实难度大

中小企业受资金投入、人员素质、资源配置等因素的限制，企业碳排放自查方法和设备、节能改造技术、碳资产知识、碳排放管理人员、碳市场交易技能等均存在不同程度的欠缺，甚至连相关政策都不能吃透，而且存在无力成立碳管理专业部门和相关工作人员流动性强等情况，对企业碳排放管理工作的连续性造成负面影响，降低工作效率。

（三）企业碳排放管理意识有待增强

大部分企业是被动地完成履约任务，不能深刻领会碳减排的重要意义，没有明确的碳管理意识，企业没有建立规范的碳管理制度，无法有效开展碳管理工作，到第一履约期末才通过碳市场购买碳配额以补足配额缺口，而此时碳价上涨，导致企业履约成本上升。

（四）碳市场交易中的困难

一是参与市场交易的企业信息不公开，给买卖双方带来不便，主要表现为参与挂牌交易后找卖方企业开发票难度较大，有些买方企业向税务部门寻求帮助，使卖方企业面临偷税漏税的嫌疑。二是从入金登记到这笔资金可用于碳市场交易的间隔时间较长，容易导致企业延误交易最佳时机。

（五）缺少“双碳”人才

对于多数企业来说，“双碳”、碳资产、碳市场等都是新鲜事物，没有懂“双碳”政策、碳资产管理、碳技术、流程管理的人才。煤电行业缺少“双碳”人才，新能源产业、可再生能源产业等新兴产业也缺少“双碳”人才，培养人才需要较长的周期，所以企业的涉碳工作基本都是在摸索中学习，严重影响企业降碳效率和碳市场运作效率。

五　山东省控排企业参与全国碳交易市场的经验

（一）企业主动尽责

部分在第一履约期表现优异的企业均具有较高的社会责任感和较强的市场前瞻能力，能够深刻领会碳减排的重要性，因此提前开展了碳减排工作，降低了履约成本。2021 年 7 月 28 日，全国碳市场交易开始 12 天后，济南兴泉能源有限公司低价买入碳配额，以较低成本完成了第一个履约周期的任务，并在此后通过连续性的碳市场交易活动获得收益。

在全国碳市场第一个履约周期内，中国石化集团资产经营管理有限公司齐鲁石化分公司的碳配额缺口超过 150 万吨，企业第一时间通过协议转让、挂牌交易等方式从碳市场购买配额，积极承担履约责任。一次性完成碳排放交易市场第一个履约周期配额履约清缴工作，共清缴配额 1600 余万吨。

（二）注重生产技术升级

近年来，山东省致力于推动企业生产向高端化、智能化、绿色化方向转型，推动规模以上工业企业技术改造全覆盖，打造世界级先进钢铁、高端铝业等产业集群。许多企业通过技术改造升级效果显著，节能减排降碳成绩斐然。

信发集团走在了企业绿色低碳转型的前列，通过技术创新发展循环经济，升级改造燃煤电厂，关停高能耗燃烧机组，建立健全碳资产数据采集、汇总、报送系统和碳资产管理与考核制度，积极推进节能减排，为其节煤降碳打下了坚实的基础。目前，信发集团能源、有色、化工、环保四大产业科学衔接，工序相连，环环相扣，支点筹划，实现了资源利用最大化，不仅为企业节约了大量的生产成本，奠定了信发集团在几个核心产品市场中的主体地位，也助其在全国碳市场创出佳绩。信发集团第一个履约周期的碳配额盈余总量为 1759 万吨，接收到全国碳市场第一个履约周期具体配额任务后，仅用一天就完成了配额清缴，第一个完成了履约任务。截至 2022 年 1 月 7 日，信发集团在全国碳市场的交易量为 1140 万吨，总交易金额为 5.89 亿元，占全国总交易量 6.40%，占总交易额的 7.67%。①

（三）建立和完善企业碳资产管理制度

企业设立专业的碳资产管理部门、制定规范的碳资产管理制度是提高碳资产管理和碳市场交易效率的重要保障。济南兴泉能源有限公司和信发集团在全国碳市场上的卓越表现与其在碳资产管理规章制度方面的建设是分不开的。

济南兴泉能源有限公司在被纳入第一个履约周期名录前就成立了碳足迹管理部，构建了专业的碳排放管理体系，制定了专门的“双碳”工作方案，积极推动碳减排项目。

信发集团从 2016 年就成立了碳资产管理小组，密切关注国家低碳政策，紧盯产业绿色低碳转型的风向标，通过小组自学、组织培训、赴 7 个碳市场试点省市的电厂学习交流等手段不断摸索经验，从碳排放体系入手，搭建各

① 《山东节能降碳走得快步子稳圆满完成配额清缴》，“潇湘晨报”百家号，2022 年 5 月 6 日，https://baijiahao.baidu.com/s?id=1732072998409370374&wfr=spider&for=pc。

层组织架构，完善各项相关管理制度和碳排放考核系统，培养员工考取碳资产管理师。历经两年时间，信发集团建立起了正规的碳资产管理制度规范。2018 年，信发集团正式成立碳资产管理中心。中心的主要工作和职责一是指导集团节能降碳；二是统筹集团参与全国碳市场交易；三是负责碳排放数据监测、元素碳的抽查化验等；四是开发 CCER 项目；五是每年多次抽查和督促各工厂的碳减排工作。碳资产管理中心严抓购进煤炭质量，提高化验数据准确性，并把元素碳自测纳入正规的碳管理制度和体系。2019 年，信发集团已经取得了中国计量认证（CMA）资质，并获得了中国合格评定国家认可委员会（CNAS）的认可，能够出具符合国家规定的元素碳含量检测报告。

六　助力企业履约的政策和政府服务

山东省生态环境厅先后多次组派调研团队去北京绿色交易所、湖北碳排放权交易中心、上海环境能源交易所学习碳交易工作经验，并积极主动对接全国碳市场交易启动和后续工作。山东省生态环境厅各部门不定期到各地市重点排放企业进行深入调研，摸排企业参与碳市场的情况、元素碳核查存在的困难等，收集问题、分析问题，探索解决问题思路和办法，积极为企业提供帮扶、督促和指导。

（一）强化培训指导和服务帮扶

首先，山东省生态环境厅和重点排放企业所在地区的各级生态环境管理部门主动上门解释相关国家政策，对重点排放企业进行一对一指导，培养重点排放企业的责任意识和自律性。

其次，组织培训来强化重点排放企业碳资产管理意识和能力，使重点排放企业碳资产管理人员准确了解碳市场交易规则、碳排放数据核算方法，及时了解国家政策变化动向，实现碳资产管理效益。针对企业存在的困难和问题，在全国碳市场开放前夕，山东省生态环境厅就组织了发电企业碳市场能力建设培训，重点排放企业详细了解了电力企业配额分配、碳排放权交易市场相关政策、注册和交易流程、碳排放数据核算方法、核查流程和碳资产管理等专业知识，有效提高了电力企业参与碳市场交易的能力，为促进其履约做出了充分的准备。

再次，指导重点排放企业积极参与碳市场交易，增强碳市场竞争力。为了有针对性地为企业答疑解惑，山东省发展改革委和生态环境厅为了应对气候变化多次组办专题研讨班，聆听业内知名专家讲授碳市场交易相关政策和要求，加强对“双碳”目标和工作的认识，提升碳市场交易的能力。山东省生态环境厅为了帮助重点排放企业完成第一个履约周期的配额清缴任务，组织召开全省发电行业重点企业配额履约清缴培训动员视频会议，聘请专家为重点排放企业培训碳交易和履约流程以及使用CCER抵销配额的方法。

最后，促进重点排放企业在生产过程和工艺等各个方面进行低碳技术改造与创新，鼓励跨行业合作，不断增强产业竞争力，形成和发展新业态。

（二）加强督促指导和质量监管

首先，为了进一步规范山东省发电行业重点排放单位碳排放管理工作，山东省生态环境厅应对气候变化处会同山东省质量技术审查评价中心有限公司组织编写《发电行业重点排放单位碳排放管理指导手册》，并于2022年3月印发了该指导手册。手册梳理了碳排放管理工作政策法规依据和具体标准方法，为发电行业重点排放单位做好碳排放数据管理、化石燃料燃烧排放数据和外购电力排放数据管理、生产数据、计量器具、实验室、信息公开等管理做出专业且详尽的指导，不仅有利于发电行业重点排放单位了解如何规范监测和核算每个环节的碳排放，做好碳排放数据过程管理，也为进一步加强发电行业非重点排放单位碳排放数据管理提供依据和指导，让碳核查机构、咨询机构、检验机构、计量机构从中得到技术支撑。手册进一步强化了发电行业碳排放数据过程管理的规范性，提高了碳排放数据的质量和可靠性。

其次，组织有关部门联合加强对第三方服务机构的监管，对碳排放数据

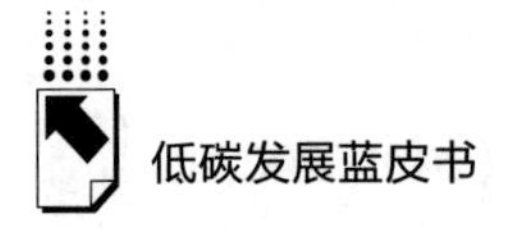

进行专项检查，确保碳排放检测、核查、咨询等工作的规范性，碳排放数据的真实性和准确性。

最后，健全碳排放统计监测体系。由山东省生态环境厅、统计局、市场监管局等单位组织建立覆盖重点领域的碳排放统计监测体系，布局建设省级二氧化碳监测评估中心和监测站，健全碳达峰、碳中和标准计量体系。

另外，规范环境影响评价专家从业行为，维护环评市场秩序。2022 年 7 月 14 日，山东省生态环境厅发布《关于加强环境影响评价专家管理的通知》，规范专家使用管理，严格对专家工作的监督和指导，健全专家考核与评价机制，加强宣传引导和警示教育。

（三）实施前置管理

2022 年，山东省生态环境厅组织成立 4 个小组复核山东省发电行业 2021 年度碳排放数据质量，引导和跟进全国碳市场第二个履约周期的工作，随时检查核查机构的工作情况和重点排放单位的履约情况，边核查边复核，及时发现企业履约过程中存在的隐患，并积极指导企业采取改进措施，提高问题的预见能力和预防能力。

（四）严控“两高”项目

对山东省来说，严格控制高耗能、高污染的“两高”行业盲目发展是控制二氧化碳排放的核心手段。在第二个履约周期伊始，为了促进“两高”行业节能改造和控制碳排放，山东省出台了一系列政策来加大对“两高”行业的监管力度（见表 1），助推企业绿色低碳转型升级。

表 1　山东省“两高”行业政策

发布时间	文件名称
2022 年 5 月 16 日	《全省“两高”行业能效改造升级实施方案》
2022 年 5 月 16 日	《全省“两高”行业监督检查体系建设方案》
2022 年 5 月 16 日	《全省“两高”行业电子监管平台建设方案》

续表

发布时间	文件名称
2022 年 5 月 12 日	《山东省人民政府办公厅关于推动“两高”行业绿色低碳高质量发展的指导意见》
2022 年 4 月 29 日	《山东省高耗能高排放建设项目碳排放减量替代办法(试行)》
2022 年 1 月 29 日	《关于坚决遏制“两高”项目盲目发展促进能源资源高质量配置利用有关事项的通知》

资料来源：山东省人民政府、山东省发展改革委和山东省生态环境厅网站。

（五）提高绿色金融服务水平

为了支持企业开展碳排放权交易，山东省人民政府印发的《绿色低碳转型 2022 年行动计划》提出，山东省内参与全国碳排放交易的企业可凭其碳排放权进行抵质押融资担保，山东省绿色贷款余额快速增长，为企业积极参与全国碳市场交易提供帮助。

在省政府的领导下，山东省各地市积极支持绿色金融发展。济南市碳排放权抵质押贷款的规范化、标准化、规模化程度不断提高，在全国率先出台了生态环保领域的省级金融支持政策。青岛市开发了数字人民币碳普惠平台“青碳行”，推出“碳中和”主题理财产品，为企业发放湿地碳汇贷、茶园碳汇贷和植被修复碳汇贷，走在了相关领域全国最前列。威海市的《关于发展绿色金融服务生态文明建设和高质量绿色发展的实施意见》和《绿色贷款统计操作指引（试行）》极大优化了绿色金融环境，签订了全国首单渔业碳汇指数保险和海洋碳汇指数保险，发放了全国首例海洋碳汇贷款，实施了山东省首批再贷款减碳引导项目。临沂市多部门联合出台政策，重金奖励银行发展绿色金融业务。

为了有效推进碳排放服务体系建设，促进碳金融发展，吸引更多资金助力实现“双碳”目标，山东省积极组织开展气候投融资试点申报工作。2022 年 8 月 10 日，山东省西海岸新区被列入生态环境部公布的气候投融资试点名单，成为全国首批气候投融资试点之一。接下来，山东省将重点支持

济南市发挥自身优势、开展碳金融创新、提高项目投融资效率，积极申报下一批国家气候投融资项目。

（六）积极帮助企业应对涉碳贸易壁垒

碳关税、碳标签、碳足迹成为发达国家制造新型贸易壁垒的手段，为了提升包括电力企业在内的高碳企业应对涉碳贸易壁垒的能力，山东省采取了一系列措施。

《山东省"十四五"应对气候变化规划》提出，要针对重要外贸产品探索建立全生命周期碳足迹追踪体系，建立完善碳足迹评价体系，鼓励企业开展供应链产品碳足迹评价，努力打造绿色低碳供应链。济南、青岛等进出口贸易体量大且条件较好的地市率先开展低碳商业、低碳旅游、低碳产品试点。

山东省市场监管局通过组织专家组调研、开展专题培训和主题讲座以及走进企业等方式，为企业进行碳关税、碳足迹、欧盟碳边境调节机制等相关知识的培训，帮助企业规范"双碳"标准化工作，制定应对技术性贸易的措施。

2021 年 1 月 13 日，邹平市的山东创新集团启动了"企业碳标签"项目，集团将在产品标签上标示生产中的温室气体排放量，该做法不仅为集团国际发展打通了航道，也优化了生产结构，推动了技术升级。这是中国第一个企业碳标签项目，在全国树立起产业绿色发展新航标。

（七）加强碳市场人才培养

2020 年 11 月 21 日，山东财经大学成立中国国际低碳学院。2021 年 7 月 13 日，山东师范大学成立碳中和研究院。2022 年 6 月 9 日，山东石油化工学院成立碳中和现代产业学院。2022 年 6 月，山东省低碳发展联盟成立，各高等院校、科研院所成为联盟单位。高校在碳交易人才培养、碳资产管理专业建设等方面正在加快脚步，为山东省碳市场建设贡献人才力量。

B.7
电力企业参与全国碳市场报告（2021～2022）

张 文　李青召　段瑞凤　周可欣　刘玉玺*

摘　要： 我国电力碳排放量占国家总体碳排放量的比重接近50%，推动发电行业绿色转型是实现碳达峰、碳中和目标的重中之重，且发电行业管理制度相对健全，工作流程相对简单，二氧化碳排放易核算，是各国碳市场优先纳入的行业。2021年7月16日，全国碳排放权交易市场（以下简称“全国碳市场”）正式启动，首批纳入2225家发电行业重点排放单位，覆盖二氧化碳排放量约45亿吨。基于以上现实背景，本报告通过实地调研与数据统计，分区域与行业对企业参与全国碳市场交易的情况展开分析，总结企业交易与履约特征，分析优秀企业案例，为电力企业应对交易困难提出如下对策建议：积极扭转思想意识，提升政策分析能力，成立专业碳资产管理公司，加强碳资产管理信息化建设，积极参与并推动碳金融创新。

关键词： 电力企业　碳资产管理　全国碳市场

* 张文，龙源（北京）碳资产管理技术有限公司，主要研究领域为交易风控与实践；李青召，山东财经大学统计与数学学院讲师，主要研究领域为宏观经济计量、金融计量、低碳经济；段瑞凤，山东财经大学工商管理学院硕士研究生，主要研究领域为低碳经济与管理；周可欣，山东财经大学工商管理学院硕士研究生，主要研究领域为低碳经济与管理；刘玉玺，山东财经大学工商管理学院硕士研究生，主要研究领域为低碳经济与管理。

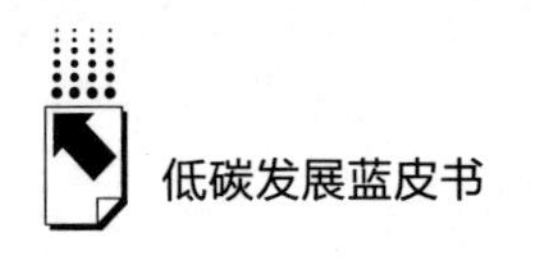

一 首批纳入企业情况

按照《全国碳排放权交易市场建设方案（发电行业）》的要求，生态环境部确定了发电行业重点排放单位为全国碳市场第一个履约周期首批参与主体。

2020 年 12 月 29 日，生态环境部印发了《纳入 2019—2020 年全国碳排放权交易配额管理的重点排放单位名单》（以下简称《重点排放单位名单》），确定 2019~2020 年发电行业重点排放单位共计 2225 家，其中除了以火力发电为主业的电力企业（包含热电联产的企业），还包括化工、钢铁、有色等其他行业企业的自备电厂。

（一）纳入原因分析

生态环境部确定发电行业重点排放单位为全国碳市场第一个履约周期首批参与主体的原因有二。

一是发电行业直接烧煤，二氧化碳排放量占比较高，为有效发挥碳市场控制温室气体排放的机制作用，应该优先把发电行业列入控排名单。全球实时碳数据网站数据显示，我国 2021 年碳排放量按行业统计，发电行业和化工行业仍是目前我国最大碳排放来源，二者占比为 79%（见图 1）。IEA 报告也显示，2020 年我国电热生产部门碳排放量占全国碳排放量的 53.04%，超过全球 41.84%的平均水平。造成这一结果的主要原因为，煤炭在我国能源结构中占据主导地位。统计局数据显示，2021 年发电结构中火电占比 68%，水电、风电、核电、光伏分别占 16%、7%、5%、4%（见图 2），目前我国的电力生产以火电为主，发电利用的可燃物为传统的化石能源，其中主要是动力煤。

二是目前碳排放核算是由源头倒推，不是由末端测浓度，而发电行业管理制度相对健全，且发电行业工艺相对简单明了，排放核算难度不大。要开展碳排放交易，就需要准确地核算碳排放和配额计算数据。发电行业工艺流程相对简单，产品仅为电和热，核实难度不高，配额分配方案制定和计算相对易行。发电行业二氧化碳排放主要来自燃料燃烧，而发电行业燃料数据的

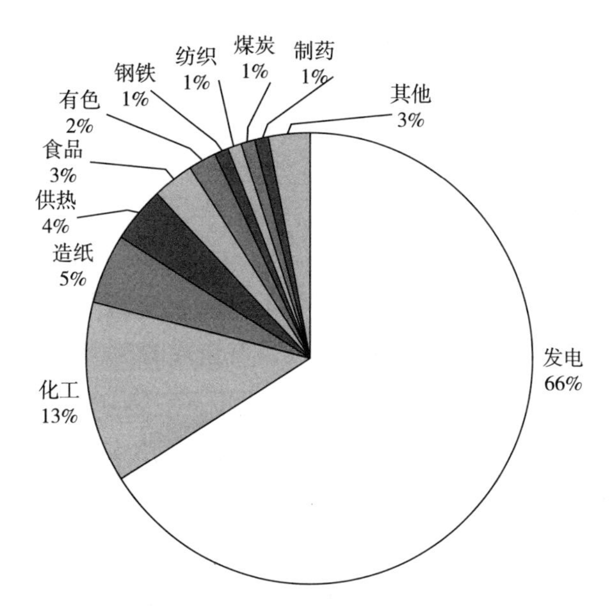

图 1　2021 年中国分行业碳排放占比

资料来源：根据全球实时碳数据网站数据整理。

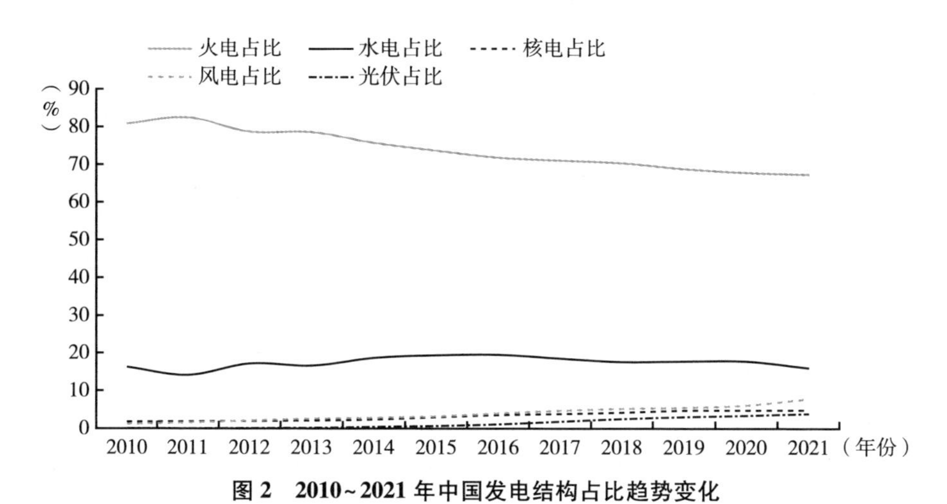

图 2　2010~2021 年中国发电结构占比趋势变化

资料来源：根据统计局数据整理。

计量设施完备，整个行业的自动化管理程度高，数据管理规范，从燃料端倒推排放的计算原理和逻辑可行。再者从国外主要碳市场发展历程来看，发电行业都是各国碳市场优先选择纳入的行业。

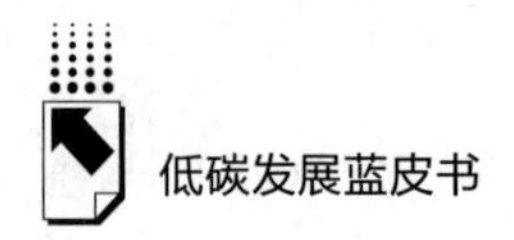

（二）纳入企业分布情况分析

1. 总体分布情况分析

（1）省区市分布情况

从生态环境部公布的纳入2019～2020年全国碳排放权交易配额管理的重点排放单位名单中可以看出，山东以338家位居各省区市之首，占所有企业的15.19%；江苏以216家居次席，占所有企业的9.71%。随后依次为内蒙古168家，浙江141家，河南120家（见图3）。排在前十的有山东、江苏、内蒙古、浙江、河南、山西、黑龙江、河北、广东和新疆，企业合计为1444家，约占全部企业的64.9%[①]（见图4）。进一步来看，北方省区市参与全国碳交易市场的企业占所有企业的60%，这与北方水资源紧缺，冬天集中供暖有直接的原因，火力发电企业往往是热电联产，利用火力发电的余热进行城市集中供暖。相比之下，南方省区市参与全国碳交易市场的企业在数量上要低于北方，主要原因是南方水电资源丰富，且不存在冬季集中供暖的情况。另外，从企业分布情况可以看出，纳入企业数量超过100家的省区市中，山东、江苏、浙江和河南是地处东部沿海地区、较为发达、工业化程度较高的省份，因此无论是发电企业数量还是装机容量，在国内都是最高的。内蒙古和山西位于中国北部和西北部，虽在工业化进程中相对落后，但拥有丰富的煤矿资源，因此发电企业数量和装机容量也比较高。

（2）企业类型分布情况

首批纳入全国碳市场的电力企业大部分是中国华能集团有限公司、国家电力投资集团有限公司、中国大唐集团有限公司、国家能源投资集团有限责任公司和中国华电集团有限公司等国内主要发电集团下属的电力企业，其中五大电力集团所属被纳入企业占全国重点排放单位的比例超过25%（见图5）。

---

① 尽管第二履约期的控排企业名称和数量有所微调，但整体不影响区域和行业比例，且第二履约期改为两年一履约，目前还离履约结束有一年之余，难以做准确分析，因此本部分主要以第一履约期控排企业作为分析对象。

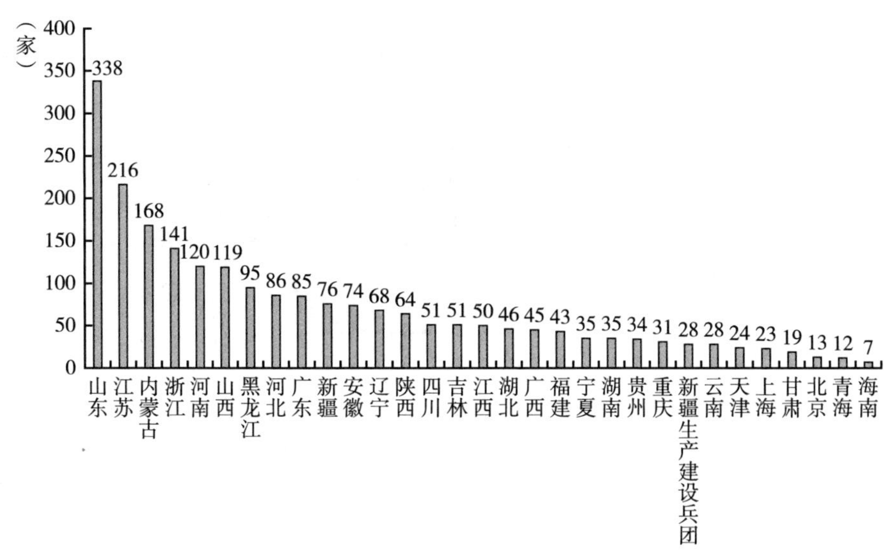

图 3　全国碳市场电力企业省区市分布

资料来源：根据生态环境部《纳入 2019—2020 年全国碳排放权交易配额管理的重点排放单位名单》整理。

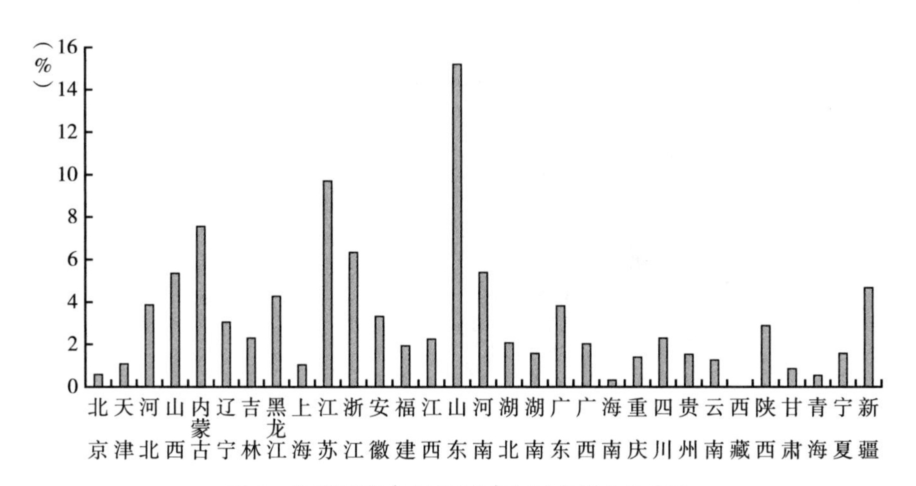

图 4　各省区市参与全国碳交易市场企业占比

资料来源：根据生态环境部《纳入 2019—2020 年全国碳排放权交易配额管理的重点排放单位名单》整理。

另外，除以发电为主业的企业外，还有化工、造纸、供热、食品等其他行业的自备电厂也纳入重点排放单位范围，占比达到了 34%（见图 6）。

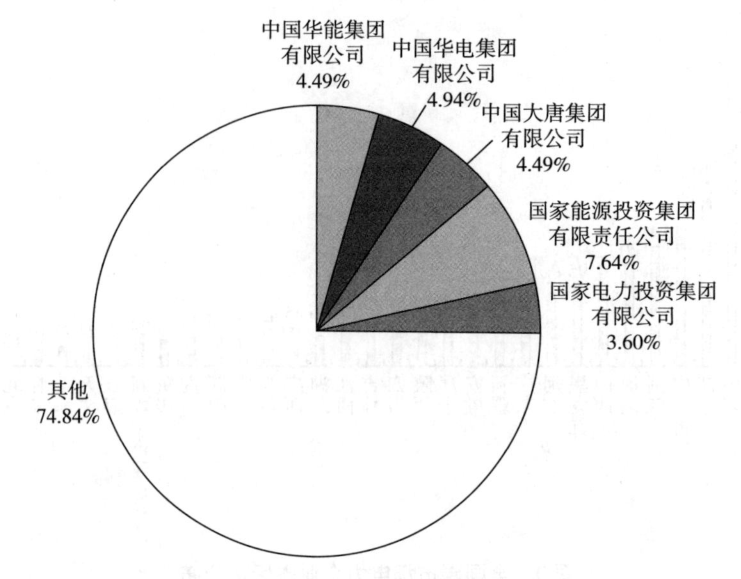

图 5　五大电力集团纳入企业所占百分比

资料来源：根据生态环境部《纳入 2019—2020 年全国碳排放权交易配额管理的重点排放单位名单》整理。

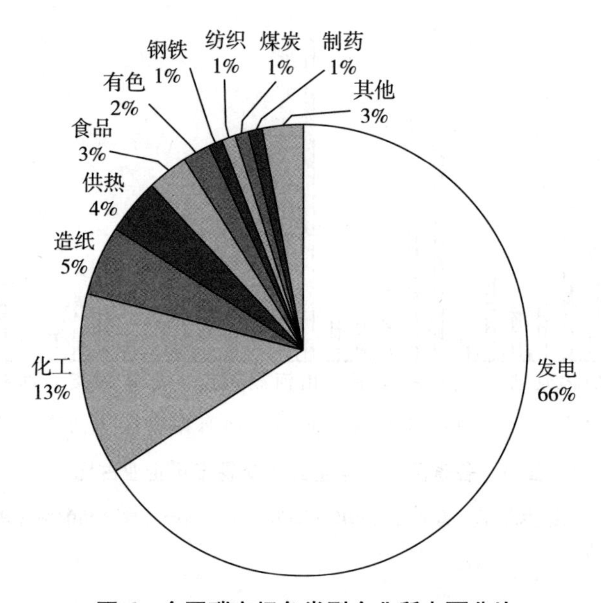

图 6　全国碳市场各类型企业所占百分比

资料来源：根据生态环境部《纳入 2019—2020 年全国碳排放权交易配额管理的重点排放单位名单》整理。

2. 中央企业分布情况分析

中央企业（下文简称“央企”）作为国资委直属单位，是全国碳市场的主要参与者，实行垂直化管理，有着雄厚的经济实力和遍布全国的二级和三级单位，最终形成庞大的集团公司。集团公司及其众多分支机构，使央企碳市场主要以各省区市分公司独立法人的形式参与到全国碳市场中。其中，第一履约期共有约485家央企及其分支机构（子公司）参与了全国碳市场交易，占总体交易企业数量的21.8%，其中包括中国华能集团有限公司、中国大唐集团有限公司、中国华电集团有限公司、国家电力投资集团有限公司、国家能源投资集团有限责任公司下属单位407家，约占参与全国碳市场所有央企下属单位的84%。央企在全国碳市场的数量和履约规模上占据重要地位，在我国重工业行业绿色低碳转型进程中也承担着行业“领头羊”及推动者的重要作用。因此，有必要对央企在全国碳市场上的表现进行深度分析，进而掌握其存在的显著优势、特点，以及未来需要进一步提升的途径与相应举措。

（1）央企分布总体情况

从央企参与全国碳交易市场的总体情况来看，共有485家国有企业及其分支机构（子公司）在第一个履约期参与了全国碳市场，约占交易企业总数的21.8%。其中中国华能集团有限公司、中国大唐集团有限公司、中国华电集团有限公司、国家电力投资集团有限公司、国家能源投资集团有限责任公司（由中国国电集团公司和神华集团有限责任公司合并而来）合计407家，约占碳市场所有央企的83.9%。剩余的央企如华润（集团）有限公司、中国铝业集团有限公司和中粮集团有限公司等合计78家，约占所有央企的16.1%。央企中的电力企业参与全国碳市场占据绝对主力地位。而其他央企参与碳市场主要原因在于部分企业由于业务关联而存在自营电力企业。

（2）央企区域分布情况

本部分主要从空间区位上和央企行业特征两个方面，对参与全国碳市场的央企进行分析。在正式分析之前，先对参与全国碳市场的央企数量和占比的数字特征进行统计分析，这有助于对央企在我国各省区市内的分布数量和占比形成直观认知。从表 1 的结果来看，央企数量在各省区市中分布的数量均值为 15.65，方差为 10.73，最小值为 0.00，最大值为 40.00；央企各省区市占比均值为 26.70，方差为 12.25，最小值为 0.00，最大值为 57.14。从统计结果来看，央企数量和占比在各省区市均表现出较大差异。

表 1　中国 31 个省区市国有企业参与全国碳市场的数量和占比统计

变量名	样本数量	均值	方差	最小值	最大值
数量	31	15.65	10.73	0.00	40.00
占比	31	26.70	12.25	0.00	57.14

资料来源：根据生态环境部发布的《纳入 2019—2020 年全国碳排放权交易配额管理的重点排放单位名单》整理。

为了进一步分析我国央企参与全国碳市场的区域空间分布，本文对我国 31 个省区市央企的空间区位进行分析。首先利用四分位法对各省区市央企参与全国碳市场的企业数进行划分，从表 2 中可以看出，央企数量为 23~40 家的省区共计 8 个，分别是新疆、内蒙古、河北、山西、山东、陕西、江苏和河南。这些省区均分布在我国北方地区，并集中在北京、天津两个直辖市周边。这在一定程度上证明了北方的确对传统化石能源的依赖程度总体超过南方，与区域间资源禀赋的差异有直接关系。同时，考虑到北京和天津两个直辖市电力资源匮乏，主要由周边省份供给，这也导致北方央企能源供应责任大，参与碳市场的企业数量较多。从表 2 中还可以看出：央企数量为 14~22 家的省份包括黑龙江、吉林、辽宁、浙江、江苏、江西、湖北和湖南。从区位上看，以东三省和长江中下游区域为主。而数量为 8~12 家的省区市为天津、甘肃、宁夏、云南、重庆、贵州、广西、广东和福建。最后央企数量为 0~6 家的为北京、上海、青海、四川、海南和西藏。由北京和上海两个直辖市，以及水利资源丰富的青海、四川、西藏以及海南构成。

表2　中国31个省区市央企参与全国碳市场四分位

企业家数	23~40家	14~22家	8~12家	0~6家
省区市名称	新疆、内蒙古、河北、山西、山东、陕西、江苏和河南	黑龙江、吉林、辽宁、浙江、江苏、江西、湖北和湖南	天津、甘肃、宁夏、云南、重庆、贵州、广西、广东和福建	北京、上海、青海、四川、海南和西藏

资料来源：根据生态环境部发布的《纳入2019—2020年全国碳排放权交易配额管理的重点排放单位名单》整理。

从以上碳市场央企区位分布整体情况来看，陕西、山西、内蒙古、河北、山东参与全国碳交易市场的央企最为集中。水资源丰富的西南地区（云南、贵州、重庆、四川），央企分布最少。如果按照东、中、西部地区的划分来看，东、中部地区央企参与碳市场的数量较多，而西部地区参与数量较少。这与我国资源区位空间分布具有较为直接的关系，形成“靠山吃山靠水吃水”的能源结构差异化格局。另外，从南北方气候特点来看，北方冬季集中供暖也导致区域空间上参与碳市场的央企主要集中在北方省区市。

图7刻画了我国31个省区市央企参与全国碳市场的企业数量。江苏、山东、河南分别以40家、39家和36家位居前三，新疆、河北、山西、内蒙古、陕西、

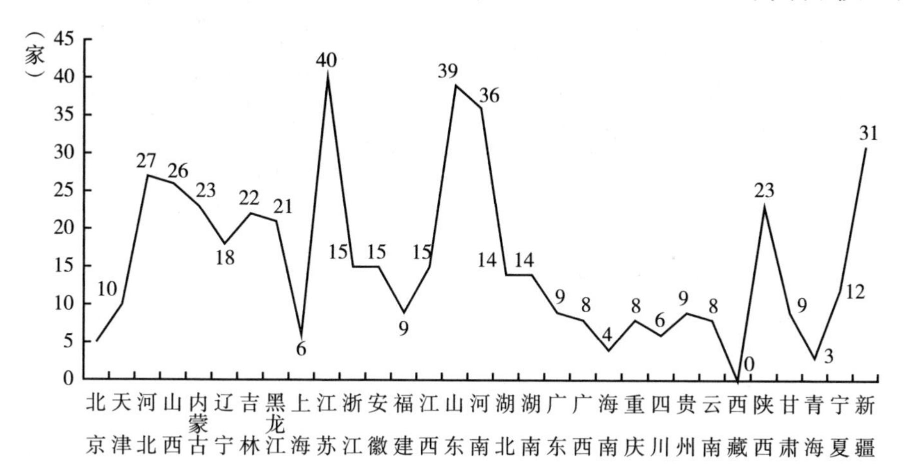

图7　中国31个省区市央企参与全国碳市场企业数量

资料来源：根据生态环境部发布的《纳入2019—2020年全国碳排放权交易配额管理的重点排放单位名单》整理。

吉林、黑龙江依次以31家、27家、26家、23家、23家、22家、21家分居第四到第十位。排名前十的省区市，合计有288家央企参与全国碳市场，占全部央企的6成，表现出很强的集中度。央企参与全国碳市场数量排名前十的省区市除江苏外，其余均属于北方地区，凸显了北方央企在全国碳市场的地位。“北煤南水”的能源格局在全国碳市场中表现尤为突出。

从图8中可以看出，央企数量占本省区市所有企业数量等于或超过40%的有吉林（43.14%）、海南（57.14%）、甘肃（47.37%）和湖南（40.00%）四省。相比之下，企业参与全国碳市场数量排名前四的省区：山东、江苏、内蒙古和浙江，其央企占比分别为11.54%、18.52%、13.69%和10.64%，远低于平均值26.70%。央企作为全国碳市场的重要组成部分，在数量上并没有占绝对优势。

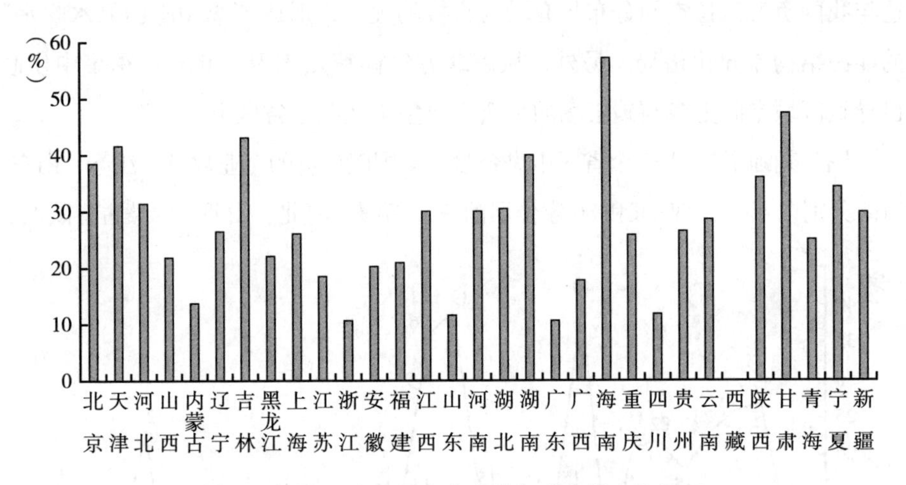

图8　中国31个省区市央企参与碳市场占比情况

资料来源：根据生态环境部发布的《纳入2019—2020年全国碳排放权交易配额管理的重点排放单位名单》整理。

（3）央企行业分布特征

尽管生态环境部给出的企业名单主要是电力企业，但是进一步挖掘各家央企的主营业务，可以发现参与全国碳市场的央企主要为中国华能集团有限公司、中国大唐集团有限公司、中国华电集团有限公司、中国石油化工集团有限公司、华润（集团）有限公司、中国中煤能源集团有限公司、国家电力投资集团有限公司、国家能源投资集团有限责任公司、中国铝业集团有限公司、中国石油天然气集团有限公司、中国第一汽车集团有限公司、中粮集团有限公司、中国盐业集团有限公司以及中国电力建设集团有限公司14家央企，占国资委网站公布的98家央企的14.3%。除中国华能集团有限公司、中国大唐集团有限公司、中国华电集团有限公司、国家电力投资集团有限公司和国家能源投资集团有限责任公司主营业务涉及火力发电外，其余9家央企的主营业务均未涉及火力发电，但因相关业务需要而拥有自备火力发电厂。14家央企中，国家能源投资集团有限责任公司以125家分支机构位居榜首，中国大唐集团有限公司、中国华电集团有限公司、中国华能集团有限公司、华润（集团）有限公司、国家电力投资集团有限公司分别以91家、89家、84家、27家、18家居第二、三、四、五、六位。中国中煤能源集团有限公司、中粮集团有限公司、中国盐业集团有限公司、中国石油天然气集团有限公司、中国铝业集团有限公司、中国石油化工集团有限公司、中国电力建设集团有限公司、中国第一汽车集团有限公司分别有11家、10家、8家、8家、6家、5家、2家、1家分支机构（见图9）。从企业类型来看，以发电业务为主的央企占据全国碳市场的主要地位，约占所有央企数量的80%，而剩余央企约占20%。

3.民营企业分布情况分析

民营企业作为我国碳市场的重要参与方，在全国碳市场中占有举足轻重的地位。仅就数量来看，被纳入全国碳市场的民营企业有860家，多于央企和国企，约占全部参与企业的39%。但被纳入碳市场的民营企业情况与央企所呈现的特征是否有差异？具体区别在哪里？这就需要进一步做调查和比较研究。

（1）民企分布总体情况

对生态环境部公示的企业名单进行筛选，共有860家民营企业参与全国碳市场，约占所有参与全国碳市场企业的39%。民营企业作为全国碳市场的主要参与者，参与数量高于央企和国企。如图10所示，全国31个省区市参与全国碳市场的民企数量中，山东、江苏和浙江三省位居前三，合计有

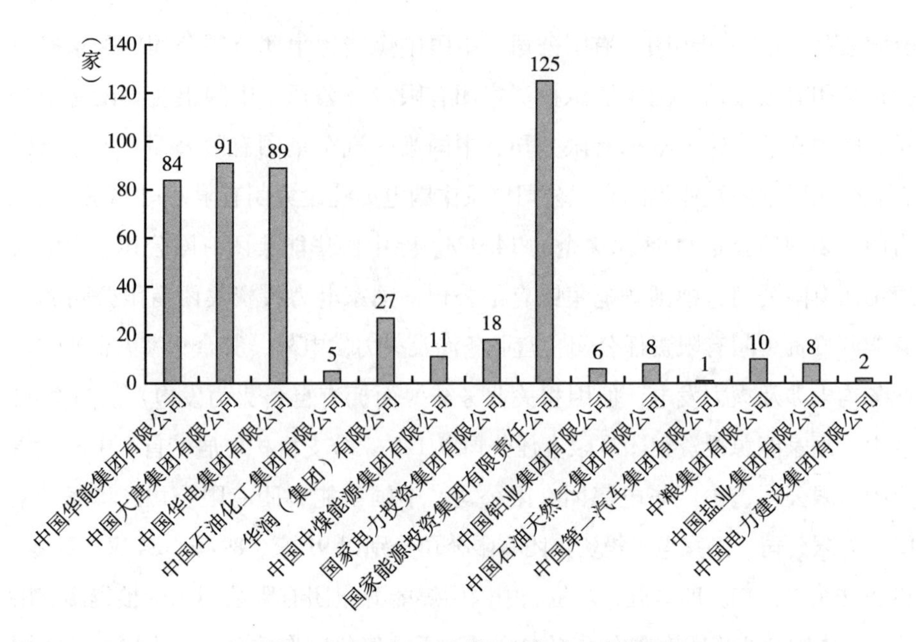

图9　央企参与全国碳市场分支机构数量

资料来源：根据生态环境部发布的《纳入 2019—2020 年全国碳排放权交易配额管理的重点排放单位名单》整理。

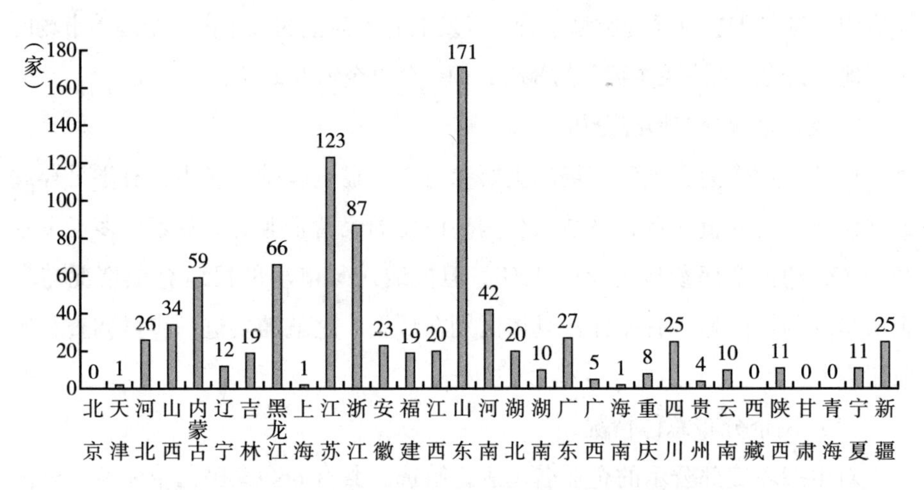

图10　中国31个省区市民营企业参与全国碳市场数量

资料来源：根据生态环境部发布的《纳入 2019—2020 年全国碳排放权交易配额管理的重点排放单位名单》整理。

381 家民营企业，约占全部民营企业数量的 44%。黑龙江、内蒙古、河南分别以 66 家、59 家和 42 家位居第四、第五和第六。北京、西藏、甘肃、青海四地无民营企业参与全国碳市场，全部为央企和国有企业。从统计结果来看，我国 31 个省区市民营企业参与全国碳交易市场的企业分布较不均衡。

图 11 显示了我国 31 个省区市民营企业参与全国碳市场的占比情况。从中可以看出，民营企业占比排名前三的省份为山东、江苏和浙江，占比分别为 19.88%、14.30%和 10.12%

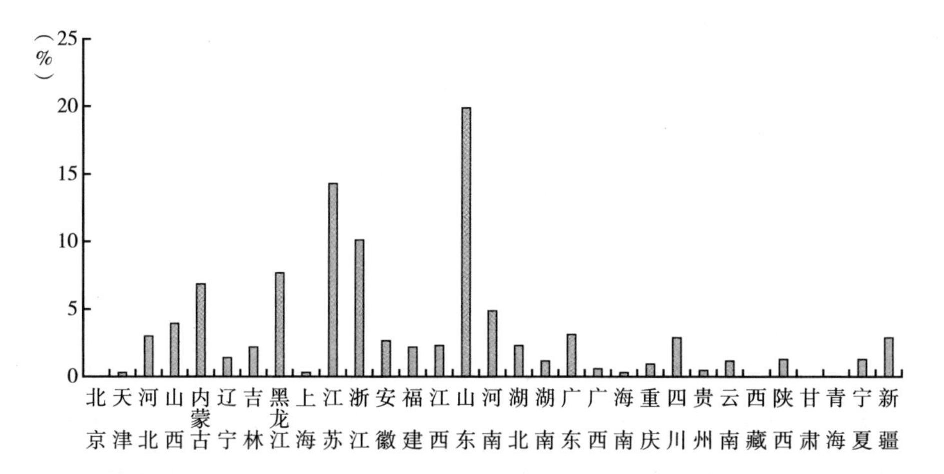

图 11 中国 31 个省区市民营企业参与全国碳市场企业数量占比情况

资料来源：根据生态环境部发布的《纳入 2019—2020 年全国碳排放权交易配额管理的重点排放单位名单》整理。

（2）民企区域分布情况

为了清晰描述我国民营企业的区域分布情况，将我国 31 个省区市民营企业参与全国碳市场的情况按照四分位划分，具体结果如表 3 所示。我国民营企业参与全国碳市场数量为 27~171 家的省区主要有山西、内蒙古、黑龙江、江苏、浙江、山东、河南、广东，以北方省区和东部经济强省为主。参与全国碳市场民营企业数量为 19~26 家的省区主要有河北、吉林、安徽、福建、江西、湖北、四川和新疆，以东中部省区为主。参与全国碳市场民营企业数量为 5~12 家的省区市主要有辽宁、湖南、广西、重庆、云南、陕西、宁夏。参与全国碳市场民营企业数量为0~4家的省区市主要有北京、天津、上海、海南、贵州、西藏、甘肃、青海。综合该结果，我国31个省区市中，民营企业参与全国碳市场依旧表现出北多南少的趋势，在经济区位上也是东中部省区市企业数量较多，西部省区市企业数量较少。这与央企在地理位置分布上的特点基本一致。

表3　中国31个省区市民营企业参与全国碳市场四分位

企业数量	27~171家	19~26家	5~12家	0~4家
省市名称	山西、内蒙古、黑龙江、江苏、浙江、山东、河南、广东	河北、吉林、安徽、福建、江西、湖北、四川和新疆	辽宁、湖南、广西、重庆、云南、陕西、宁夏	北京、天津、上海、海南、贵州、西藏、甘肃、青海

资料来源：根据生态环境部发布的《纳入2019—2020年全国碳排放权交易配额管理的重点排放单位名单》整理。

（3）民企行业分布特征

根据纳管民营企业名录的分析可得，参与碳市场交易的企业在行业分布上呈现比央企更加多元化的特征。其主要集中在电力、热力生产和供应业，化学原料和化学制品制造业，造纸和纸制品业，有色金融冶炼和压延加工业以及农副产品加工业等细分行业。从数量上看，共有约510家民营企业从事电力、热力生产和供应，占所有民营企业的比重约为60%。其他40%均为分布在不同行业内的企业自备电厂。其中，化学原料和化学制品制造业的企业数为76家，占比约为9%；造纸和纸制品业的企业数为85家，占比约为10%；有色金融冶炼和压延加工业的企业数为32家，占比约为4%；农副产品加工业的企业数为27家，占比约为3%；医药制造业的企业数为52家，占比约为6%。与央企相比，民营企业参与全国碳市场的细分行业更多，造纸和纸制品业、化学原料和化学制品制造业是除电力行业外，民营企业中参与全国碳市场企业数量较多的行业，合计占到民营企业数量的20%，之后是医药制造业。

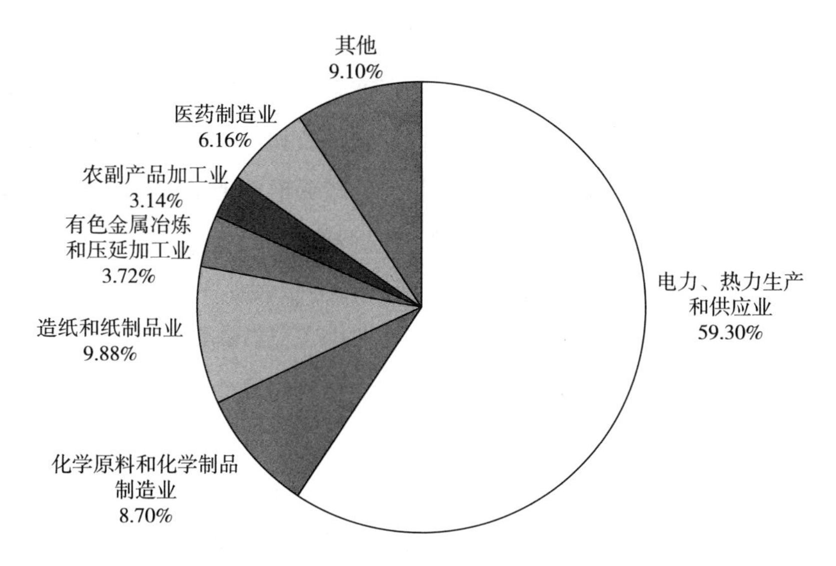

图 12　民营企业参与全国碳市场的分布特征

资料来源：根据生态环境部发布的《纳入 2019—2020 年全国碳排放权交易配额管理的重点排放单位名单》整理。

二　企业参与交易情况分析

2021 年 7 月 16 日，全国碳排放权交易市场正式启动上线交易。因部分电力企业仍在地方试点市场进行交易履约，所以全国碳市场启动首年交易的企业数量与《重点排放单位名单》存在一定差异。全国碳市场首个履约周期开户企业数量为 2225 家，且仅有发电行业参与全国碳市场首个履约周期的交易履约。

从上文两类企业的行业和地域分布特征分析中不难发现，资源禀赋和传统能源结构的区域差异决定了第一批加入全国碳市场的企业多数居于北方地区。这意味着北方地区相对南方地区在低碳转型方面面临更大的压力与挑战。而这种压力首先会传导到碳排放总量和碳排放强度相对较高的控排企业，尤其是体量大、拥有电厂和自备电厂数量较多的央企。与此同时，作为国民经济“压舱石”的头部企业，央企还具有推动我国“双碳”战略目标

顺利实现的责任。因此，在压力与责任的双重传导下，央企普遍在企业内部碳数据管理、碳管理信息平台建设、碳资产管理、碳交易管理等方面布局较早，不少央企都已建立企业内部的碳资产管理公司，可以有效确保碳交易数据测算相对完整，并通过内部交易和管理，较为准确地进行碳配额盈缺情况评估，有效确保集团公司整体在配额履约型的碳市场上占据有利地位。当然，民营企业中也有走在行业前列的低碳转型“领头羊”企业。但整体而言，在交易过程中准备相对不够充分的企业中，民营企业比重较大，尤其是少量中小型民营企业表示碳排放权配额有缺口，需要通过碳交易市场购买配额完成履约。

如果抛开企业性质，只看区域分布的话，在非试点市场区域内的企业，相比经历过试点市场、拥有相对丰富交易经验的企业而言，在全国碳市场的第一履约期内出现的问题较多。因为之前没有参与过碳交易，很多非试点市场区域试产的企业，普遍表现出对碳资产管理的认识不足、从制度建设到流程管理都相对不够完备的问题。

以上是对比分析中发现的区域分布和企业类型的差异。但整体而言，相较于类型的差异，企业在面对全国碳市场时的个体差异更为突出。为此，下文将分别就整体上电力企业参与交易、履约情况进行分析，总结归纳表现较好的企业所具备的共性经验、突出问题和相应对策。

（一）首批企业参与交易情况

2021 年 7 月 16 日，五大电力集团及“两桶油”等 10 家集团 38 家电力企业组成全国碳市场首日上线交易企业。

2021 年 7 月 16 日 9 点 32 分 23 秒，国家能源投资集团有限责任公司两家电厂以开盘价 48 元/吨达成 5000 吨成交量，成为全国碳市场开市首单。最终全国碳市场收盘价为 52. 80 元/吨，全天成交量为 410 万吨、成交额为 21023 万元，均价 51. 23 元/吨，较开盘价上涨 6. 73%。

1. 总体交易情况和特征

2021 年 7 月 16 日至 12 月 31 日，全国碳市场共有 114 个交易日，CEA

累计成交量为1.79亿吨，累计成交额为76.61亿元。重点排放单位中，有超过半数的电力企业积极参与了市场交易。虽然全年成交量和成交额庞大，但全国碳市场运行仍呈现极强的履约期效应，市场价格也存在较大的波动，而这些特点可以从电力企业参与全国碳市场的特征上得到解释。

电力企业参与碳市场经验不足。虽然全国碳市场纳入企业超过2000家，但扣除仍在北京、天津、广东地方试点碳市场参加交易的企业，重点排放企业有碳市场交易经验的仅为参与过上海、湖北、福建、重庆及深圳地方试点碳市场交易的企业，总数不超过150家。因此全国碳市场首个履约周期纳入的企业，绝大部分是没有碳交易经验的。

电力企业碳交易决策速度慢。由于缺乏碳交易经验，企业谨慎观望情绪比较浓，所以其交易决策更倾向于履约通知下发后再进行交易。这就直接造成全国碳市场开市后成交量迅速进入清淡期，直至履约通知发出后，才逐渐恢复。再加上电力企业属于传统生产型企业，没有适用于碳交易的财务、决策等制度，因此碳交易资金调拨、决策流程效率较低。

电力企业碳交易以履约为目的。目前绝大部分电力企业的交易均是以履约为目的，在履约期内经核查确定盈缺具体数值之后才会去集中交易，这就使得履约截止前市场需求激增，碳价大概率上涨，造成企业履约成本相对提高。

电力企业关联交易比例较高。发电集团内部企业进行调剂交易已经是行业惯例，因为内部关联交易对集团整体来说履约成本最低。全国碳市场纳入的重点排放单位虽多，但集团类企业也比较多，集团内部因管理水平和机组效率的差异，大部分集团内部企业的配额缺口需求，可以在集团内部得到满足。

电力企业存在一定“惜售”情绪。因缺乏相对长期的政策预期，企业无法判断未来一定周期内的配额盈缺，继而无法做出碳交易决策。同时，配额分配政策长期趋紧，碳价存在上涨预期。综上可知，大部分配额盈余的企业“惜售”情绪较浓。

电力企业交易方式仍以场外询价/招标等为主。全国碳市场开市首月挂牌协议总交易量占比远高于大宗协议交易，这可能是全国碳市场开市初期大多数企业持观望态度，先尝试小额交易所造成。而后因单个电力企业盈缺数值较大，在交易决策后均希望尽快完成交易，再加上传统生成型企业采购销售习惯，造成企业没有依赖挂牌协议进行交易尝试，而是采用场外询价或者招标等方式确定交易对象。

2. 多种交易方式创新

尽管纳入全国碳市场的不少电力企业欠缺碳交易经验，但全国碳市场第一个履约周期在集团化管理的、拥有试点地区交易经验的企业还是进行了一定的交易方式创新。

CCER 抵消机制应用。根据履约通知，全国碳市场抵消机制放松了对 CCER 的使用限制，在年限和项目类型等方面均不做要求，这就极大地促进了 CCER 市场需求。因此在 CCER 与配额存在一定价差的情况下，部分电力企业优先采购 CCER 进行抵消履约，初步估计电力企业在全国碳市场首个履约期采购了 3000 万吨 CCER 进行抵消清缴履约，当时 CCER 与配额的价差均在 1 元/吨以上，因此借助抵消机制，电力企业最少降低了 3000 万元的履约成本。

CCER/配额置换。部分电力企业在直接采购 CCER 进行抵消履约的基础上，利用盈余配额与 CCER 持有方进行置换交易，该交易不仅不影响企业按时足额履约，不减少企业配额盈余，还能为企业带来一定的置换收益。

配额回购。部分配额盈余的电力企业在行业普遍亏损的情况下，面临一定的资金压力，在金融机构的辅助下，尝试了碳配额回购业务，从而获得了一定量的短期融资资金。

（二）首批企业履约情况

因电力企业数据核查时间及配额核发工作时间较晚，自配额下发至履约截止仅有 1 个月的时间，企业交易履约工作相当紧迫。根据生态环境部信息，全国碳市场第一个履约周期按履约量计算，履约完成率为 99.5%，履约情况整体较好。

1. 总体履约情况

2021年10月，生态环境部办公厅印发《关于做好全国碳排放权交易市场第一个履约周期碳排放配额清缴工作的通知》，要求各地要确保2021年12月15日17时前本行政区域95%的重点排放单位完成履约，12月31日17时前全部重点排放单位完成履约。

10月末至11月中旬，各地生态环境主管部门开始与电力企业进行配额发放的核对工作。11月中旬至12月初，电力企业的补发配额陆续发放至注登账户。可以看出，留给电力企业进行配额交易和履约等工作的时间已经非常紧迫，尤其是利用CCER进行抵消履约的电力企业，还要进行抵消申请等多步操作。因此，在履约截止期前达到99.5%的履约率实属不易。

2022年2月17日，生态环境部办公厅印发《关于做好全国碳市场第一个履约周期后续相关工作的通知》（以下简称《通知》），要求各地生态环境主管部门于2022年2月28日前完成本行政区域未按时足额清缴配额重点排放单位的责令限期改正，依法立案处罚。这就相当于履约截止期有一定延后，缺口仍未补足的电力企业在2022年1~2月份仍可继续开展交易和清缴履约，根据该时段的交易量统计，截至2月28日，全国碳市场履约率进一步上升。

2. 各省区市履约情况

虽然全国碳市场第一个履约周期按履约量计履约率较高，但按照未按时足额清缴履约的电力企业数统计，未履约率还是很高的。《通知》要求各生态环境主管部门在2022年4月29日前，通过其单位官方网站公开本行政区域全国碳市场第一个履约周期重点排放单位碳排放配额清缴完成和处罚情况汇总表。

根据各地生态环境主管部门官方网站公开信息整理，除北京、天津及广东（除深圳）已在地方碳市场履约，其他省区市清缴完成和处罚情况均已公布。29个省区市共公开2023家重点排放单位企业履约情况，其中1886家已完成履约，137家未完成履约，按企业数量计，履约率为93.23%（见表4）。

表 4　各地纳入企业数量及未履约企业数量情况

单位：家

省区市	纳入	未履约
山东	320	15
江苏	209	7
内蒙古	172	17
浙江	144	7
河南	115	12
山西	105	8
黑龙江	91	13
河北	87	7
新疆	77	10
安徽	69	1
辽宁	66	9
陕西	63	4
四川	48	2
湖北	46	0
吉林	45	3
江西	45	1
广西	43	3
福建	40	2
宁夏	35	6
贵州	32	1
湖南	31	2
重庆	28	3
新疆生产建设兵团	24	2
上海	23	0
云南	19	1
甘肃	19	0
青海	12	1
广东(深圳)	8	0
海南	7	0
合计	2023	137

资料来源：根据各地生态环境主管部门披露信息整理。

从未履约企业占比看，河南、黑龙江、新疆、辽宁、宁夏及重庆占比超过10%，其中纳入电力企业超过100家的省区市中，仅河南未履约企业占比超过10%，内蒙古未履约企业占比接近10%，其余省区市未履约企业占比均较低，可以看出全国碳市场企业履约情况也跟当地经济运行质量挂钩（见图13）。

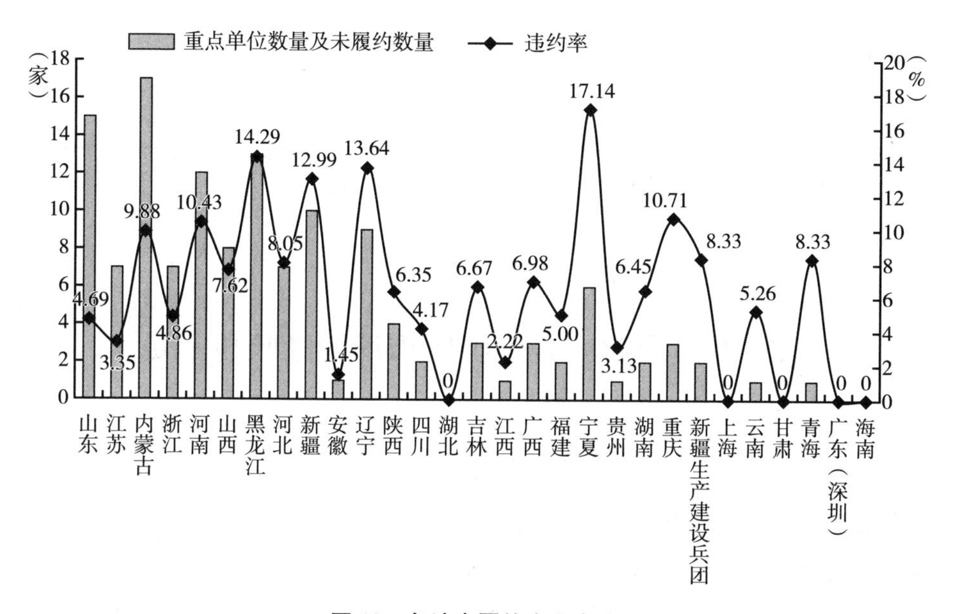

图13　各地未履约企业占比

资料来源：根据各地生态环境主管部门披露信息整理。

3. 主要电力集团履约情况

截至2021年12月31日，国内主要能源集团均提前完成了全国碳市场首个履约周期碳配额清缴工作（见表5）。可以看出，在全国碳市场第一个履约周期的交易履约工作当中，国有企业尤其是央企发挥了重要的核心稳定作用，在参与碳市场交易履约时国有企业下属电力企业明显比自备电厂或小型民企具备更好的积极性和自律性，这有助于形成及时、足额履约的市场规范，为全国碳市场的健康平稳运行贡献了有力的支撑。

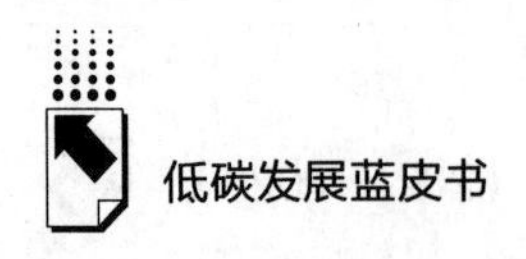

表 5　国内主要能源集团配额清缴完成时间及纳入全国碳市场企业情况

企业名称	清缴完成时间	纳入全国碳市场电力企业数量
国家电力投资集团有限公司	12 月 15 日	78
中国大唐集团有限公司	12 月 14 日	96
中国华电集团有限公司	12 月 14 日	105
国家能源投资集团有限责任公司	12 月 21 日	149
浙江省能源集团有限公司	12 月 15 日	25
内蒙古能源发电投资集团有限公司	12 月 16 日	8
云南省能源投资集团有限公司	12 月 23 日	4
榆能集团有限责任公司	12 月 14 日	5

资料来源：根据各集团公开披露信息整理。

三　电力企业应对全国碳市场的经验与不足

（一）全国碳市场中电力企业的先进性经验

从第一履约期全国碳交易市场的情况来看，不少企业不仅能够顺利完成履约，还能在卖出部分碳配额获取额外收益的同时，确保企业依然拥有一部分配额存量。比如国家能源投资集团有限责任公司、中国大唐集团有限公司等央企，以及新发集团等民营企业等都在第一履约期取得了良好的成绩。笔者通过与这类企业高管的访谈调研和相关信息的搜集整理，可以总结归纳出以下相关先进经验。

1. 管理层高度重视，战略布局与实现路径清晰

管理层，尤其是企业一把手对“双碳”目标高度重视。早在“十二五”“十三五”期间部分企业就将节能降碳作为企业的战略部署进行规划，将环境管理、能源管理、节能技术改造、循环经济、绿色工厂等系统融入企业发展战略规划，形成体系化的企业绿色低碳管理制度，并在国家“双碳”目标提出后积极跟进，根据科学碳目标以及国家战略要求，制定企业层面的碳达峰、碳中和战略，研究并制定企业碳减排路径与具体实施方案。其中，针对全国碳市场，企业一把手或副总带领组建碳资产管理部门或专项小组，或直接在集团公司旗下成立碳资产管理公司对集团内部各子公司的碳资产进行统筹管理，建立碳价格监测和预警机制，科学制定交易策略。总之，企业从战略高度对“双碳”工作的重视程度对企业在全国碳市场上的表现有直接影响。

2. 跟进并积极参与相关政策以及标准制定，致力于成为行业引领者

这类企业中，央企表现较为突出。由于其特殊地位，不少央企既是全国碳市场的参与者，也是前期相关政策制定的核心参与者。它们通过参与国家、地方和行业碳排放相关政策研究，一方面为各级政府和主管部门提供行业建议和实践经验，另一方面为自身积累了大量的碳市场标准、制度、流程等方面的工作经验，从而为参与全国碳市场奠定基础。通过垂直化管理，央企可以将这些经验直接复制到分支机构。当然，这其中也不乏细分行业中民营企业在行业引领方面的作用。行业引领、标准为先，优秀的企业在这方面都有共识，因此有些企业会从制定企业标准开始，推动行业标准、地方标准乃至国家标准的建立，在此过程中逐渐形成行业先进经验。

3. 持续投入低碳技术与产品创新，提高碳配额交易盈余空间

不少被调研企业在低碳技术、新能源替代等方面不断投入，并通过与行业协会、科研机构、高校等多方联合开展技术创新实现节能降碳，从而为企业在碳市场上卖出碳排放配额并获得收益提供机会和空间。例如北京能源集团有限责任公司提出的发电“零取水”技术及“光火互补”应用；上海外高桥第三发电有限责任公司提出的“零能耗脱硫”“节能型全天候脱硝”节能减碳创新技术。而受制于传统能源转型的行业，例如民用航空行业，则从产品与服务端进行创新，为进入碳市场做好准备。笔者在调研过程中还发现，不少企业，尤其是实力雄厚的央企在碳捕集、利用和封存（CCUS）技术上正在或计划投入试点研发与应用，为行业低碳转型提供二氧化碳捕集工程设计、工程调试与运行、工程承包等技术服务。

4. 企业碳管理体系相对完备，降碳与绩效挂钩形成有效激励

在全国碳市场开市第一日就有企业顺利完成第一笔交易，并在第一履约期内顺利完成履约的同时还获得交易盈利。根据碳市场交易的 MRV 原则，能够达到这种收益效果，一方面与政府初期发放碳配额相对宽松有一定关系，另一方面要归功于企业内部基于碳数据管理所形成的较为成熟的碳管理体系。该体系主要包括碳数据管理平台与管理制度建设、碳核算体系与标准建设、碳资产管理体系、碳交易管理体系四部分。其中，碳数据管理平台与管理制度建设是基础，尤其是集团企业内将降碳目标与个人绩效相挂钩，形成内部管理激励效用。调研发现，在碳管理方面较为领先的企业在数据管理方面多表现为有指定专门人员负责温室气体排放核算和报告工作、在企业内建立健全温室气体排放数据质量控制计划、建立健全温室气体排放和能源消耗台账记录、建立健全温室气体排放和能源计量器具配备和检定校准记录、建立温室气体数据和文件保存和归档管理数据、建立温室气体排放报告内部审核制度等特点。调研还发现，企业如果采取集中管理碳排放数据，要比非集中管理更加有效，更加规范。

如前所述，在全国碳市场上占据先机的企业，除了以上三方面经验，还有部分企业早在 2013 年起就参与了区域碳交易试点市场，个别企业海外部还参与过欧盟碳交易市场，这些前期的交易经验为这些企业能够把握市场先机、做好充分内部碳管理工作、实施有效碳管理策略打下了坚实基础。

（二）全国碳市场中电力企业存在的普遍问题

尽管全国碳市场初建取得了一定成绩，不少企业已经形成了可借鉴的交易管理经验，但从整体履约情况来看，参与全国碳市场的控排企业依然存在一些问题与不足。有些是来自企业外部政策、市场、法律等要素的影响（这类问题在其他篇有所涉及），有些则是来自企业内部能力建设的不足。本部分主要侧重后者，从企业自身方面找问题。通过前期调研，当前参与全国碳市场的企业存在的不足与问题可以从意识和能力两

方面进行总结。

1. 企业意识不足，不少企业处在“先观望再应对”的被动状态

这种意识不足多源于两个方面。一方面是高层管理意识不足，对碳排放的管理缺乏资产意识，尚未在战略层面形成规划和明确实施方案，仅将“履约”看作企业多余的负担，从而选择观察和被动应对；另一方面是之前从未参与过碳交易，对交易流程准备不足，缺少交易管理能力，从而导致入市慢，处理交流流程中遇到的具体问题能力有限。

据统计，虽然全国碳市场纳入企业超过2000家，但是重点排放企业中有碳市场交易经验的仅为参与过地方试点碳市场交易的企业，总数不超过150家。由于大多数企业第一次接触碳市场，从意识到管理上都不充分。调研中，有个别中小型电力企业认为参与碳排放配额交易只会提高生产成本，对国家政策的跟进和解读也不够及时。

不少企业还指出，参与碳市场主要是因为政府要求，没有认识到企业低碳发展的紧迫性和能在碳市场发挥的主观能动性。据上海环境能源交易所数据，2021 年 12 月当月的交易量占全年交易量的 75.82%，而其他 5 个月的交易量仅占 24.18%，这意味着，多数企业主要是为了履约而参与交易。

意识不足、行动缓慢、先观望再应对的被动态度导致到履约期即将结束时，不少企业才开始匆忙准备，造成不必要的交易成本和履约成本升高。

2. 企业碳管理能力不足，相应管理体系与制度保障尚未建立建全

大部分企业内部碳管理能力不足，管理体系与制度保障不够健全。具体体现在以下几个方面。

一是组织结构不健全，尚未建立碳资产管理公司或者专门碳交易管理部门。不少企业只是将碳管理工作嵌入现有组织结构，例如由能源管理部或安全环境部中的能源管理师（中小企业多为一人多职）代为统一管理。但能源管理师自身工作压力重，又缺少高层管理重视和各部门之间协作的制度保障，导致工作推进困难。

二是交易管理制度不健全，对于交流流程、财务处理制度等缺少规范化

操作，导致部分企业起初不会交易、不敢交易。这主要存在于规模相对较小的企业。

三是尚未建立完善的碳排放管理体系。具体是指企业核算边际内碳排放报告与核查、配额盈缺测算等工作规范化、系统化的管理。不少企业尚未真正将碳排放与碳交易相关工作依照企业现有的行政构架纳入管理制度，从而形成有效责权和考核体系。在信息化系统建设方面投入较少，难以保证企业在数据管理管理工作方面留痕可追溯。

四是碳管理人才匮乏，或对相关管理人员的培训不足，难以满足企业应对碳市场的相关人才需求。碳交易涉及能源、金融、环境、经济、会计等多学科知识与技能，而培养这类人才需要一定时间周期，如果企业前期没有做好人才储备和梯队建设，自然会造成碳管理体系运行中的各类问题。

四　电力企业应对全国碳市场的对策建议

从以上分析中不难看出，部分企业已经通过前期的战略布局、数据整理、细节管理、交易策略制定等一系列工作在全国碳市场中占据了有利地位，但绝大部分企业无论是在管理理念、管理者意识还是管理体系上都还存在不足，从而导致在第一履约期中遇到不少问题和困难。有些问题是初入全国碳市场“无它，唯手熟尔”的问题，即遇到过一次，有了经验就不会再遇到或遇到也可以轻松解决；有些则是需要企业主动变革方能解决的问题。后一类问题，则是制约企业在全国碳市场乃至国家“双碳”战略目标实现过程中积极发挥作用、实现可持续发展的主要问题。在此，提出以下相关对策建议，供企业参考。

1. 积极扭转思维意识

企业要充分认识气候变化对企业带来的风险与机遇，进而在三个维度上转化思维。一是从“负担”思维转化为“生产要素”思维。“双碳”目标的提出意味着整个生产力体系的变革。如果仅仅将参与碳市场看作多余的“负担”，被动的态度给企业带来的自然是更多的“成本”。必须看到，以二氧化碳为代表的温室气体排放在新的国家战略和交易市场中，已经成为一种重要的生产要素，在此基础上形成的企业碳排放权可以被看作碳资产进行有效管理，从而为企业带来经济效益。二是从“要素”思维进而升级为“战略”思维。仅是形成要素思维还不够，还要将温室气体减排要素提升至战略高度去考量，形成“碳”战略思维，将“碳”元素纳入战略目标、战略定位、战略实施与战略评估，形成配套的组织结构、企业文化、运营管理、人力资源管理体系等。三是充分认识到因人为造成的温室气体排放及其治理给企业带来的双重风险，形成应对气候变化的企业风险管理意识，进而将“碳”风险管理体系构建纳入企业战略。“碳”风险管理主要包括充分分析和应对气候变化给企业带来的物理风险，包括碳市场在内国家政策不断出台带来的政策风险，碳市场履约可能带来的成本风险，以及气候变化带来的系统性风险对企业的影响评估。树立风险意识，可以进而有效扭转企业思维和理念，形成更有效的“碳”战略与应对之策。

2. 不断提升国家政策分析能力

我国碳市场具有很强的政策性，密切关注国家政策动向，是控排企业需要做足的重要功课之一。而且由于全国碳市场初建，相关政策出台频率较高，还存在一定阶段的政策不稳定性。例如 CCER 重启、其他行业企业纳入交易时间、基线调整、配额有偿分配方案启动等碳交易市场相关事宜目前都尚未确定。因此，企业需要设立政策解读与分析的专门团队，同时将政策实时追踪纳入企业管理决策系统，加强对国家政策的研究，制定相应的应对策略，提升企业的抗政策风险能力。

3. 成立专业的碳资产管理公司

国内纳管央企下属电力企业多，碳资产管理难度大，一般都会采用集中统一化管理模式，以成立专业化碳资产管理公司或组建专门的碳资产管理部门来实现。公开信息可见，五大发电集团、部分地方发电集团及电网均成立了专业的碳资产管理公司（见表 6）。

表 6 能源领域专业化碳资产管理公司名单

集团名称	碳资产公司名称	成立时间
国家电力投资集团有限公司	国家电投集团碳资产管理有限公司	2021 年 11 月
中国华电集团有限公司	中国华电集团碳资产运营有限公司	2021 年 6 月
中国华能集团有限公司	华能碳资产经营有限公司	2010 年 7 月
中国大唐集团有限公司	大唐碳资产有限公司	2016 年 4 月
国家能源投资集团有限责任公司	龙源(北京)碳资产管理技术有限公司	2008 年 8 月
国家电网有限公司	国网英大碳资产管理(上海)有限公司	2021 年 2 月(更名)
中国南方电网公司	南网碳资产管理(广州)有限公司	2021 年 12 月
浙江省能源集团有限公司	浙江浙能碳资产管理有限公司	2017 年 10 月
申能集团有限公司	申能碳科技有限责任公司	2018 年 11 月
中国核工业集团有限公司	中和碳资产经营有限公司	2022 年 5 月

资料来源：根据企查查信息整理。

目前，纳管企业成立的碳资产管理公司以提供交易履约、数据盘查等服务为主。其中大部分发电集团被纳入全国碳市场的企业交易账户和注登账户，由碳资产管理公司进行统一的管理和交易。以碳资产管理公司为集团内部碳资产运作平台，优先对内部电力企业的碳配额盈缺平衡，实现集团履约成本最小化，内部平衡未满足的缺口再对外采购。

如果企业受发展规模和阶段等因素所限，现阶段不适宜单独成立碳资产管理公司，则要充分利用第三方碳资产管理和咨询机构，帮助企业做好相关工作。除了以上碳交易管理的相应工作，碳资产管理还有三个重要职能需要加强。其一，与公司内其他部门相协同，加强企业自身减排研究，形成符合企业的交易策略，在节能技改投入、新技术研发与碳交易买卖等减排途径之间做出科学判断和组合策略制定。其二，推动和加强企业与同行业其他企业的交流，尽可能拓宽信息来源渠道，尤其是在参加大宗商品转让交易的过程中，要多渠道寻找买方或卖方，来降低采购成本，减少中间不必要的交易费用。其三，加强企业管理人员能力建设，积极开展碳排放知识培训，为顺利参与全国碳市场提供人才和技术支撑。

4. 加强碳资产管理信息化建设

当前电力企业参与全国碳市场面临诸多挑战，比较突出的问题是数据质量问题和碳交易风险把控问题。碳排放数据质量问题严峻，企业应探索借助信息化手段进一步规范碳排放统计核算的统计标准和统计口径等。碳交易面临一定的决策和风险把控问题，个别企业已经开始借鉴金融行业经验，摸索建设碳交易管理系统。

例如，国家电力投资集团有限公司为加强碳排放数据科学化、规范化、程序化管理，开发建成了集团化碳排放综合管理系统，实现碳排放数据进行动态监测、实时分析、及时预警；多维度数据统计及对比分析、配额盈亏测算及履约成本动态管理。

国家能源投资集团有限责任公司紧跟碳市场需求，淘汰落后管理模式。旗下龙源（北京）碳资产管理技术有限公司在行业内首创碳资产交易操作平台系统，推动碳交易业务自动化、管理系统化、分析智能化，并荣获中电联电力科技创新奖一等奖。

5. 积极参与并推动碳金融创新

全国碳市场目前仅允许以火电为主的电力企业参与交易，企业碳资产管理刚刚起步，而且主要集中在交易、履约方面。随着全国碳市场深入发展，电力企业应充分利用自身优势，积极与银行、券商等机构建立长期合作关系，创新碳金融应用模式，共同设计开发碳质押、碳回购、碳信托、碳远期、碳资产证券化产品等碳金融产品。

在绿色金融领域，中国人民银行发力已久，近几年还创新推出了碳减排支持工具等新型货币政策工具。2021 年 12 月，生态环境部、中国人民银行等九部门编制的《气候投融资试点工作方案》明确，在碳金融领域，鼓励试点地方金融机构探索开展包括碳基金、碳资产质押贷款、碳保险等碳金融服务。2022 年 4 月 15 日，证监会发布《碳金融产品》行业标准，给出了具体的碳金融产品实施要求，为金融机构开发、实施碳金融产品提供了指引，有利于有序开发各种碳金融产品，促进各界加深对碳金融的认识，帮助机构识别、运用和管理碳金融产品，引导金融资源进入绿色领域，支持绿色低碳发展。

碳金融篇

Carbon Finance Reports

B.8
碳金融研究动态与政策演进

胡新鑫　聂利彬　李　悦*

摘　要： “双碳”目标下，碳金融是提升碳交易市场透明度与碳定价效率的重要工具。市场参与者可以利用碳金融衍生品进行可持续投融资，管理碳成本，对冲气候风险。近年来，随着各国碳交易市场陆续启动，碳金融体系也在快速构建，它们的经验有助于我国碳金融发展。本报告界定了碳金融相关概念及其功能定位，在此基础上，梳理了国内外碳金融研究进展，从政策法规、市场监管等方面介绍了国际碳金融体系成功经验，并进一步对我国碳金融政策进行了梳理。对比发现，相比高度金融化的国际碳市场，我国碳金融市场参与主体与金融衍生品单一，未来建设任重而道远。

* 胡新鑫，上海环境能源交易所业务创新部高级经理，主要研究领域为碳金融、碳氢协同；聂利彬，上海环境能源交易所业务创新部副部长，主要研究领域为碳金融、碳氢协同；李悦，上海环境能源交易所业务创新部资深专员，主要研究领域为碳金融、碳氢协同。

关键词： 碳金融 金融衍生品 可持续投融资

一 碳金融概述

（一）碳金融

碳金融是在碳排放权交易的基础上衍生的一种特殊金融服务与制度安排，是供给侧结构性改革促进经济从高碳模式向低碳模式转型、升级的关键。从服务领域来看，碳金融的一切金融活动要用于解决温室气体排放问题，引导金融资源向低碳项目、绿色转型项目、碳捕集与封存等绿色创新项目倾斜。从服务形式来看，碳金融主要通过创新主流金融产品与服务在碳市场中的应用，开发运用碳期货、碳期权、碳指数、碳基金、碳保险等产品工具进而强化碳市场金融属性，引导资金流向低碳或清洁能源技术。

碳金融的内涵随碳交易市场发展而不断深化，在《联合国气候变化框架公约》以及《京都议定书》签署早期，碳金融覆盖面相对较窄，主要是以碳排放权为标的物进行交易的金融活动。随着越来越多的市场主体参与到碳市场中，碳市场的流动性和活跃度增强，催生了一系列碳衍生品工具，碳金融的深度和广度得到拓展，服务范围与服务形式也不断丰富。目前我国碳金融主要包含狭义与广义两个层面：狭义碳金融，指以碳市场为中心，即基于碳配额和碳信用为标的资产进行相关交易活动的金融市场；广义碳金融是指以国家碳达峰、碳中和目标为导向的制度安排与金融活动，是实现碳中和目标的重要推力，既包括碳市场交易，也包括碳资产依附的清洁能源、低碳减排技术等基础资产的投融资及支持服务活动。狭义碳金融市场结构主要分为一级市场和二级市场，广义碳金融在狭义基础上拓展出了融资服务市场以及支持服务市场，本部分梳理了不同细分市场的市场服务、主要产品及参与主体（见表1）。

一级市场是碳金融的基础市场，发行了碳配额和 CCER 两类基础碳资产，其投放的碳资产种类和数量决定了二级市场规模和走向。二级市场是碳金融的核心市场，包含碳资产现货和各类碳金融衍生品的交易及服务，二级市场交易可以在交易所或场外交易市场以碳现货、碳远期、碳期货和碳期权等形式进行，二级市场的流动性与规模是检验碳金融发展的重要指标。融资服务市场主要是为碳达峰、碳中和提供资金支持的市场，“双碳”战略的实现需要大量的资金、资本投入以及培育新的发展业态，而融资市场的核心职能就是为企业碳资产变现拓宽融资渠道，为培育节能减排技术、减碳产业引入更多资金。支持服务市场，是碳金融的附属市场，主要就是通过碳指数、碳保险等产品修正和管理市场参与者的碳价预期，为碳金融市场正常运作提供支持。

表 1　碳金融市场结构

<table>
<tr><th colspan="2"></th><th>细分市场</th><th>市场服务</th><th>主要产品</th><th>参与主体</th></tr>
<tr><td rowspan="5">广义</td><td rowspan="3">狭义</td><td>一级市场</td><td>配额分配、减排量签发</td><td>碳配额、CCER</td><td>控排企业、主管部门、减排项目业主</td></tr>
<tr><td rowspan="2">二级市场</td><td>场内交易</td><td>碳现货、碳期货、碳期权、碳资产证券化等</td><td rowspan="2">控排企业、减排项目业主、金融机构等</td></tr>
<tr><td>场外交易</td><td>场外碳掉期、碳远期、场外碳期权等</td></tr>
<tr><td colspan="2">融资服务市场</td><td>资金服务</td><td>碳融资、碳基金、碳减排支持工具等</td><td>控排企业、商业银行等</td></tr>
<tr><td colspan="2">支持服务市场</td><td>各类支持服务</td><td>碳指数、碳保险等</td><td>控排企业、保险公司、咨询公司等</td></tr>
</table>

资料来源：根据公开资料整理。

各方参与主体相互配合，充分发挥碳价格发现功能，稳定市场预期，为碳金融市场建设的运行奠定基础。目前我国碳金融参与主体方面市场格局基本形成，包括交易主体、第三方中介、第四方平台及监管部门，各主体发挥的具体功能见表 2。

表2　碳金融各方参与主体与功能

参与主体	主体细分	功能
交易主体	控排企业	• 市场交易 • 提高能效降低能耗，通过实体经济中的个体带动全社会完成减排目标 • 通过主体间的交易实现最低成本的减排
	减排项目业主	• 提供符合要求的减排量，降低履约成本 • 促进未被纳入交易体系的主体以及其他行业的减排工作
	碳资产管理公司	• 提供咨询服务 • 投资碳金融产品，增强市场流动性
	金融机构	• 丰富交易产品 • 吸引资金入场 • 增强市场流动性
第三方中介	监测与核证机构	• 保证碳信用额的可测量、可报告、可核实 • 维护市场交易的有效性
	其他（如咨询公司、评估公司）	• 提供咨询服务 • 碳资产评估 • 碳交易相关审计
第四方平台	登记注册机构	• 对碳配额及其他规定允许的碳信用指标进行登记注册 • 规范市场交易活动并便于监管
	交易平台	• 交易信息的汇集发布 • 降低交易风险、降低交易成本 • 价格发现
监管部门	监管部门	• 制定有关碳排放权交易市场的监管条例，行使监管权力 • 监督交易制度、交易规则、市场交易活动的具体实施 • 与相关部门相互配合对违法违规行为进行查处，维护市场健康稳定

资料来源：根据北京环境交易所资料整理。

（二）碳金融功能定位

1. 碳金融与碳市场的关系

碳市场奠定碳金融发展基础，碳金融强化碳市场的有效性。碳市场运用碳定价将温室气体的外部影响通过市场化的手段内部化，发挥对碳资产的价格发现功能，同时随着碳交易发展起来的注册、登记、清算、结算制度，都为碳金融奠定了基础，碳金融的发展必须依存于碳市场，只有碳市场发展壮大，才能为碳金融提供丰富的交易资产。

碳金融是碳交易的本质要求，我国碳市场“碳排放强度+基准线法”的总量设定与分配机制、碳市场参与主体受限及交易工具单一等因素导致我国碳市场定价机制并不完善，出现了碳交易“潮汐现象”显著、市场流动性不足等诸多短板和发展障碍，而碳金融是优化碳市场资源配置、提升减排效率、发挥市场定价合理化和稳定性的主要路径。一方面其通过开发扩充更加完整的产品结构，强化市场流动性，提前防范碳配额过剩及出现紧缺风险；另一方面投资机构等参与主体的扩容，及碳金融针对碳市场供求水平适时提供的做市交易模式、投机套利交易模式、涉碳融资与资产管理模式等，可进一步吸引外部需求，给碳市场带来流动性。

2. 碳金融与绿色金融的关系

碳金融是绿色金融的核心组成部分。根据国家七部委 2016 年 8 月出台的《关于构建绿色金融体系的指导意见》，绿色金融是指为支持环境改善、应对气候变化和资源节约高效利用的经济活动，即为环保、节能、清洁能源、绿色交通、绿色建筑等领域的项目投融资、项目运营、风险管理等所提供的金融服务，[①] 在注重财务绩效的同时也注重环境绩效。碳金融则成为绿色金融中非常重要的一环，以碳中和目标为约束条件。碳金融有明确的目的性，即一切金融活动要有利于解决碳排放问题，要围绕碳中和提供融资，支持和引导能源结构、产业结构、投资结构变化，服务低碳发展。

碳金融是绿色金融创新发展的突破口。建立绿色金融体系，最大的挑战就是对环境成本进行量化和风险定价，并在此基础上对环境绩效进行合理估值，最终将经营绩效与环境绩效纳入统一的财务报表。而碳金融市场是解决

① 王凤荣、王康仕：《绿色金融的内涵演进、发展模式与推进路径——基于绿色转型视角》，《理论学刊》2018 年第 3 期。

温室效应等负外部性的市场经济机制，已经成功应用于温室气体排放的环境成本的科学量化和市场化定价，助力全社会减碳成效投入产出最大化，对建立和完善绿色金融资源节约与污染治理领域的环境成本核算与环境收益评估具有示范引领作用。同时，碳金融市场还可为传统金融市场和投资者丰富碳金融产品种类，这些碳金融产品与绿色信贷、绿色债券等绿色金融工具存在明显的交叉借鉴以及突破创新关系，增加了绿色金融市场的深度和厚度。碳金融市场是全球性的市场，未来市场规模将不断增大，预期碳资产市场可实现全球性流转，拓宽绿色金融的广度，成为开展绿色金融国际合作的重要桥梁。

二　国内外相关研究

国内外学者对碳金融的研究成果较为丰富，国外碳金融因其市场规范成熟，参与主体与工具丰富化程度高，近两年的研究更多关注碳金融市场与碳排放及行业的关联效应，碳市场与能源、大宗商品等市场产生的内在关联，如 G. Semieniuk 通过构建相关理论框架研究碳金融的实施、碳密集型产业淘汰对金融系统以及金融系统对经济其他相关部门反馈的驱动因素、传导渠道和影响。[①] C. Julien 通过构建一个带有停止时间的随机模型，研究了碳滞留资产对 17 家相关油气煤炭企业价值的影响。[②]

而我国碳金融处于起步阶段，碳达峰、碳中和目标对碳金融有时间、质量的双向刚性约束。因此，如何根据“双碳”目标要求，构建体现低碳经济、具有体系化制度监管指导及产品创新供给的碳金融，是近两年国内的重点研究方向。

“双碳”目标与碳金融互动研究。正确认识碳金融市场与“双碳”工作的重要关系是发挥碳金融作用的前提。目前的研究观点中一是认为“双碳”

---

① G. Semieniuk, “Low-carbon Transition Risks for Finance,” *Advanced Review* 8 (2020): 22-32.

② C. Julien, “Green Finance and the Restructuring of the Oil-gas-coal Business Model under Carbon Asset Stranding Constraints,” *Energy Policy*12 (2020): 150-156.

目标有明确的质量标准（实现碳零排放）、时间下限（2060 年），碳市场作为一种柔性的宏观调控政策工具有利于统筹减排与发展的关系，在推进实现减排目标的同时，能够给予企业自主灵活的减排路径，帮助清洁低碳的企业和项目获得更多资金支持。[①] 二是认为碳市场的定价机制产生的减排成本压力，从局部看是部分高排放企业面临的转型“阵痛”，但综观全局，却是对低碳产业的激励，最终降低全社会的低碳转型成本。[②] 三是认为金融业必须围绕“双碳”目标的时间进度、质量要求，及时加大或优化金融各类手段的应用，在一定意义上碳达峰也将是金融调整力度的最高峰。

碳金融制度体系建设。抓紧构建和完善顶层设计才能为碳金融市场的发展保驾护航，张叶东提出“双碳”目标下我国应当从市场制度层面和法律制度层面有针对性地进行完善。在市场制度层面，应加强市场基础设施建设，鼓励碳金融产品多样化，提升资源配置效率；在法律制度层面，应尽快颁布有关碳交易的条例，确定碳排放权和减排量的法律属性，推动商事修法，完善环境司法与碳金融司法的联动机制。[③] 朱民等表示，要结合“十四五”时期“双碳”目标任务和各行业碳减排任务规划制定碳金融市场发展的路线图，就碳排放权的具体配额和交易等完善政策法规，着重就碳排放权的确权、属性和应用等加以规范，为金融机构发展碳排放权金融业务提供保障。[④]

碳金融衍生品发展。邓宇建议金融机构要继续深化探索碳排放权在授信政策、授信品种、投融贷债以及相关的碳金融产品体系上的多点突破，探索开发碳排放配额履约、交易、增值等创新碳金融产品，推动碳排放权与信

① 陆岷峰、周军煜：《金融治理体系和治理能力现代化中的治理科技研究》，《广西社会科学》2021 年第 2 期。

② 陆岷峰、徐阳洋：《科技向善：激发金融科技在金融创新与金融监管中正能量路径》，《南方金融》2021 年第 1 期。

③ 张叶东：《“双碳”目标背景下碳金融制度建设：现状、问题与建议》，《南方金融》2021 年第 11 期。

④ 朱民、潘柳、张娓婉：《财政支持金融：构建全球领先的中国零碳金融系统》，《财政研究》2022 年第 2 期。

托、租赁、托管、资管等业务充分融合，创新碳金融交易模式，做好包括碳期货等在内的碳金融产品创新开发研究，探索研究将商业保险机制引入碳金融交易中，有效提升中国碳金融交易活力与风险管理水平。①

通过以上研究可知，我国现阶段更注重碳金融基础设施的研究，而针对碳价传导及其与高碳行业关联效应的研究不足，未来发展需要锚定“双碳”经济的阶段性目标，正确认识减排与发展的关系，以系统完善的碳金融管理体制与机制为依据，在市场化的平台上应用金融工具来促进碳金融产品和衍生品的交易和流通。同时应借鉴国外相关研究经验，在做好以上研究的基础上，加强碳定价传导机制研究，发现碳价与大宗商品、能源行业等价格传导关系，从而从行业层面创新更多碳金融产品供给，推动全行业社会实现低碳发展。

三　国内外政策发展

（一）国际碳金融政策进展

目前世界上尚未形成统一的国际碳金融市场，但世界主要经济体大多已建立或规划碳金融市场，并初显成效。因区域现状、实施主体等方面的不同，碳金融政策方面存在一定的差异性、复杂性。区域方面，欧盟和美国的碳交易体系已经较为成熟，且愈加完善，对于建设我国碳市场机制具有一定的借鉴意义。

1. 欧盟政策体系

欧盟碳金融市场是目前全球最成熟的碳市场，其建设初期就内置金融功能。欧盟碳金融市场能够成为全球领先碳金融市场与其背后制度设计密不可分，其在政策法规与市场监管两个方面构建了较为完善的政策体系，市场规范成熟，是国际碳金融市场政策法规建设的典型代表。

---

① 邓宇：《基于碳排放权的金融产品创新与发展路径》，《银行家》2022 年第 1 期。

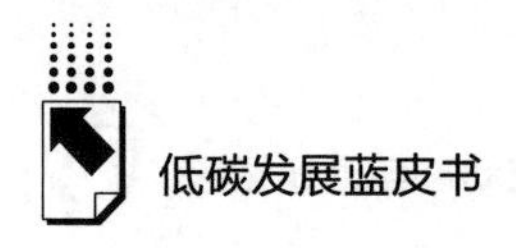

（1）政策法规

在政策法规层面从2003年起通过指令、条例、决议等形式围绕配额拍卖、MRV、重复计算、安全标准等技术问题，对欧盟碳金融市场（EU-ETS）进行了优化和完善，并不断对相关法律文件进行修订，在法律框架下形成了较为完善的碳排放配额初始分配法律制度及市场调节、衍生品交易等交易法律制度，促进了碳金融市场的平稳快速发展，其相关指令、条例梳理见表3。

表3　国际碳金融相关政策

法规类型	相关法律	主要内容
指令	Directive2003/87/EC	创建EU-ETS并从2005年1月起实施
	Directive2004/101/EC	《京都议定书》CDM机制下的CER纳入EU-ETS使用
	Directive280/2004/EC Directive2216/2004/Ec	创建国家级电子登记注册系统，监管EUA的分配、交流、注销等环节
	Directive2008/101/EC	确定第三阶段配额管理及拍卖等方案
	Consolidated Version of Directive2003/87/EC	包括欧盟内温室气体排放配额交易方案以及修订理事会 96/61/EC指令
条例	Regulation(EU)No389/2013 Regulation(EU)No601/2012 Regulation(EU)No1193/2011 Regulation(EU)No920/2010 Regulation(EC)No994/2008 Consolidated Version of Commission Regulation (EC)No2216/2004	欧盟统一登记簿及安全标准
	Regulation(EU)No176/2014 Regulation（EU）No1143/2013Regulation (EU)No1042/2012 Regulation(EU)No784/2012 Regulation(EU)No1031/2010	拍卖方案及平台
决议	Decision2009/406/EC	成员国满足欧盟2020年减排目标
	Decision2006/780/EC	避免重复计算
	Decision2004/280/EC	温室气体监测机制

资料来源：根据European Commission，公开资料整理。

在配额机制方面，由于缺乏相关行业数据，第一、第二阶段碳配额主要以免费的形式发放给企业，实践也证明了由于提供了过多的碳排放配额，欧盟碳金融市场价格一度接近于零，企业也没有减排的动力。在第三阶段，欧盟采用了行业基准法来计算分配免费配额。该分配方法主要根据基期（2005~2010年）内各行业排放密度最小的10%的企业排放水平来确定免费配额数量。由于碳能效最高的企业被确定为行业标准，碳能效较低的企业需要购买碳配额才能达标，这增强了企业减排的动力。

在稳定储备机制（MSR）方面，2008年以来，欧盟每年发布累计过剩的配额总数，将过剩配额的24%转存MSR。在实际操作中，欧盟每年将这部分过剩配额用于抵减年度拍卖额。例如，在2019年底，EU-ETS碳配额累计过剩13.9亿吨，其中3.3亿吨则用于抵扣2020年9月至2021年8月的拍卖额。MSR能够有效应对配额供应过剩以及不可预料的需求冲击。同时将碳配额总量设置从成员国自下而上提出总量控制目标变为由欧盟委员会统一制定配额，以保证碳配额的稀缺性。

在MRV方面，在法律框架下形成了统一的监测与报告条例，欧盟委员会对核查机构及核查等相关事项进行统一管理。

在碳市场交易方面，形成以现货与衍生品交易为主的多层次碳市场，同时欧盟委员会关于场外衍生品交易提出采用一个报告义务，为场外衍生品交易资格排位，减小对手方的信用风险和操作风险。

2021年7月，欧盟委员会提出将目标由1990年提出的减排40%提高到55%以上（“Fit for 55”）。尽管当前一系列气候提案尚未全部走完立法程序，但55%的气候目标已具备法律效力，欧盟碳金融市场也提前反映了未来供应收紧的趋势。

在欧盟碳金融市场的基础上，欧盟正在积极推进的另一项相关政策是碳边境调整机制。2022年6月22日，欧洲议会表决通过了“碳边境调节机制”法案的正式修改意见。主要变化是正式实施日期从2026年推迟到2027年，进一步扩大了征缴范围，在钢铁、铝、水泥、化肥、电力5个行业的基础上，增加了塑料、氢、氨等，并纳入了间接排放，进一步刺激贸易伙伴，加速欧盟减碳进程。

(2) 市场监管

欧盟的碳金融市场监管，主要包括国际、欧盟、交易平台、市场活动四个层面，形成了多部门联合合作监管和多层面覆盖的协同监管机制，其具体监管事项见表4。

表4 国际碳金融监管情况

监管层面	监管机制与机构	监管事项
国际层面	《联合国气候变化框架公约》(UNFCCC)秘书处、联合国CDM执行理事会	• UNFCCC秘书处:排放报告及履约义务 • CDM执行理事会:CER签发及使用
欧盟层面	气候行动总司	各成员国减排的落实、配额的使用、碳排放量核证等
交易平台层面	欧盟独立交易系统(EUTL)	• 记录配额的产生、发放、拍卖交易、履约注销 • 评估交易风险 • 发现违约行为,通知监管部门
市场活动层面	宏观审慎监管:欧洲央行下的欧洲系统性风险委员会(ESRB)	• 发布预警和提出建议等手段 • 对银行具体财务状况、金融市场上可能出现的系统性风险等进行监管
	微观审慎监管:指导委员会、欧盟监管局、各个成员国的金融监管当局	• 各个成员管金融监管当局的沟通和信息交流 • 制订并确保监管规则的一致性 • 本国日常的金融监管

资料来源：绿金委碳金融工作组《中国碳金融市场研究》，2016。

2. 美国政策体系

美国曾反复多次退出《京都议定书》，是政策摇摆不定下的减排区域。2021年拜登当选总统后，美国重返《巴黎协定》，其中美国区域温室气体减排行动（RGGI）是美国第一个强制性的、基于市场手段的减少温室气体排放的区域性行动，其源于美国东北部地区10个州在2005年共同签署的《应对气候变化协议》，主要针对电力行业利用市场机制进行减排。2007年2

月，美国加利福尼亚州等西部7个州和加拿大中西部4个省签订了《西部气候倡议》（WCI），建立了包括多个行业的综合性碳金融市场，其可交易气体也从二氧化碳扩大至6种温室气体。美国碳市场主要集中在州政府层面，因此呈现很强的区域性特点。

RGGI碳金融市场形成了配额总量控制—拍卖形式分配—配额动态调整机制—多方机构监管的政策体系。

在初始配额总量方面，由各州的配额总量加总确定，采用祖父法（亦被称为历史法），基于区域的历史二氧化碳排放量，同时根据各州用电量、人口、新增排放源等信息确定配额。RGGI要求各州预留5%的配额进入设立的碳基金，以取得额外的碳减排量。

在配额分配机制方面，RGGI是全球第一个用拍卖方式分配几乎100%配额的体系，每个季度举行一次拍卖，具体形式为统一价格、单轮密封投标和公开拍卖。拍卖在World Energy Solutions公司的拍卖平台上进行，在纽约梅隆银行进行结算，同时会通过出台清除储备配额、建立成本控制储备机制，以及设置过渡履约控制期等若干配套机制进行配额的动态调整。以上调整方式，促进了RGGI一级市场碳配额拍卖价格和竞拍主体数量的稳步回升，二级市场活跃度也明显提高。2020年，RGGI合计拍卖量为6498万吨。2021年第一季度拍卖成交均价为7.60美元，较上一季度涨幅为2.5%。

在MRV机制方面，RGGI控排企业需安装污染物排放连续监测系统以增强数据的可靠性，并按照规定时间向相关部门提交相关数据报告，审查控排企业CO_2排放数据。

在监督与管理机制方面，RGGI碳市场的监管由RGGI公司、各成员州环保部门和第三方机构共同组成。

（二）国内碳金融政策进展

碳金融的有效落地需要系统化政策的支持和推动，根据公开资料梳理，目前国家层面及地方层面已经出台部分针对市场及监管的基础性制度，见表5，对于我国碳金融市场的发展起到了激励作用。

表 5　国内碳金融政策

	发布单位	时间	政策名称	主要内容
目标规划	国务院	2014 年	《关于进一步促进资本市场健康发展的若干意见》	发展商品期货市场，继续推出碳排放权等交易工具
	央行等七部委	2016 年	《关于构建绿色金融体系的指导意见》	发展各类碳金融产品。促进建立全国统一的碳排放权交易市场和有国际影响力的碳定价中心。有序发展碳远期、碳掉期、碳期权、碳租赁、碳债券、碳资产证券化和碳基金等碳金融产品和衍生工具，探索研究碳排放权期货交易
	生态环境部等五部委	2020 年	《关于促进应对气候变化投融资的指导意见》	在风险可控的前提下，支持机构及资本积极开发与碳排放权相关的金融产品和服务，有序探索运营碳期货等衍生产品和业务
	工信部等四部门	2021 年	《关于加强产融合作推动工业绿色发展的指导意见》	鼓励金融机构开发气候友好型金融产品，支持广州期货交易所建设碳期货市场，规范发展碳金融服务。
	生态环境部等九部委	2021 年	《气候投融资试点工作方案》	有序发展碳金融。指导试点地方积极参与全国碳金融市场建设，研究和推动碳金融产品的开发与对接，进一步激发碳金融市场交易活力。鼓励试点地方金融机构稳妥有序探索开展包括碳基金、碳资产质押贷款、碳保险等碳金融服务
	国务院办公厅	2021 年	《要素市场化配置综合改革试点总体方案》	探索建立碳排放配额、用能权指标有偿取得机制，丰富交易品种和交易方式。探索开展资源环境权益融资
	试点碳金融市场（北京、天津、上海、重庆等）	2012～2014 年	《碳交易管理办法》	在机制设计方面总体上主要以 EU-ETS 为蓝本，涵盖了配额总量、覆盖范围、控排门槛、配额分配、监测报告与核证制度、抵消机制以及遵约及处罚等制度，大多都以地方政府管理办法的形式推出，北京市还专门通过地方人大的立法予以规范，形成了“1+1+N”的完备规则体系

续表

	发布单位	时间	政策名称	主要内容
市场运行	生态环境部	2020 年	《碳排放权交易管理办法(试行)》	重点排放单位应当在全国碳排放权注册登记系统开立账户,进行相关业务操作
	生态环境部	2021 年	《碳排放权交易管理暂行条例(草案修改稿)》	国务院生态环境主管部门应当会同国务院有关部门加强碳排放权交易风险管理,指导和监督全国碳排放权交易机构建立涨跌幅限制、最大持有量限制、大户报告、风险警示、异常交易监控、风险准备金和重大交易临时限制措施等制度
	生态环境部	2021 年	《碳排放权登记管理规则(试行)》《碳排放权交易管理规则(试行)》和《碳排放权结算管理规则(试行)》	针对登记、交易、结算活动各环节明确了监管主体和责任
	人民银行	2021 年	《人民银行推出碳减排支持工具》	央行对商行:提供贷款本金的 60%、利率为 1.75%;商行对市场:LPR
标准	证监会	2022 年	《碳金融产品》(JR/T 0244-2022)	在碳金融产品分类的基础上,制定了具体的碳金融产品实施要求

资料来源：根据 2013 年以来各部门和行业公布的政策整理。

国务院发布《关于进一步促进资本市场健康发展的若干意见》、央行等七部委《关于构建绿色金融体系的指导意见》等为我国碳金融的发展提供了政策支持，并将碳金融衍生品归口为“绿色金融”及“资本市场”的范畴。

2021 年以来，随着全国碳市场的启动，政策对碳金融的重视程度不断增加，碳金融市场环境进一步优化，在以上两个文件的基础上又出台了多个相关文件，推动碳金融发展。

2022 年 4 月，证监会《碳金融产品》（JR/T 0244-2022）的发布为碳金融产品制定了具体的实施要求及行为规范，促进了各类碳金融产品有序发展，也为金融机构作为碳市场交易主体做好技术准备，标志着我国碳金融已进入“标准化”时代。

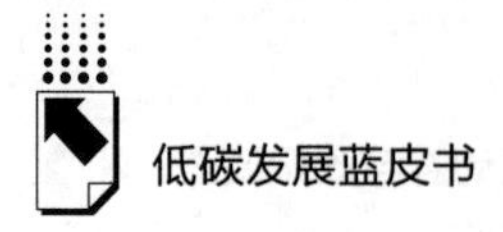

在碳金融市场的监管层面，我国碳金融监管制度的运行目前以碳市场运行监管为主，通过政府监管保障市场有效运作，其中全国碳市场顶层设计——《碳排放权交易管理暂行条例（草案修改稿）》是全国碳市场运行的法律基础，条例由生态环境部组织起草，从监管体系、交易规范、碳排放数据核算核查等多方面做出了规定，该条例列入了国务院 2021 年度立法工作计划，预计 2022 年将正式发布实施。目前已出台的监管法律文件主要包括生态环境部 2021 年 5 月发布了碳排放权市场的登记、交易及结算规则，《碳排放权交易管理办法（试行）》以及北京、上海等试点省（市）印发的碳排放权交易细则等规范性文件。

这些文件主要通过两方面来保证碳金融的正常开展和有效监管。一是通过建立配额的注册登记系统来追踪交易配额的具体流转，保证市场交易的安全；二是通过对配额交易市场进行法律监管，依靠市场准入、防范市场滥用行为、交易信息披露、交易所运营监督等制度来维护正常的交易和竞争秩序。[①]

① 陈惠珍：《中国碳排放权交易监管法律制度研究》，社会科学文献出版社，2017。

B.9
碳金融市场运营与创新进展

畅会珏　蒋海辉　石　头*

摘　要： 在绿色低碳发展逐步成为全球性共识的大背景下，碳金融市场相关机制的健全以及其所覆盖范围的不断扩容，推动了全球碳金融市场的高速发展。碳金融市场由自愿减排碳市场和强制减排碳市场共同组成。其中，自愿减排碳市场以碳信用为标的，分为场外市场和场内交易所市场。强制减排碳市场以碳配额为标的资产，是目前全球碳金融市场的发展重点，目前已形成了“1个超国家级、8个国家级、18个省级或州级、6个城市级”的全球碳金融市场层级。总体来看，欧盟和美国等发达国家或地区碳市场运行时间较长，商业模式比较成熟，碳金融工具种类丰富，交易规模较大。而中国碳金融市场起步较晚，仍面临基础设施建设较差以及流动性不足等问题。对此，我国碳金融市场应尽快扩大纳入行业范围，提升碳金融制定标准，加快信息化平台建设，完善相应的法律制度和机制，推动碳金融产品设计，助力我国碳金融市场运营日趋规范与完善。

关键词： 碳金融市场　金融工具　碳金融政策

* 畅会珏，上海证券有限责任公司规划发展委员会副主任，主要研究领域为现代金融理论与实践、双碳与ESG、绿色经济与金融；蒋海辉，上海海证风险管理有限公司总经理，主要研究领域为有色金属、黑色产业链品种的基本面；石头，上海海证期货研究所副所长，主要研究领域为黑色金属产业链。

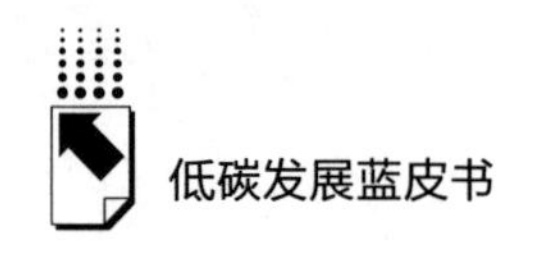

一　国内外碳金融市场整体运行情况

在绿色低碳发展逐步成为全球性共识的大背景下，碳金融市场相关机制的健全以及其所覆盖范围的不断扩容，推动了全球碳金融市场的高速发展。从市场运行数量和交易体量两个维度上看，全球碳金融市场保持着旺盛的发展活力。在市场运行数量方面，截至 2021 年 1 月，全球共有 24 个碳金融市场设立并运行，有 8 个碳金融市场处于计划实施阶段，所覆盖的温室气体占全球总排放量的 16%，影响全球 1/3 的人口和 54%的 GDP；在市场交易体量方面，在碳配额交易价格和交易量齐升的双轮驱动下，2021 年全球碳金融市场交易额同比增长 164%，由 2020 年的 2880 亿欧元上升至近 7600 亿欧元。

全球碳金融市场由全球自愿减排碳市场和全球强制减排碳市场共同组成。其中，全球自愿减排碳市场以碳信用为标的，分为场外市场和场内交易所市场。由于自愿减排碳市场主要通过场外双边抵消交易来完成，所以场内交易所市场交易量占比还很小。目前国际上最有名的自愿减排场内交易所市场是 Xpansiv 市场旗下的 CBL 交易平台。此外，全球自愿减排碳市场依据标的资产——碳信用的信用产生方式和管理方式的不同划分成三种市场机制类别，分别为国际机制、独立机制和国家与地方管理机制。目前，在存量项目中，国际机制占据主导地位，但随着增量项目中独立机制和国家与地方管理机制的迅猛增加，全球自愿减排碳市场正向着独立机制和国家与地方管理机制占主导的格局过渡。

全球强制减排碳市场以碳配额为标的资产，是目前全球碳金融市场的发展重点。在《联合国气候变化框架公约》、《京都议定书》、《巴黎协定》和《格拉斯哥气候公约》等国际气候治理协定的共同推动下，各国或各地区正在运行的交易市场超过 30 个，其中国外主要强制减排碳市场包括欧盟碳排放权交易系统（EU-ETS）、英国碳排放权交易系统（UK-ETS）、北美碳市场西部气候倡议（WCI）和区域温室气体减排行动（RGGI）等。我国在《关于开展碳排放权交易试点工作的通知》的政策推动下，在北京、上海、深圳、天津、重庆、湖北和广东开设了 7 个区域试点，这 7 个区域试点成为我国设立碳金融市场的标志。其后，因我国碳金融市场交易和监管机制的逐步完善，2021 年 7 月全国碳排放权交易系统正式设立。目前我国碳金融市场已形成全国和区域联动、一级和二级共存、现货和衍生品协同推进的多层次、多层级的碳金融交易市场体系。

（一）市场层级

截至 2022 年，包括欧盟、美国、英国以及东亚的中国、日本和韩国等近 30 个国家和地区均相继宣布了碳中和的目标。由于碳金融市场本身具有得天独厚的市场优势，所以成为世界各国实现碳中和目标的重要政策抓手和推动力。目前全球正在运行的 33 个碳金融市场已经形成“1 个超国家级、8 个国家级、18 个省级或州级、6 个城市级”的全球碳金融市场层级，见表 1。

表 1　全球碳金融市场层级

超国家级	国家级	省级或州级	城市级
欧盟	英国 中国 德国 韩国 新西兰 墨西哥 瑞士 哈萨克斯坦	加利福尼亚州 康涅狄格州 特拉华州 福建省 广东省 湖北省 缅因州 马里兰州 马萨诸塞州 新罕布什尔州 新泽西州 纽约州 新斯科舍省 埼玉县 魁北克省 罗得岛州 佛蒙特州 弗吉尼亚州	北京 重庆 上海 深圳 天津 东京

资料来源：英大证券研究所，2021。

欧盟碳金融市场（EU-ETS）作为全球唯一一个超国家级碳金融市场，其市场发展最为成熟。国家级碳金融市场主要包括英国、中国、韩国、新西兰、墨西哥等各自设立的碳金融市场。英国的碳金融市场是从欧盟分割出来并于2021年1月1日成立的，其主体覆盖范围基本与欧盟一致。韩国碳金融市场于2015年1月设立，是全亚洲第一个全国性的碳金融市场，经过前后三次行业扩容后，目前已基本覆盖电力、工业、建筑、航空和废弃物等部门。其后，中国碳金融市场于2021年7月16日正式运作，目前仅要求电力行业企业履约，未来将逐步扩大覆盖范围。墨西哥碳金融市场作为新兴碳金融市场，2022年是其试点运行的第三年。此外的省级或州级和城市级碳金融市场目前以试点为主。

（二）产品工具

碳金融产品依据其产品谱系可以分为三大类，共12种金融产品。三大产品类型具体包括交易类工具、融资类工具和支持类工具，其中碳金融交易类工具主要由碳现货、碳货币、碳期货、碳期权、碳远期、碳掉期、碳指数交易产品和碳资产证券化组成，碳金融融资类工具主要由碳质押、碳回购、碳托管和借碳交易组成，碳金融支持类工具则主要由碳指数和碳保险组成。

1. 碳金融交易类工具

碳现货是碳金融的基础原生工具，主要包括碳排放配额（EA）和核证自愿减排量（CER）两种类型。

碳期货则是指将碳排放配额和核证自愿减排量等碳现货作为标的资产的期货合约。碳期货在合约交易、结算和清算等制度安排上基本与商品、金融期货一致，且能够有效解决市场信息不对称等问题。

此外，碳期权、碳远期和碳掉期除了标的资产不同，在合约的交易、结算和清算等制度安排上也和与之相对应的传统金融衍生工具基本一致。其中碳期权作为一种权利买卖合约，其标的资产包含碳排放权现货和期货两种，买方在支付一定权利金后，获得在约定时间以固定价格购买或出售一定数量标的资产的权利。碳远期作为目前国际最成熟和常见的金融衍生交易工具，以买卖双方撮合的方式约定在未来固定时期以约定的价格买卖一定数量碳排放配额和核证自愿减排量。而碳掉期由于交易成本低，成为相关企业进行碳资产管理的重要手段。碳掉期仍以碳排放权现货作为标的，交易双方主要将约定的固定价格与未来市场价格进行价格互换交易，到期后双方仅需对交易的价差进行结算。

碳指数交易产品与金融市场中指数型基金等交易产品类似。目前我国已开发的碳指数有中碳指数，用于跟踪和监控国内试点市场碳交易的流动性和成交价格。

碳资产证券化与抵押支持证券（MBS）类似，是主要将减排项目和碳配额的未来收益做抵押，并通过发行资产支持证券进行融资的一种金融工具。依据其资产类型的不同可具体分成碳基金和碳债券。

至于碳货币，学术界将其定义为基于碳排放权交易形成的可完全自由流通的货币，随着碳交易的兴起和壮大，管清友和王颖等学者认为“碳货币体系势不可挡”。

2. 碳金融融资类工具

碳质押是指融资方将碳排放配额或者项目核证减排量等碳现货资产作为质押物质押给投资方进行债券融资的金融手段。融资方所融入的资金与质押物的估值之间会有一定折价。在债务到期后，融资方通过支付本息对质押物进行解质押。

碳回购是指转让方为了获得融资将碳排放配额或者项目核证减排量等碳现货资产卖给受让方，并约定在未来某一固定时期以约定的价格购回对应的碳现货资产的交易协议。

碳托管是指碳资产持有者出于资产保值增值的目的，将对应碳现货资产交由专业资产管理机构进行交易管理的金融活动。

借碳交易是指借入方出于对碳排放配额的需求，通过缴纳一定的初始保证金向合格的碳排放配额借出方借入一定数量的碳配额，到期后返还同等数量的碳配额并支付一定比例利息的金融交易行为，借碳交易主要在交易所内进行。

3. 碳金融支持类工具

碳指数是交易所和指数公司等专业指数编制机构研发的，用于跟踪和监控碳资产价格和流动性等金融指标的市场指数。碳指数能够为相关市场参与者分析判断市场走势和发展动态提供最基本的信息。碳保险是指碳减排项目参与方为了规避项目的违约和投资风险，确保项目投资、交易和交付的顺利进行，向保险公司支付一定保费来获取风险事件发生时能够获得约定保险赔付的金融活动。

（三）碳金融市场表现与规模

在全球气候变化问题的压力下，各国各地区纷纷宣布自身的碳中和目标，并通过建立碳金融市场加以实现。2019~2021 年全球主要碳金融市场规模数据统计（见表 2）显示，2021 年全球主要碳金融市场交易总量为 158.11 亿吨，同年交易总额为 7593.51 亿欧元。

在全球各主要碳金融市场中，欧盟碳金融市场最为成熟，其市场交易总额占全球比重也最大，达到了近 90%。其后分别是北美和英国碳金融市场，占比约为 6%和 3%。截至 2021 年，中国碳金融市场规模还较小，其市场交易总额占全球比重不足 1%。但我国碳金融市场的规模增长率完全领先于全球其他市场，其中三年交易量年均增长率高达 207%，三年交易额年均增长率更是达到了 402%。

表 2　2019~2021 年全球主要碳金融市场规模

主要碳金融市场	2019 年		2020 年		2021 年		三年交易量涨跌幅（%）	三年交易额涨跌幅（%）	各市场交易总额占比（%）
	百万吨	百万欧元	百万吨	百万欧元	百万吨	百万欧元			
欧盟碳金融市场	8706	215894	10478	260067	12214	682501	17	162	90
英国碳金融市场	—	—	—	—	335	22847	—	—	3
北美碳金融市场	1673	22365	2010	26028	2680	49260	33	89	6
中国碳金融市场	130	249	134	257	412	1289	207	402	<1

续表

主要碳金融市场	2019年		2020年		2021年		三年交易量涨跌幅(%)	三年交易额涨跌幅(%)	各市场交易总额占比(%)
	百万吨	百万欧元	百万吨	百万欧元	百万吨	百万欧元			
韩国碳金融市场	38	744	44	870	51	798	16	-8	<1
新西兰碳金融市场	30	433	30	516	81	2505	170	385	<1
核证减排量	12	40	16	61	38	151	138	148	<1
总计	10589	239725	12712	287799	15811	759351	24	164	

注：①为了保持计量单位的一致，我们将货币单位转换为欧元，并将区域温室气体减排行动（RGGI）的交易单位转换为公吨；②各国和地区碳市场交易总量和交易总额既包括现货，也包括拍卖和期货，但不包括期权对应持仓；③中国碳市场交易总量涵盖区域试点ETS、全国ETS和中国核证减排量（CCERs）交易全市场，但交易总额只涵盖碳排放配额交易市场。

资料来源：路孚特（Refinitiv）公开数据，2021。

二　国内外创新产品实践及商业模式

（一）欧盟碳金融市场

欧盟碳金融市场（EU-ETS）作为国际碳金融市场的典型代表，在制度设计以及市场有效性、平稳性方面处于世界领先地位。从2005年试运行开始，经历了多年的完善和发展，目前已经进入发展的第四阶段（见表3）。在第四阶段中，欧盟碳金融市场的碳配额主要以拍卖形式发放，所覆盖的行业已逐步拓展至石化、化工、黑色、有色金属以及碳捕捉和储存等行业，覆盖的气体也进一步扩容，从原有的二氧化碳扩升到一氧化二氮、全氟化合物、含氟温室气体等，并且今年欧委会将2030年减排目标从40%提高到了55%，据欧委会发布的量化评估报告，在40%减排目标要求下，碳市场2030年减排力度为43%，而在新的55%的目标之下，碳市场减排力度会提升到62%~65%。

表 3　欧盟碳金融市场发展四个阶段

	第一阶段	第二阶段	第三阶段	第四阶段
时间	2005～2007 年	2008～2012 年	2013～2020 年	2021～2030 年
期初配额总量（$MtCO_2e$）	2096	2049	2084	1610
配额递减速率（%）	—	—	1.74	2.20
配额分配方法	免费分配 历史法	10%拍卖 历史法	57%拍卖 行业基准法	57%拍卖 行业基准法
覆盖行业范围	电力+部分工业	新加入航空业	新扩大工业 控排范围	无变化

资料来源：根据申万宏源研究整理，2021。

通过不断优化机制，欧盟碳金融市场有效加快了减排进程。总体来看，各行业排放量呈现下降趋势，其中电力行业减排幅度最大。根据 2008～2022 年 EU-ETS 覆盖行业碳排放量（见图 1），2008 年以来 EU-ETS 覆盖行业碳排放量平均每年下降 3%，而电力行业平均每年下降 4%。

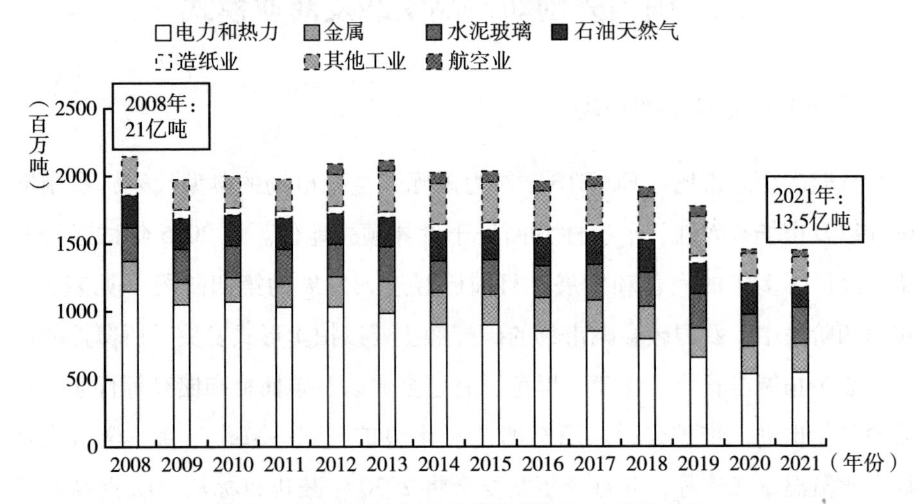

图 1　2008～2021 年 EU-ETS 覆盖行业碳排放量

资料来源：路孚特（Refinitiv）公开数据，2022。

碳金融产品方面，欧盟碳金融市场成熟，产品结构丰富，包含了现货与期货、期权等金融衍生品。其中现货交易产品主要有两大品种，分别为减排指标和项目减排量。减排指标包括欧盟碳排放配额（EUA）及欧盟航空碳配额（EUAA），EUA 作为基本履约单位由欧盟内部通过免费和拍卖形式发放，是碳市场运行的基础。项目减排量包括 CDM 机制下的核证减排量（CER）及 JI 机制下的减排量（ERU）。

衍生品方面，主要包括基于 EUA 的欧洲碳排放配额期货（EUA Futures）和欧洲碳排放配额期权（EUA Options）、基于 EUAA 的欧洲航空碳排放配额期货（EUAA Futures）、基于 CER 的核证减排量期货（CER Futures），EUA 期货作为金融衍生品具有重要的价格发现与风险对冲功能。

期货和期权是在交易所交易并集中清算的标准化产品，欧盟碳金融市场在运行之初有多个交易场所，经过并购与整合，欧洲能源交易所（EEX）、洲际交易所（ICE）成为欧盟碳排放配额（EUA）现货交易与期货交易的主要平台，其中 ICE 作为市场龙头占据了一级与二级市场份额的 92.9%。EEX 作为欧盟碳市场的重要组成部分，以配额拍卖为主，同时提供现货和期货交易。交易所作为主要的交易平台，提升了流动性，提供价格透明度，并充当交易的金融中介，通过其清算机制来降低交易对手风险，此外，交易所的合约为做市商对冲头寸提供了另一种途径（见表 4）。

表 4　欧盟碳排放配额（EUA）期货合约

交易品种	欧盟碳配额
交易代码	EUA
交易时间	周一至周五 08:00 开盘,18:00 收盘(欧洲中部时间)
交易方式	此合约可使用电子期货、实物交割、掉期交易和大宗交易
交易单位 合约规模	欧盟碳配额(EUA) 一手为 1000 个 EUA,每个 EUA 相当于所有权者能排放一吨二氧化碳当量气体
最小交易规模	一手
最小大宗订单	五十手
最低价格波动	每吨 0.01 欧元(即每手 10.00 欧元)
最大价格波动	没有限制
报价单位	欧元/吨

资料来源：ICE，2021。

EUA 与 EUA 期货作为欧盟碳金融市场中两个极为重要的交易品种，其价格与成交量代表了欧盟碳金融市场的发展与繁荣程度，两者均从 2005 年 4 月开始交易，其中 EUA 碳期货自 2005 年 4 月推出以来，交易量和交易额始终保持快速增长势头，已成为欧盟碳金融市场的主流交易品种。截至 EU-ETS 第二阶段（2008~2012 年），在全部 EUA 的交易中，碳期货交易量占比超 85%，而场内交易中其交易量更是达到总交易量的 91.2%。2015 年 EU-ETS 期货交易量达到现货的 30 倍以上；2018 年 EUA 期货成交量共计约 780 万手，即 78 亿吨二氧化碳当量；2021 年前二个季度 EUA 期货交易量约 490 万手，即 49 亿吨二氧化碳当量（见图 2）。

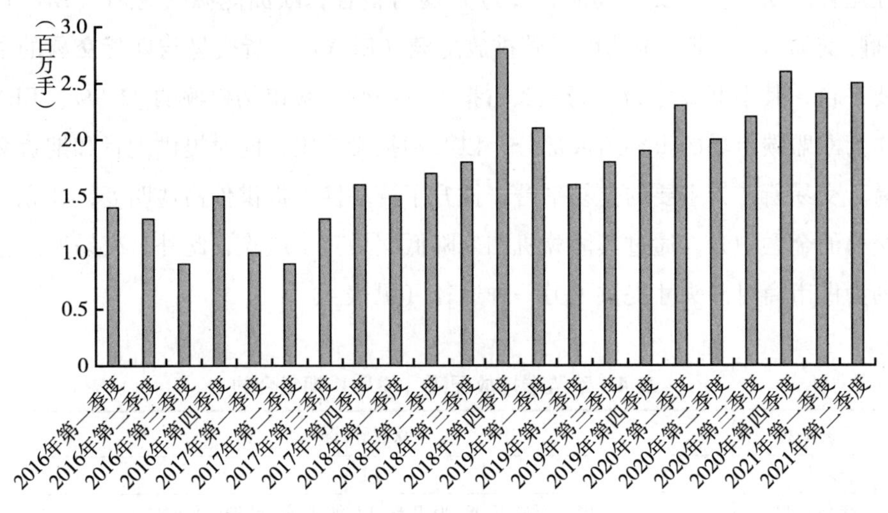

图 2　EUA 期货交易量

资料来源：ICE，2021。

此外，除了推出碳期货、碳期权、碳远期、碳掉期等衍生产品，欧盟碳金融市场的金融产品也越发多元化，推出了基于配额拍卖收入的两大碳市场基金，即“创新基金”和“现代化基金”，碳金融市场 2021~2030 年总配额所产生收入的 3%和 2%将被分别纳入其中管理。创新基金是当前世界上最大的创新低碳技术资助项目之一，专注于低碳创新，可再生新能源，碳捕获、利用和储存等项目的投资，而现代化基金则是欧盟为帮助十个欠发达的中东欧成员国而设立的基金，专注于投资特定国家偏小型的能源现代化项目。[①] 为提供直观反映市场整体价格动态的风向标，欧盟碳金融市场已开发多项碳指数，包括欧洲能源交易所（EEX）在 2020 年发布欧盟碳配额现货价格指数，洲际交易所（ICE）开发的基于欧盟碳配额、美国加利福尼亚州和 RGGI 以及其他全球碳期货指数，充分助力投资者了解碳金融市场的供求状况和价格信息，投资碳金融市场并对冲风险。相关参与主体也不断丰富，包括商业银行、投资银行、私募基金等，这些主体或直接投资碳产品，或提供中介服务。

（二）全国碳金融市场

中国的碳金融市场（ETS）于 2021 年 7 月 16 日正式上线上海环境能源交易所，目前包含了 2225 家二氧化碳年排放量超过 26000 万吨的发电企业，共计覆盖了 45 亿吨年排放量，占我国总排放量的 40%左右。未来几年钢铁、有色金属、水泥等高排放行业也有望纳入系统。目前来看，我国碳市场相关的基础金融资产主要包括碳配额（CEAs）、国家核证自愿减排量（CCERs）和绿证等。

我国 ETS 与欧盟 ETS 等其他类似系统不同，我国的碳配额供应总量是基于纳管企业的碳排放强度进行调整的，没有预先设定一个参数逐年削减配额总量。第一期（2019~2020 年）我国 CEAs 供应总量略高于需求量，因为纳管企业可通过成本更低的 CCERs 来抵减 5%的排放量。

我国另外两个主要碳机构也于 2021 年启动交易，分别是北京绿色交易所和湖北碳排放权交易中心。北京绿色交易所是纳管企业交易用于履约 CCERs 和自愿碳减排量（VERs）的全国交易平台。在全国碳金融市场开放注册登记之前，湖北碳排放交易中心是临时碳配额持有量和交易量注册登记平台。

---

① 薛皓天：《碳市场收入的使用与管理：欧美实践及其对中国的借鉴》，《中国地质大学学报》（社会科学版）2022 年第 4 期。

从全国碳金融市场成交情况来看（见图3），我国碳金融市场当前有效性不足，主要体现在市场成交集中、碳价不稳定这两个方面。2021年全国碳金融市场成交主要集中在三个时间段，分别是7月开市初期、9月碳配额核定发放阶段以及11月之后临近履约阶段。由于交易量集中，碳价波动也相对较大。7月开市初期，由于市场成交热情较高，碳价维持在50元/吨以上。8月、9月交易热情回落，碳价下跌至40元/吨左右。11月之后，受履约压力影响，市场成交量再度回升，碳价回到50元/吨以上。

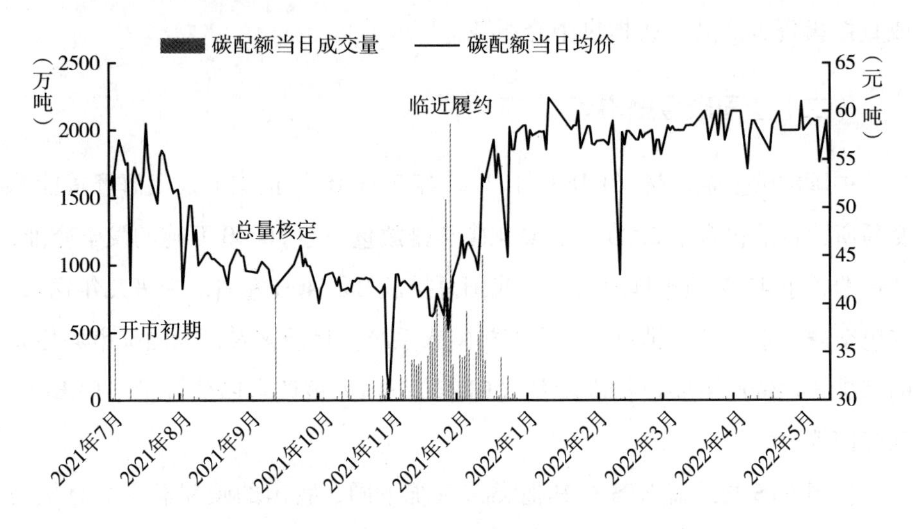

图3　2021~2022年5月全国碳金融市场成交情况

资料来源：上海环境能源交易所数据整理，2022。

从全球主要碳金融市场成交情况来看（见图4），2021年全球主要碳金融市场碳配额价格大幅上涨，其中欧盟碳配额价格上涨了50%以上。对比来看，我国碳配额价格不涨反跌，也一定程度上说明了我国碳金融市场目前有效性不足。

我国碳金融市场有效性不足是由多方面原因造成的。首先，从碳配额总量和分配机制来看，我国碳配额总量是基于纳管企业碳排放强度设定的，存在配额核算滞后且供应量不稳等劣势。这造成市场参与主体难以分析碳配额供需情况，纳管企业也就不愿持有碳配额。分配机制方面，配额分配及上缴

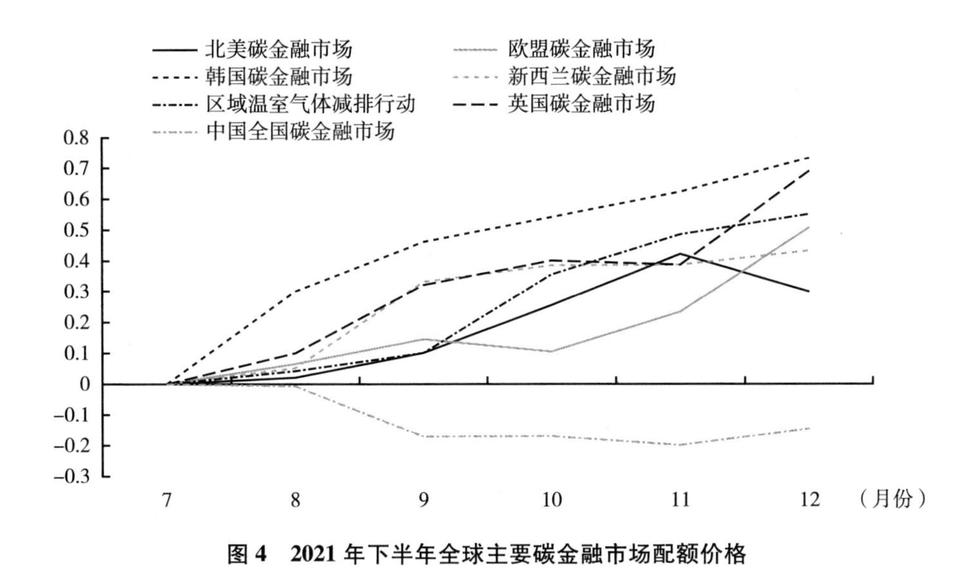

图 4　2021 年下半年全球主要碳金融市场配额价格

资料来源：路孚特（Refinitiv）公开数据，2022。

存在时滞，提前持有碳配额将承担碳价波动风险，因此纳管企业更倾向于临近履约时根据核定配额总量进行交易。其次，参与主体方面，我国碳金融市场参与主体受限。目前我国碳金融市场参与主体为发电企业，而欧盟碳金融市场有大量金融机构参与其中，有更多的流动性。尽管金融机构的参与也引发了欧盟成员国对金融投机行为的担忧，但经欧盟证券和市场管理机构调查，未发现市场操纵的迹象。

（三）试点地区创新产品

相比全国碳金融市场，我国区域碳金融市场拥有更丰富的碳金融实践工具，具体运用情况见表 5。其中，碳质押、碳远期等金融工具已经实现了常规化应用，但仍有一部分工具仅有少量尝试。在全国碳金融市场正式上线后，我国碳金融发展环境得到优化，发展基础更加完善，对碳金融工具的需求也更加旺盛。当下我国九个区域碳金融市场的创新实践，对全国碳金融市场的建设完善有重要借鉴意义。

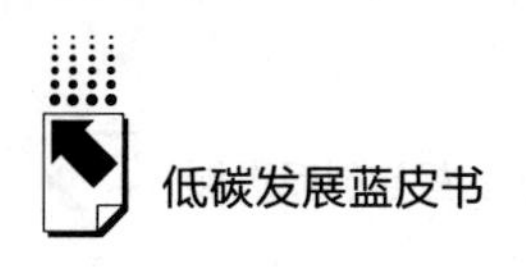

表 5　我国区域碳金融市场对碳金融工具的运用情况

<table>
<tr><th rowspan="3">工具类别</th><th rowspan="3" colspan="2">具体工具</th><th colspan="9">地区</th></tr>
<tr><th colspan="7">试点</th><th colspan="2">非试点</th></tr>
<tr><th>北京</th><th>上海</th><th>天津</th><th>深圳</th><th>广东</th><th>重庆</th><th>湖北</th><th>福建</th><th>四川</th></tr>
<tr><td rowspan="5">交易工具</td><td colspan="2">碳期货</td><td></td><td></td><td></td><td></td><td></td><td></td><td></td><td></td><td></td></tr>
<tr><td colspan="2">碳期权</td><td>√</td><td></td><td></td><td></td><td></td><td></td><td></td><td></td><td></td></tr>
<tr><td colspan="2">碳远期</td><td></td><td>√</td><td></td><td></td><td>√</td><td></td><td>√</td><td></td><td></td></tr>
<tr><td colspan="2">碳掉期</td><td>√</td><td></td><td></td><td></td><td></td><td></td><td></td><td></td><td></td></tr>
<tr><td colspan="2">碳指数交易产品</td><td></td><td></td><td></td><td></td><td>√</td><td></td><td>√</td><td>√</td><td></td></tr>
<tr><td rowspan="6">融资工具</td><td colspan="2">碳质押</td><td>√</td><td>√</td><td></td><td>√</td><td>√</td><td></td><td>√</td><td>√</td><td></td></tr>
<tr><td colspan="2">碳回购/逆回购</td><td>√</td><td>√</td><td></td><td>√</td><td>√</td><td></td><td>√</td><td>√</td><td></td></tr>
<tr><td colspan="2">碳结构性存款</td><td></td><td></td><td></td><td>√</td><td></td><td></td><td>√</td><td></td><td></td></tr>
<tr><td colspan="2">碳信托</td><td></td><td>√</td><td></td><td></td><td></td><td></td><td></td><td></td><td></td></tr>
<tr><td rowspan="2">碳资产证券化</td><td>碳债券</td><td></td><td></td><td></td><td>√</td><td></td><td></td><td>√</td><td></td><td></td></tr>
<tr><td>碳基金</td><td></td><td></td><td></td><td>√</td><td></td><td></td><td>√</td><td></td><td></td></tr>
<tr><td rowspan="3">支持工具</td><td colspan="2">碳托管</td><td></td><td></td><td></td><td>√</td><td>√</td><td></td><td>√</td><td>√</td><td></td></tr>
<tr><td colspan="2">碳指数</td><td>√</td><td></td><td></td><td></td><td>√</td><td></td><td></td><td></td><td></td></tr>
<tr><td colspan="2">碳保险</td><td></td><td></td><td></td><td></td><td></td><td></td><td>√</td><td></td><td></td></tr>
</table>

资料来源：根据区域碳交易试点公开数据整理。

1. 碳期货

碳期货是以碳配额为现货标的的期货合约。碳期货可以为碳金融市场提供流动性并具有价格发现功能，尽量减少市场的信息不对称，也可以为纳管企业提供套期保值工具来规避风险。在全球主流碳市场中，碳期货也是最为活跃的碳交易品种。

目前我国碳期货正在大力研发中。2016 年《关于构建绿色金融体系的指导意见》指出要“探索研究碳排放权期货交易”。2021 年，广州期货交易所揭牌，将积极探索碳期货市场建设。2021 年 10 月 17 日，广州期货交易所副总经理曹子海表示，相关人员正在推进碳期货品种研究开发工作。

2. 碳期权

碳期权指双方以碳配额为标的，通过签署合同形式进行期权交易。目前我国碳期权全部为场外期权，通过交易所进行权利金的监管以及合约执行。

2016 年 6 月 16 日，北京京能源创碳资产管理有限公司、深圳招银国金投资有限公司、北京环境交易所签署了国内第一笔场外碳期权合约，成功完成 2 万吨交易。2016 年 7 月 11 日，北京绿色交易所公告了《碳排放权场外期权交易合同（参考模板）》，自此，碳期权成了北京碳金融市场的重要组成部分。

3. 碳远期

碳远期指双方通过合约约定未来某一时间买卖碳配额的交易方式。目前碳远期在国际碳金融市场中已得到广泛运用。在我国区域碳金融市场中，上海、广东、湖北都有碳远期试点交易。不过由于流动性、成交价格波动等因素，广东、湖北已取消相关业务。

2017 年 1 月，上海碳配额远期正式上线，该产品以上海碳配额为交易标的，由上海清算所提供清算服务，由上海环交所进行交易组织。截至 2020 年 12 月 31 日，上海碳远期累计成交 4.3 万个协议，累计交易 433.08 万吨碳配额，交易额达到 1.56 亿元。

4. 碳掉期

碳掉期是指双方交换资产或等价现金流的合约，以场外交易为主。实践中碳掉期通常有两种形式，一是以现金流结算标的物即期、远期之间的价差；二是通过资产互换交易，如 CCER 互换交易。

2015 年 6 月 15 日，北京京能源创碳资产管理有限公司、中信证券、北京环境交易所正式签署国内第一笔碳配额掉期合约，成交 1 万吨。交易双方通过非标准化合约形式展开交易，由北京环境交易所负责保证金的监管与交易清算。场外碳掉期也是北京碳交易所的重要创新产品。

三　中国碳金融市场不足与难点

我国碳金融市场目前还在初期阶段，很多的基础工作还有待进一步发展，尤其是与之相关的金融“基础设施”建设还需尽快开展，包括标准、项目库以及与之配套的第三方服务等。对中国碳金融市场分析，需从狭义和广义两个视角开展，两个视角下问题的重点不同，影响因素差异较大。以碳

市场为基础的狭义碳金融，主要问题是流动性不足引发金融创新难；而广义的碳金融主要问题是“基础设施”建设不足。

（一）履约是当前碳金融市场参与主体主要目标

流动性不足限制碳金融产品创新。以履约为主要目标是当前我国碳金融市场的主要特征，2021 年启动的全国碳金融市场目前仅有 2000 余家电力企业参与交易，投资机构等主体尚未被允许入场交易。控排企业主要以履约为目标，交易频次较低，市场整体换手率非常低，且交易主要集中在履约的前两个月，流动性严重不足。流动性不足，一方面是碳金融市场整体受政策影响较大，另一方面也与企业的认知不足有关。企业风险管理意识不强，在现货市场交易不足的情况下，缺乏对碳金融产品创新的需求，也进一步限制了相关产品的推出。此外，流动性不足还与市场整体监管制度有关，碳金融市场的监管归生态环保部门，但金融交易产品的监管归证监会，部门之间的制度差异也是影响产品创新的重要原因。但整体而言，履约型的碳金融市场与欧洲碳金融市场有非常大的差异，2021 年欧洲碳金融市场交易量达到 7600 亿欧元，现货交易占比非常少，衍生品的交易占据主导地位。国内碳金融市场启动仅一年，想要提升流动性，还有很长的路要走。

企业的需求需要较长时间的培育。碳交易在我国并非新鲜事物，从 2013 年开始试点至今，已接近 10 年，但 2021 年启动的全国碳金融市场，对非试点地区企业来讲，还是非常陌生的事物，大部分企业依然将其作为一项政府任务来完成，并没有将其作为一项金融工具来对待，对碳配额的资产属性、金融属性理解不到位，资产的保值增值管理意识不强，所以也导致了对碳金融产品缺乏需求。因此，从需求端看，还需要进一步培育，激发企业的碳配额资产管理意识。与此同时，从产品供给端看，尽管在试点期间推出了碳远期、借碳等产品，但由于现货市场交易低迷，这些产品并没有成规模，零散的几个项目后，再无拓展。从根本上来讲，还是在于需求端，需求不足，碳金融产品便无市场。因此，激发需求端的活力，培育控排企业资产管理意识，是一项长期的工作。

碳定价传导机制的研究不足。碳定价的核心意义在于将负外部性内部化，在大气排放空间成为稀缺资源后，给碳排放一个明确的价格信号，使得碳排放成为重要的生产要素，被纳入企业的经营成本核算。碳金融市场启动后，通过交易产生的价格，为企业核算真实成本提供了必要的依据。但是对于碳价格如何传导到产品定价中，并以此来量化碳的成本，相关的研究还未成型。尤其是对能源、大宗商品生产企业来说，全国碳金融市场的扩容、配额有偿分配的推出、企业的技术水平等各种因素直接决定了其在全国市场中的成本收益，这部分成本收益如何量化，能否传导到下游，以及碳价与能源、大宗价格如何波动，这些都是碳金融产品研发的基础。因此，随着碳金融市场的发展以及交易数据的不断积累，相关的研究需要尽快推出，为企业制定个性化的风险对冲产品，进一步丰富碳金融工具。

（二）“双碳”工作基础制度有待进一步完善

碳金融“基础设施”有待完善。配套措施不到位是制约碳金融发展的重要因素，尽管目前已经出台的各种管理办法中均提出要加强项目的环境效应、减排效应评估，但与之配套的第三方评估流程、制度、机构白名单等尚未规范，机构可依据的标准较多，第三方机构出具的碳排放报告由于核算的范围、排放因子不同，同一项目碳排放测算的结果往往差异较大。除标准外，人才匮乏也是制约碳金融发展的重要基础性因素，碳金融市场在我国已有近 10 年的发展历程，但人才的培养需要一定的周期，碳金融又是一个多元学科交叉的领域，对人才的要求较高，2022 年教育部也出台了《加强碳达峰碳中和高等教育人才培养体系建设工作方案》，但短期内人才短缺的问题依然难以解决，这也需要在现有的体系中，尽快培养相关专业人才。与此同时，与碳金融发展相关的法律制度、财务管理制度有待进一步完善，尤其是碳配额的金融属性问题，尚无清晰严格的表述，各项业务开展后的财务处理需要进一步规范化。

碳金融的概念、边界不清晰，导致金融机构难以精准施策。碳金融、绿色金融、气候投融资等概念重叠度很高，尤其是“双碳”目标提出后，碳金融的概念更是大加扩展。边界不清晰，也就意味着标准不统一，对于哪些项目属于碳金融支持范围就存在模糊性。例如新能源项目，由于其良好的减排效应和环境效应，是各类金融资金支持的重点。但一些社会效应较好但收益较差的项目，很难获取低成本资金的支持。在严格风险控制的情况下，收益依然是金融机构考虑的重要因素。由于没有标准统一的项目库，各个金融机构对碳金融项目的支持范围和力度也存在较大的差异。因此，清晰完整表述碳金融的概念和范围，建立口径一致的项目库，有助于全国统一碳金融市场的发展。

“双碳”项目的低收益与长周期，环境效益较难量化且内部化。将外部性内部化是经济学领域的重要研究课题，由此也产生了包括补贴、交易、征税等一系列的措施。在碳中和的大背景下，“双碳”项目往往具有较好的正外部性，其中不乏收益较好的项目，例如新能源类项目。但是对于适应气候变化类项目，以及处于产业早期的一些项目，虽然具有良好的社会效益和环境效益，但收益较差，资本回报周期较长，这类项目恰恰最需要金融支持，需要在资金成本方面给予其适度的补贴，以此来弥补发展早期阶段的收益不足问题。比如氢能类的项目，在目前的情况下，受需求尚未大幅增加、部分技术尚不成熟等因素影响，项目收益较差，需要低成本的政策类资金，也需要财政资金的适度补贴还需要进一步规范第三方评估制度，客观准确地评估项目的减排收益，并使其与碳定价挂钩，在碳定价的背景下，重新评估项目的成本收益。

碳风险对冲产品较少，风险评估有待强化。随着全球碳定价制度的日益完善，各地“双碳”政策的陆续出台，企业面临越来越多的“双碳”政策风险，比如 2021 年的拉闸限电等，极易导致企业在短期内面临较大的冲击。此外，随着全球气候变化的不断加剧，极端天气频发，企业的物理设施也面临风险。在全球向碳中和迈进的过程中，企业面临越来越多的碳风险，对冲风险就成为企业未来化解压力的重要工作。但从目前碳金融市场来看，相关的产品还较少，尤其是应对碳定价风险的产品，受量化难、数据少、企业重视程度低等因素制约，还没有成熟的产品推出。尽管在过去几年中，保险、基金等机构推出一些抗风险产品，但受制于各种因素，没有规模化，也很难形成标准化的产品。企业对于碳风险的认识不足，对风险的评估也尚未有效展开。随着中国碳金融市场的不断完善，碳价格信号越来越明晰，风险对冲产品也要尽快推出，帮助控排企业有效应对相关风险。

四　中国碳金融市场未来展望与政策建议

（一）碳金融市场运营日趋规范与完善

从狭义的碳金融市场来看，近一年来统一的全国碳交易市场发挥了交易、结算、投资等核心功能，达到了我国管理部门设立市场的初期目标。但未来要在“双碳”发展中起到更大的作用，全国碳交易市场还将呈现快速发展态势。①入市交易的控排行业应不断扩大，交易企业不断增加。②市场成交量和金额不断扩大，随着入市的控排企业不断增加以及机构投资者的择机入市，交易规模和金额将逐年递增。③交易风控制度不断完善，借鉴成熟市场碳交易市场以及我国资本市场的发展经验教训，对现有交易制度、结算制度、风控制度等进行修订，在此基础上建立市场制度、金融机构参与碳市场规则等专门制度。④二级市场流动性进一步增强。当前，全国碳交易市场流动性仍有提升空间，而二级市场将是未来碳市场的核心，增强二级市场流动性的关键在于形成相对稳定的价格预期。如果碳配额价格波动比较稳定，控排企业持有碳配额的意愿将有所提升，临近履约集中交易的市场异象或将好转，这就要求当前的制度设计对碳配额的供需做出明确指引。具体而言，由于需求具有弹性，那么碳配额供应则应完全可控。因此，在制度设计上形成一个稳定的碳配额供应预期将有助于市场进行交易定价。借鉴欧盟碳交易市场经验，可以预先设定一个逐年削减配额总量的参数，有了相对稳定的供应预期，金融机构参与市场定价的意愿也将提升。

（二）我国碳金融市场基础设施建设将不断加强

一般来说，金融市场基础设施主要包括技术交易系统、交易结算系统、相关服务组织、市场交易数据等，涉及的组织包括交易所、结算所、数据服务机构、核查机构、评估机构、法律服务等。碳资产是近年出现的另类资产，除了具有一般金融资产的特征，还具有一定的特殊性，即在登记、结算、缴纳、核查等方面需要做出特殊安排。未来碳金融要想长久稳定发展，基础设施需获得较大投入，从而夯实其发展基础。具体而言，可从以下几个方面入手：一是加强碳金融标准制定，制定相关统一的碳排放核算、碳金融统计等标准；二是加快信息化建设，推动建立项目库、数据库，建立项目碳排放核算数据库平台；三是建立信息共享机制，主要包括企业数据、技术数据、碳资产数据、金融数据、税收数据等，同时碳金融法律服务也需得到进一步的重视和加强。

（三）我国碳金融市场将在资源优化配置中发挥重要作用

“双碳”目标是未来我国的长期国策，是一场系统性的社会变革，金融资源能否做到高效率的配置，起到调节社会资源流动的作用，关乎“双碳”战略的实现与否。因此，政策性金融和商业性金融都要发挥作用，对长期的、具有基础作用的技术和行业等，政策性金融要优先发挥作用；对具有较大成长性、具有市场前景的行业、技术、企业，商业性金融要以市场化为原则发挥作用。

未来我国碳金融市场将形成以机构投资者、金融机构为主，其他组织和个人投资者为辅的参与者结构。其中持牌金融机构、类金融机构、碳资产管理公司等机构投资人，通过参与相关碳金融业务，可以充分发挥发展地方经济的核心功能，在产业转型、消费设施升级、技术引进、招商引资等方面发挥其他机构不能发挥的独特作用。个人可以作为普通投资者参与碳交易以及其他碳金融投资业务，例如通过碳普惠机制创立、管理自己的碳资产，奉献社会的同时获得收益。目前，上海市、北京市已经在全市范围内推广碳普惠制度，相信未来将会有更多的地方推广碳普惠制度。

（四）碳金融产品创新不断涌现

具体而言，包括银行贷款、银行投贷联动试点、券商的投融资活动、基金等资产管理方式将不断创设碳资产产品，包括以碳中和为主题的投资基金产品，以投资碳资产为主题的信托产品以及期货公司为客户提供的相关碳期货等专项产品。其中对降碳技术的投融资业务尤为重要，长期绿色信贷和投贷联动无论是对降碳新技术的投资，还是对低碳绿色企业 IPO 以及再融资的投资，都有巨大的发展空间。

（五）碳金融在“双碳”发展战略中将发挥重要作用

碳金融在实现碳达峰、碳中和目标的进程中大有可为，在未来一段时期，我国资本市场围绕“双碳”服务将在以下方面展开工作。第一，加大对低碳产业中的优质企业 IPO、再融资服务。第二，强化上市公司环境信息披露，引导上市企业关注绿色发展。第三，加快绿色债券的发展，助力企业低碳融资，提高发债数量和质量。第四，拓展绿色投资产品，丰富低碳资产品种，在二级市场创立碳中和指数，与 ESG 字数协同发展，加快相关投资品种开发。第五，开发碳金融衍生品。目前监管安排的场内碳衍生品主管机构是广州期货交易所，从准备情况来看，2022 年内可能会开业交易。场外衍生品要充分发挥券商、基金等专业投资机构的人才、资金、技术、风控等优势，开展相应的产品创新，与现货市场协调发展，丰富碳金融市场的产品线，起到优化资源配置的作用。第六，充分发挥资本市场人才、资本、技术、品牌等优势，鼓励银行、券商、基金、期货、信托等机构设立新的产品，创新业务模式，加强金融资源调配，引领社会发展潮流，推广绿色、低碳发展文化。

（六）我国碳金融人才队伍培养不断加强

碳金融要获得发展，必须有充足的人才储备，需要擅长技术、金融、管理、法律等跨学科的复合型人才。未来碳金融人才培养包括高等院校、企业

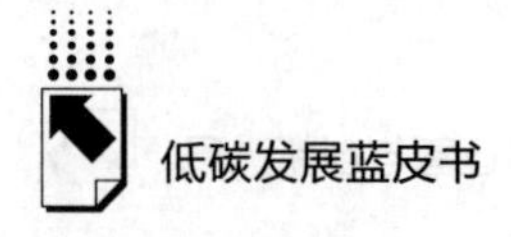

培养、社会培训三个层次。在自主培养的同时，要加强对外合作交流。为了充分调动各方力量培养人才，未来可以有两种培养模式，第一种是金融机构、大型企业与高等学校联合办学，培养碳金融人才；第二种是国内高校与国际知名高校联合办学。

（七）我国涉碳法规体系不断完善，碳金融活动日趋规范

目前涉及碳金融等商业活动的法规散布于不同的法律法规中，尚未成体系。市场经济是法制经济，没有相关法律保障，碳金融活动难以稳定长久发展。地方政府也正着手绿色金融的相关立法。2022 年 6 月，上海市人大常委会通过了《上海市浦东新区绿色金融发展若干规定》，对在上海浦东新区开展的绿色金融活动进行规范。就全国而言，在《碳排放权交易管理暂行条例》出台后，应尽快完善相关法规配套措施。待条件成熟时制定《中国双碳工作推进法》，以规范包括碳金融活动在内的“双碳”业务方方面面的工作。

参考文献

[1] 王风荣、王康仕：《绿色金融的内涵演进、发展模式与推进路径——基于绿色转型视角》，《理论学刊》2018 年第 3 期。

[2] Semieniuk G., Campiglio E., Mercure J. F., et al., “Low-carbon Transition Risks for Finance,” *Advance Review 8* (2020): 22-32.

[3] Chevallier J., Goutte S., Ji Q., et al., “Green Finance and the Restructuring of the Oil-gas-coal Business Model under Carbon Asset Stranding Constraints,” *Energy Policy 12* (2021): 150-156.

[4] 陆岷峰、周军煜：《金融治理体系和治理能力现代化中的治理科技研究》，《广西社会科学》2021 年第 2 期。

[5] 陆岷峰、徐阳洋：《科技向善：激发金融科技在金融创新与金融监管中正能量路径》，《南方金融》2021 年第 1 期。

[6] 张叶东：《“双碳”目标背景下碳金融制度建设：现状、问题与建议》，《南方金融》2021 年第 11 期。

[7] 朱民、潘柳、张娓婉：《财政支持金融：构建全球领先的中国零碳金融系统》，《财政研究》2022 年第 2 期。
[8] 邓宇：《基于碳排放权的金融产品创新与发展路径》，《银行家》2022 年第 1 期
[9] 陈惠珍：《中国碳排放权交易监管法律制度研究》，社会科学文献出版社，2017。

评价篇

Evaluation Report

B.10
中国碳排放权交易市场综合评价报告（2021~2022）

宋策　许伟*

摘　要： 随着全国碳排放权交易市场（以下简称“碳市场”）的运行和发展，碳排放权交易对实现国家减排目标的作用和意义将会愈加凸显。构建中国碳市场综合评价指标体系，评价中国碳交易市场在运转情况，对我国顺利实现“双碳”目标有着十分重要的现实意义。本报告结合了前人研究成果，克服了现有研究的局限性，结合碳市场建设目标和市场运转情况，综合考虑了交易规模、市场结构、市场价值、市场活跃度，以及市场波动性五个维度，选取10个具体指标构建了中国碳市场综合评价指标体系，基于月度交易数据对2021年7月16日至2022年7月16日共计242个交易日的中国碳市场运转情况进行了评价。研究发现，在过去的一年中，全国碳市场和八个碳

* 宋策，管理学博士，山东财经大学中国国际低碳学院讲师，主要研究领域为低碳经济与管理、能源与环境政策；许伟，山东财经大学工商管理学院硕士研究生，主要研究领域为低碳经济。

交易试点市场的综合得分均有不同程度的上涨。得益于碳交易试点市场长期以来积累宝贵经验，全国碳市场在初建阶段发展比较迅速，在交易规模、交易价格、市场活跃度等几个关键指标上快速超越了碳交易试点市场。总体来看，全国碳市场自2021年7月启动以来，市场运行总体平稳，初步构建了科学有效的制度体系，有效发挥了促进企业减排和碳定价的作用。但由于发展时间较短，全国碳市场仍存在纳入行业单一，市场交易活跃度较低，交易产品种类较少等问题。对此，本报告从扩大覆盖范围、提高活跃度和流动性、推动CCER重启以及引入碳金融产品等视角提出了推进中国碳市场后续发展的对策建议。

关键词： 碳交易市场　综合评价指标体系　优势解距离法

一　引言

碳市场的存在使得碳排放不再只是企业生产过程的副产物，而是成为企业的一种资产，可以引导企业主动参与低碳化进程，推动企业低碳技术研发，降低企业减排成本，通过市场机制倒逼产业结构升级和企业生产清洁转型，实现经济增长、企业成长与碳减排三者之间的平衡发展。碳市场的根本原理在于，通过设定碳排放配额的方式，人为地赋予碳排放权稀缺性特征，从而使碳排放由企业外部成本转变为一种企业资产，通过合理的碳定价机制建立起价格信号，在成本驱动和利益导向的双重作用下帮助企业自主实现碳减排。

过去的10年时间里，我国先后围绕几个试点地区，在碳市场建设方面展开了许多探索和尝试。2011年，国家发展改革委明确提出在北京、上海、天津、深圳、湖北、重庆、广东七个地区建立区域碳交易试点市场。2013年6月，我国首个区域试点碳交易市场——深圳碳市场正式开始运行。此后，北京、广东、湖北等地的碳市场试点工作也相继启动。2016年，福建和四川也加入了碳交易试点市场行列。截至2021年6月底，我国碳交易试点市场共包含企业3000余家，覆盖了电力、热力、水泥、交通运输、钢铁等20多个行业，累计碳排放权交易规模近4.8亿吨，成交额约114亿元。

基于过往碳交易试点市场建设运营过程中积累的宝贵经验，2017年12月，国家发展改革委印发了《全国碳排放权交易市场建设方案（发电行业）》（以下简称《方案》），我国全国碳市场的建设工作正式提上日程。该方案将我国全国碳市场的建设工作分为了三个阶段，包括基础建设期、模拟运行期、深化完善期。《方案》提出，待相关准备工作完成之后，全国碳市场预计将在2020年前后正式开始运转。此后，2019年，我国生态环境部印发了《碳排放权交易管理暂行条例（征求意见稿）》，对全国碳市场的运行机制、交易对象、所涉行业等具体内容进行了初步设计和拟定。2021年7月16日，全国碳交易市场正式启动，首批重点排放企业覆盖碳排放量超过45亿吨，交易产品为碳排放配额（CEA）现货，可以采取挂牌协议交易和大宗协议交易两种交易方式进行交易。碳交易市场不仅为我国温室气体减排、低碳技术投资和能源结构转型做出了重要贡献，更已成为落实我国“3060”“双碳”目标的重要政策保障。但与此同时，当前我国碳交易市场仍然面临诸多现实问题。

碳市场的活跃度较低。在全国碳市场正式启动运行的第一个交易日，受首日效应的影响，碳配额交易比较频繁，共成交碳配额410.4万吨，成交额超过2.1亿元，平均成交价约为51.17元/吨。但从第二个交易日开始，企业参与碳交易的积极性明显减退，许多交易日仅成交数十吨碳配额，碳市场活跃度持续低迷。截至2022年7月15日，全国碳市场运行满一周年。在这一年中，全国碳市场共成交碳排放配额1.94亿吨，成交额为89.42亿元，平均成交价约为46.09元/吨。按照市场容量和交易量进行计算，全国碳市场的换手率仅为2%。与欧盟碳市场417%的换手率相比，我国碳市场仍存在很大差距。这一结果表明虽然我国碳市场的市场容量很大，但由于仍处于发展初期，各企业的参与度仍然较低，交易额远低于欧盟碳市场，市场活跃度还有很大的提升空间。

碳排放配额交易主要集中在履约周期临近结束时，市场成熟度有待提升。在全国碳市场建设的前三个月，整体交易量较少。截至2021年10月30日，全国碳市场碳排放配额累计成交量仅为 2000 万吨，累计成交额为 9 亿元。2021 年 10 月 26 日，我国生态环境部发布了《关于做好全国碳排放权交易市场第一个履约周期碳排放配额清缴工作的通知》（以下简称《通知》），要求在 2021 年 12 月 15 日 17 点前本行政区域内 95%的重点排放单位完成履约，12 月 31 日 17 点前所有重点排放单位完成履约。文件发布后，碳排放配额日交易量呈现明显的上升趋势，并在 2021 年 12 月达到顶峰。该月碳排放配额的日交易量大多维持在 500 万~1000 万吨，最高时达到了近 2000 万吨。仅在这一个月内，全国碳市场完成碳排放配额交易 1.36 亿吨，成交额高达 58 亿元。然而，在履约清缴工作完成之后，碳排放配额成交量迅速萎缩，2022 年上半年，全国碳市场碳排放配额月成交量均不足 1000 万吨，累计成交额仅为 7.58 亿元。整体来看，全国碳市场建设初期交易量较少，履约周期临近结束时碳市场交易量激增，但履约周期过后成交量迅速下降。

从交易价格来看，与全球 2℃温升控制目标下近百美元的同期理想碳价相比，我国碳交易市场的碳交易价格严重偏低。2021 年 7 月 16 日，我国碳排放配额初始开盘价为 48 元/吨，开市以来，在最初的十几个交易日中 CEA 价格一路上扬，盘中最高价曾一度达到 61.07 元/吨。整个 8 月，全国碳市场日均成交价始终在 50~60 元/吨波动。从 8 月底开始，伴随成交量的回落，价格也开始震荡下行。从 9 月至 12 月初，日均成交价基本维持在 40 元/吨附近。但从 12 月中旬开始，由于履约期临近，碳排放交易量激增，碳市场的日均成交价快速走高，到 12 月底上升至 60 元/吨。截至 2022 年，碳市场日均成交价始终维持在 60 元/吨左右，基本保持平稳。然而，过低的碳交易价格并不利于区域低碳技术投资和能源结构转型，长此以往可能导致其碳排放水平偏离理想的排放路径，最终影响我国宏观碳减排目标的如期实现。

从覆盖广度来看，与我国碳交易试点市场相比，全国碳市场的行业覆盖广度尚需扩大。经历了多年的发展，我国碳交易试点市场的覆盖范围明显较大，共覆盖电力、钢铁、水泥等 20 余个行业近 3000 家重点排放单位。而全国碳市场运行时间较短，自启动以来，只将电力行业纳入了全国碳排放权交易的范围。此外，从产品种类来看，我国碳市场的产品种类较为单一，主要为碳配额现货交易。国家核证自愿减排量（CCER）项目备案审批长期处于停滞阶段，碳远期、碳期货、碳掉期等碳金融衍生品开发较少，交易规模较小，尚未形成真正的碳金融市场。

综上所述，我国碳排放权交易市场建设尚处于初级阶段，仍存在一些明显短板。碳市场体制机制建设尚不完善，市场秩序及碳价变化主要依靠政府政策引导，纳入行业单一，碳减排成本无法向产业链上下游传导，市场活跃度较低，碳价低迷。随着全国碳市场的运行和发展，碳排放权交易对实现国家减排目标的作用和意义将会愈加凸显，因此，构建中国碳市场综合评价指标体系，评价中国碳市场在运转情况，并发现不足、指出问题，提出推进中国碳市场健康发展的对策建议，完善碳市场建设使其发挥在经济社会运行中的作用显得尤为重要。目前，学术界对碳市场评价的相关研究主要聚焦在效率、成熟度、有效性、市场风险等方面，少有研究从整体视角出发，综合考量碳市场各项特征评估其整体发展水平。关于碳市场运行效率和发展状况的研究也相对缺乏系统全面的评价标准。为此，本研究综合碳市场建设目标和市场运转情况，探索构建了碳市场综合评价指标体系，对中国碳排放权交易市场的发展水平进行了评价。

二 国内外相关研究介绍

Ronald Coase 对于经济外部性问题提出的产权理论对碳市场的产生和发展产生了重要影响。这一理论指出，市场的外部性问题可以通过赋予其产权予以解决，这就是著名的科斯定理。这一理论也成为碳市场不断发展的理论基础。基于这一理论，John Dales 在《污染、产权和价格》一书中论述了污染、财产与价格的关系，认为政府可以通过某种方式赋予企业排放许可，且这一许可能够通过有偿转让的方式在企业之间进行交易，这一交易并不会提高社会总体污染，反而有助于提高社会总体的环境资源利用效率。John Dales 初步界定了污染权这一概念，并提出了一种解决污染排放的方式——许可贸易市场。《京都议定书》中提到的交易机制正是基于这一理论，在这一背景下，碳市场应运而生。自此，随着碳市场的不断发展和完善，其评价体系的构建和应用也逐渐引起了学者们的关注。如表1所示，在过往的十余年中，许多学者基于不同模型，从不同视角对国内外多个碳交易体系进行了评价。

表1　碳市场评价相关研究综述

			主要参考文献	主要指标	研究方法
定性研究	国外研究		Murray et al.,2015;Schlesinger et al.,2018;Ibikunle et al.,2015	交易规模 流动性 交易价格	定性评价
	国内研究		林文斌和刘滨,2015;王静,2016;Munnings et al.,2016;马忠玉等,2018;杨锦琦等,2018;Liu and Zhang,2019	顶层设计 交易信息	比较研究
定量研究	成熟度评价	国外研究	Yang et al.,2017;Seidelsterzik et al.,2018;Guo et al.,2018;Zhang et al.,2019	环境、经济、社会	模糊综合评价 TOPSIS模型
		国内研究	崔琨玉,2016;Hu et al.,2017;刘亚蒙等,2015;Yi et al.,2018	市场、环境、政策	模糊综合评价 TOPSIS模型
	效率评价	国外研究	Milunovich et al.,2007;Joyeux et al.,2010;Jaraitė et al.,2012;Daskalakis et al.,2013;Chiu et al.,2015;Ibikunle et al.,2016	交易数据 配额分配 流动性	DEA;CGE SBM
		国内研究	张跃军等,2016;程永伟等,2017;韩锦玉等,2020;杨越和成力为,2018;Chen and Lin,2018	交易数据 经济效益 环境收益	DEA;CGE SBM TOPSIS模型
	有效性评价	国外研究	Dasklakis et al.,2008;Seifert,2008;Vinokur,2010;Alberto et al.,2010;Feng et al.,2011	交易价格	GARCH模型
		国内研究	王扬雷等,2015;赵立祥等,2018;吕靖烨等,2018	交易价格	TOPSIS模型 GARCH模型 双重差分模型
	风险评价	国外研究	Daskalakis et al.,2009;Borovkov et al.,2009;Chevallier,2011;Feng et al.,2012;Zhu,2018	交易价格	GARCH模型 CAViaR模型
		国内研究	王婷婷等,2016;齐绍洲等,2015;陈欣等,2016;崔焕影等,2018;许悦等,2021	交易价格	GARCH模型 VaR模型 TOPSIS模型

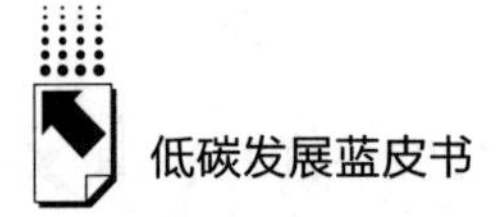

受益于碳市场启动时间较早，国外对于碳市场的研究更加丰富，许多学者从交易规模、流动性、交易价格等多个角度对碳市场发展水平进行了评价。中国碳市场起步较晚，碳市场综合评价相关评价尚处于起步阶段，许多研究通过定性分析对中国碳市场的运行状况进行了研究。部分研究重点关注了顶层设计问题，从市场机制、监管、立法等方面对中国碳市场的发展水平进行了评价，具体指标包括控排企业覆盖范围、法律基础、机构安排、配额分配方法、交易和惩罚机制、调控政策等。也有学者重点关注了市场本身，基于具体的交易信息评价了碳市场的发展水平，具体指标包括交易规模、市场结构、交易价格、市场流动性、产品丰富度等。随着碳交易数据的不断积累，越来越多的学者开始基于交易数据，利用不同的模型对中国碳交易市场进行定量评价。在碳市场评价指标体系构建和实证研究领域，根据研究视角的差异，相关研究大致可以分为四类：碳市场的成熟度评价、效率评价、有效性评价、风险评价。

（一）碳市场成熟度评价有关研究

生命周期理论指出，一个市场的发展往往需要经历孕育期、形成期、发展期和成熟期四个发展阶段。成熟度模型可以从生命周期的视角对市场发展水平和所处发展阶段进行评价，受到了学术界的广泛关注。许多学者对市场成熟度模型进行了探索，认为评价市场成熟度的关键指标主要包括市场规模、市场价格、市场活跃度、市场波动性、政府监管的有效性等。基于学者们的不断研究，成熟度评价模型的应用范围逐渐扩展至环境、市场、社会发展领域。随着全球碳交易体系的不断完善，许多学者开始基于成熟度模型对碳市场的发展状况展开评价。从国际视角来看，相关研究主要从环境、经济和社会三个维度入手，具体指标主要包含控排总量、准入门槛、惩罚力度，覆盖企业数量、企业投资、平均碳价、企业履约率、政策数量、MRV 等。聚焦中国碳市场，许多学者从市场内部运营状况和外部环境的视角入手构建了评价指标体系。部分研究重点关注了碳市场的具体交易情况，从交易深度、覆盖宽度、市场流动性等维度入手，构建了包含交易量、交易额、平均交易价格、日均交易量等指标的评价指标体系。也有学者不仅关注了市场本身，还考虑了市场所在的环境以及相关政策，构建了包含减排覆盖范围、环境履约率、市场规模、市场灵敏度、法律法规、政策完善程度等指标的评价指标体系。总的来看，中国碳市场成熟度研究在指标体系的构建上呈现多维度、多指标的特征。然而，这些研究主要聚焦于中国碳交易试点市场的对比研究，数据多采用的是各碳交易试点市场自启动以来的累计交易数据，且与交易机制、法律法规、政府监管相关指标的数据常年来几乎没有变化，无法从动态的视角对碳市场的发展历程进行评价，研究结论的时效性较差。

（二）碳市场的效率评价有关研究

市场效率是衡量一个市场是否有效与是否发挥市场作用的重要概念，对市场效率进行有效测度有利于提高对市场运行状态的系统认知和理解。欧盟碳市场建立的时间较长，许多学者基于交易价格和交易量数据，利用成本定价模型对其运行效率进行了评价。也有研究关注了配额分配效率和流动性问题，从其他视角评价了欧盟碳市场的运行效率。这些研究虽然在视角、方法等方面均存在差异，但研究结论相对一致，均认为欧盟碳市场在第一阶段的整体运行效率不高。但由于参与主体的增加以及更加严格的排放配额上限，欧盟碳市场在第二阶段的运行效率大幅提高。就我国碳市场而言，与国外相关研究不同，我国碳市场效率评价相关研究主要是基于数据包络分析（DEA）展开的。相较成本定价模型，DEA 可以清晰地描述多种投入和产出之间的组合，能够用来比较多个相似单位之间的相对效率，更具有综合性。部分学者关注的重点聚焦在了碳市场本身，主要考虑了交易量、交易额、交易价格等指标。还有部分学者不仅关注到了碳市场本身，还考虑到了碳市场潜在的经济效益和环境收益。总的来说，中国碳市场效率评价相关研究的局限性与成熟度评价比较类似，数据实效性不强，相关研究主要基于年度交易和排放数据展开，不能反映碳市场在一年之内的效率变化，无法评估短期碳交易政策对碳市场效率的影响。此外，与成熟度评价相比，碳市场的效率评

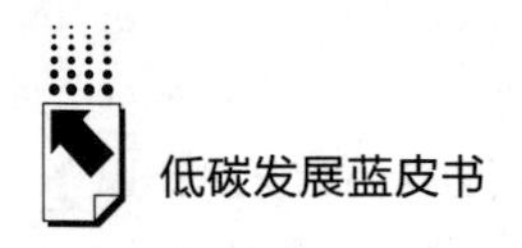

价相关研究在指标选取上更为发散，许多研究将省级国民经济、碳排放以及研发投资相关数据作为产出指标进行了分析，考虑到中国碳市场的覆盖范围和影响力，剔除其他政策的影响对于准确衡量中国碳市场的运行效率意义重大。

（三）碳市场有效性评价有关研究

有效市场的这一概念诞生于 1900 年。此后，Fama 和 Eugene 阐述并完善了有效市场理论。其理论核心是有效市场假设，主要包含两部分内容。第一，信息完全公开；第二，资产价格能够充分反映所有相关信息。根据价格对信息的反应程度，市场可以被分为强式、半强式和弱式三种。国外学者对于碳交易市场有效性评价的相关研究开始较早。以欧盟为例，在早期，许多学者基于有效市场假设和碳交易价格数据，利用计量经济学模型对欧盟碳市场的有效性进行了验证。相关研究均证实了欧盟碳市场在第一阶段属于无效市场，在第二阶段属于弱有效市场。随着中国碳市场启动和发展，许多学者开始关注中国碳市场的有效性评价，基于碳交易数据对各碳交易试点市场的有效性进行了验证，并从体制机制建设、碳市场流动性、信息披露能力、碳价管理等多个方面提出了政策建议。总的来说，中国碳市场的有效性研究主要是基于各碳交易试点市场的每日碳价数据展开的，具有很好的时效性和对比性。但是，我国碳市场与证券市场存在很大区别。本质上讲，我国碳市场还是一个政策性市场，交易标的、交易方式、买卖双方的参与意愿和参与目的与证券市场存在很大差异，企业参与碳市场的主要目的仍是完成履约任务，碳配额价格的波动不仅反映了碳排放的价值属性变化，更蕴含了政府碳减排政策对企业碳交易需求的影响。因此，证券市场的评价方法和评价依据并不完全适用于碳市场，单一价格数据并不能很好地反映碳市场的有效应。

（四）碳市场风险评价有关研究

碳排放权及其衍生品的价格波动是碳市场最主要的风险表现形式，现有研究主要聚焦欧盟碳市场，通过分析其碳价格波动对碳市场的风险进行评估。对中国碳市场而言，随着数据的不断积累，相关研究也逐渐丰富。与碳市场的有效性评价类似，碳市场的风险评价也是依据每日碳价数据展开，具有很好的时效性和对比性。但是，由于市场性质的不同，碳市场的风险与证券市场也存在很大差异。证券市场的风险主要是证券市场的不稳定性造成的价格波动。而碳市场受政府行为影响较大，碳配额价格相对稳定，控排企业参与碳交易主要面临的是履约风险和合规风险。因此，单一的依据碳配额价格波动对碳市场的风险进行评价具有明显的局限性。

综上所述，通过对以上研究的梳理可以发现，随着碳交易数据的不断积累，我国碳市场综合评价相关研究逐渐丰富。现有研究主要从成熟度评价、效率评价、有效性评价、风险评价四个视角展开。其中成熟度评价和效率评价相关研究的指标体系比较丰富，综合考虑了市场内部和外部环境。但受实际应用限制，许多指标常年几乎没有变化，模型的评价力较弱。而且受数据限制，相关研究的时效性较差，无法反映碳市场在一年之内的变化情况。有效性评价和风险评价相关研究虽然具有很好的时效性和对比性，但相关研究方法主要参考了证券交易市场，仅考虑了碳配额交易价格数据，忽略了碳市场与证券市场的本质区别，评价结果具有明显的局限性。

三　碳市场综合评价指标体系设计

目前，无论是国内还是国外，都还没有形成统一的碳市场评价标准。通过总结前人的研究成果，结合我国碳市场的发展现状，本报告认为健康的碳市场应具有高流动性、高活跃度、市场结构多元化、市场价值较高、应对风险能力较强等特征。因此，本报告结合了上述评价方法的优势，综合考虑了交易规模、市场结构、市场价值、市场活跃度、市场波动性五个维度，基于月度交易数据，构建了中国碳交易市场评价指标体系，提出了中国碳市场综合评价指标体系，并对 2021～2022 年中国碳市场的运转情况进行评价，提出了推进中国碳市场后续发展的对策建议。

（一）数据的选取和处理

我国自 2013 年开始已先后从 7 个地区设立区域试点碳交易市场和 1 个全国碳交易市场。碳配额的交易数据每日实时发布。在参考已有研究成果并结合我国碳市场实际情况和数据可得性的前提下，本文旨在动态反映中国碳市场的发展情况，用于构建指数的基础指标既要符合实时性，又要包含多维度信息。因此，本报告在参考以往研究的基础上，构建了包含交易规模、市场结构、市场价值、市场活跃度、市场波动性 5 个一级指标，以及 10 个二级指标的中国碳交易市场综合评价指标体系，使用 7 个碳交易试点市场以及全国碳市场的月度交易数据为样本进行了分析。由于全国碳市场启动于 2021 年 7 月 16 日，所以本报告选取 2021 年 7 月 16 日至 2022 年 7 月 16 日共计 242 个交易日的具体交易数据，数据来源为各碳交易试点市场官方网站以及上海环境能源交易所官方网站。具体评价指标的选择如表 2 所示。

表 2　碳市场综合评价指标

一级指标	二级指标	单位	定义
交易规模	交易量	万吨	月累计交易量
	交易额	万元	月累计交易额
市场结构	交易结构	无	当月成交量/年度总体成交量
市场价值	碳配额价格	元/吨	月平均碳配额价格
市场活跃度	市场换手率	%	当月成交量/碳配额总量
	交易集中度	%	日交易量前 20%的交易量之和/当月总体交易量
	有效交易日占比	%	有效交易日/当月总交易日
市场波动性	成交价差	元/吨	当月最高成交价-当月最低成交价
	价格波动幅度	%	当月每日收盘价的标准差/当月平均每日收盘价
	交易量分散度	%	当月每日交易量的标准差/当月平均每日交易量

交易规模。交易规模是衡量碳市场发展水平的重要指标，主要是通过碳市场的整体规模、交易现状来直接反映碳市场的阶段性表现。本报告利用月累计交易量和月累计交易额两个指标进行衡量。月累计交易量和月累计交易

额越大，表明当月碳市场的交易规模越大、市场表现越好，碳市场的发展水平越好。

市场结构。碳市场的市场结构主要指交易结构，是反映市场多元化发展的重要指标。本报告通过碳市场的当月成交量占年度总体成交量的比重来衡量交易结构，能够衡量不同月份企业参与交易的积极性，反映履约期对碳市场的影响。

市场价值。市场价值是衡量一个市场当前发展水平和未来发展潜力的重要指标。由于碳市场不同于金融市场，交易标的较为单一。因此本报告选择碳配额价格作为衡量市场价值的唯一指标，并通过月平均碳配额价格进行具体表征。碳配额价格越高，表明控排企业对碳配额的需求越高，碳配额的稀缺性越强，碳市场的发展水平和发展前景越好。

市场活跃度。市场活跃度指市场参与主体在碳市场上对交易产品进行交易的频率，主要从交易量的角度进行衡量，侧重于了解市场参与者的参与度和积极性。本报告通过市场换手率、交易集中度、有效交易日占比三个具体指标进行衡量。市场换手率指标源于股票市场，也称为市场周转率，是反映市场活跃度的最重要指标之一。碳市场换手率是指一定时间之内市场中碳配额买卖的频率，反映了碳配额的流通性，可通过交易频率来进行衡量。换手率越高，说明市场活跃度越高。交易集中度指将交易日按每天的交易量排序，其中日交易量前 20% 的交易量之和占当月总体交易量的比。值得注意的是交易集中度是负面指标，交易越集中，表明市场参与主体的参与度和积极性不高，市场的活跃度不高。有效交易日占比指当月产生碳交易的交易日占总交易日的比重，该比值越大，表明当月有效交易日越多，市场活跃度越高。

市场波动性。市场波动性是衡量市场风险常用的指标，反映了市场是否稳定以及市场应对风险的能力，市场波动性越大，则表明碳市场应对风险的能力较弱。市场波动性主要是衡量碳市场的交易量及碳价格的离散程度，在本报告中，通过成交价差、价格波动幅度、交易量分散度三个指标来衡量。成交价差指当月最高成交价与最低成交价之间的差，成交价差越大表明当月碳价格越不稳定。价格波动幅度通过当月碳配额每日收盘价的变异系数进行表示，即每日收盘价的标准差除以月平均每日收盘价，反映了每日碳价与当月平均价格之间的离散程度。交易量分散度通过当月碳配额每日交易量的变异系数进行表示，即每日交易量的标准差除以月平均每日交易量，反映了当月每日碳交易量的离散程度。价格波动幅度和交易量分散度越大，表明当月多数日期的碳价格以及交易量与月平均碳价和交易量之间的差异越大，则市场波动性越大。

（二）中国碳市场综合评价方法

常见的综合评价方法主要包括模糊综合评价、因子分析、主成分分析、灰色关联度评价、层次分析法等。然而，模糊综合评价和层次分析法均是基于专家打分表来确定各指标的权重系数，灰色关联度评价也是基于实际需求，人为确定最优序列，这三种综合评价方法均具有很强的主观性，直接影响最终评价结果。因子分析和主成分分析方法类似，均是从大量变量中提取出具有共性的变量形成新的变量，数据提取之后往往会存在数据定义不清晰、不易解释等问题。基于熵值的优势解距离法（TOPSIS）也是一种常见的组内综合评价方法，该方法通过测度具体评价目标与理想化目标之间的接近程度，来对各个评价对象进行打分，进而分析组内各研究对象的发展水平。该方法根据每个指标的重要程度来确定权重，避免了主观因素的影响，且对样本量大小等无要求，目前在金融市场、环境质量评价、经济评价等领域已有广泛使用，本报告采用此方法对碳市场的发展水平进行测度。

1. 数据的无量纲化处理

在进行碳市场发展水平综合评价之前，首先要做的就是各指标数据的无量纲化处理。各项指标的初始矩阵为 $X = \{x_{ij}\}_{m \times n}$，其中 x_{ij} 为第 i 个碳市场的第 j 项指标，m 表示碳市场的数量，包含 7 个碳交易试点市场和 1 个全国碳市场（$m = 1, 2, 3, \cdots, 8$），n 表示指标的数量（$n = 1, 2, 3, \cdots, 11$）。

各指标的单位存在差异，无法基于 10 个二级指标的具体数据直接进行评价，因此首先要对初始矩阵 X 中的各个指标进行无量纲化处理，获取无量纲数据矩阵，以消除单位和量级对最终评价结果的影响。其中，无量纲数据矩阵记为 $X^* = \{x_{ij}^*\}_{m\times n}$ 。

对于正向指标，即数值越大则碳市场表现越好的指标，无量纲化处理如公式（1）所示。

$$x_{ij}^* = \frac{x_{ij} - \min x_j}{\max x_j - \min x_j} \tag{1}$$

对于负向指标，即数值越小则碳市场表现越好的指标，无量纲化处理如公式（2）所示。

$$x_{ij}^* = \frac{\max x_j - x_{ij}}{\max x_j - \min x_j} \tag{2}$$

其中，x_{ij}^* 为经过无量纲化处理过后，第 i 个碳市场的第 j 项评价指标。

2. 权重矩阵的确定

专家打分法等传统赋权方法具有很强的主观性问题，本报告采用熵值赋权法，基于“差异驱动”的原理，利用各碳交易试点市场的实际数据求出最优权重，避免了人为因素的影响，具有较好的客观性和可信度。首先，对各个碳市场的每项评价指标进行数据的归一化处理，得到标准化矩阵 $Z = \{z_{ij}\}_{m\times n}$ ，其中 z_{ij} 的具体计算方法如公式（3）所示。

$$z_{ij} = \frac{x_{ij}}{\sum_{i=1}^{m} x_{ij}} \tag{3}$$

进而计算各个指标的信息熵 e_j ，计算方法如公式（4）所示。

$$e_j = \frac{1}{\ln m}\sum_{i=1}^{m} z_{ij}\ln z_{ij} \tag{4}$$

因此，第 j 项评价指标权重的计算方法如公式（5）所示。

$$w_j = \frac{1 - e_j}{\sum_{j=1}^{n} e_j} \tag{5}$$

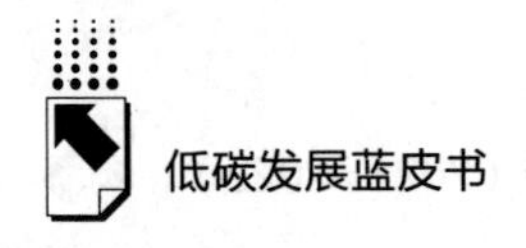

最后，基于权重系数构建碳市场综合评价指标的加权规范化矩阵 Y，具体计算方法如公式（6）所示。

$$Y = w_j \times x_{ij}^* = \{y_{ij}\}_{m \times n} \tag{6}$$

3. 熵权 TOPSIS 评价方法

在得到加权规范化矩阵之后，根据加权矩阵和指标的方向确定正负理想解。其中，正理想解为 $y_j^+ = \max(y_{ij})$，负理想解为 $y_j^- = \min(y_{ij})$。进而，基于公式（7）和（8）分别计算各碳交易试点市场的具体评价指标 y_{ij} 与正负理想解之间的欧氏距离。

$$d_i^+ = \sqrt{\sum_{j=1}^{n} (y_j^+ - y_{ij})^2} \tag{7}$$

$$d_i^- = \sqrt{\sum_{j=1}^{n} (y_j^- - y_{ij})^2} \tag{8}$$

其中，d_i^+ 表示第 i 个碳市场与正理想解之间的欧氏距离，d_i^- 表示第 i 个碳市场与负理想解之间的欧氏距离。

因此，第 i 个碳市场的综合评价得分 S_i 的计算方法如公式（9）所示。

$$S_i = \frac{d_i^-}{d_i^- + d_i^+} \tag{9}$$

其中，$0 \leqslant S_i \leqslant 1$，$S_i$ 越大，表明该碳交易试点市场的综合评价得分越接近最大值，具有更好的借鉴意义。

四　全国碳市场回顾（2021～2022年）

截至 2022 年 7 月 15 日，全国碳市场运行时间已满一年，共经历 242 个交易日，累计成交碳配额 1.94 亿吨，成交额达到了 89.42 亿元，平均交易价格 46.09 元/吨。在第一个履约期内，按履约量计算，全国碳市场履约完成率达 99.5%，履约情况较好。各省生态环境厅披露的数据显示，在2162家重点排放单位中，共有100多家企业没有完成履约。按企业数量统计的履约完成率达到了94.5%，也基本达到了预期水平。总的来说，2021年后，全国碳市场的运行机制逐步确立，交易情况整体较好，有效发挥了其碳定价作用，明显推进了重点排放企业碳减排工作。

（1）交易价格稳中有升，但碳配额价格未能真实地反映企业减排的边际成本。如图1所示，全国碳市场的碳配额价格经历了先下降后上升的发展过程。2021年7月16日，全国碳市场开盘价为48.00元/吨，碳配额价格在7月下旬经历了短暂的上涨之后，于8月中旬开始呈现持续下跌态势，到2021年11月，碳配额月平均成交价跌至40.77元/吨。12月，虽然碳配额成交量激增，但由于成交方式主要为大宗协议转让，交易期间不存在完全透明的竞价机制，整个12月碳配额价格上涨并不明显，平均成交价仅为42.89元/吨。但从2021年12月29日之后，越来越多的企业开始逐渐意识到碳配额的价值，碳配额成交价也开始快速回升。2022年1月，碳配额平均成交价上升至52.26元/吨，2月继续上升至57.72元/吨。此后，全国碳市场碳配额价格呈现相对稳定状态，在3~6月，全国碳市场碳配额平均成交价基本在55~60元/吨的区间范围内波动，且波动幅度逐渐变窄。2022年7月15日，全国碳市场碳配额收盘价定格在了58.24元/吨，相比一年前48.00元/吨的开盘价格，涨幅达到了21.33%。从全年来看，全国碳市场运转情况良好，成交价平稳上升，初步发挥了其对企业低碳转型的推动作用。但是，从交易结构来看，全国碳市场的碳配额交易以大宗协议交易为主，价格信号失真。过去一年，全国碳市场碳配额挂牌交易量仅为3259.28万吨，交易额为15.56亿元，平均成交价约为47.74元/吨；而大宗协议转让交易量合计1.61亿吨，交易额为69.36亿元，平均成交价约为43.08元/吨。与挂牌交易相比，大宗协议转让交易的平均成交价低4.66元/吨。大宗协议转让是通过各重点排放企业直接协商或居间磋商实现的，也广泛用于集团内部各公司之间碳配额的统筹规划。与挂牌交易相比，这种交易方式参与方较少，没有经过完整的竞价过程，成交价格往往低于挂牌交易价格。而且，这种交易形式透明度不够，中间商在其中可以获取额外利润，变相提高了企业的交易成本。

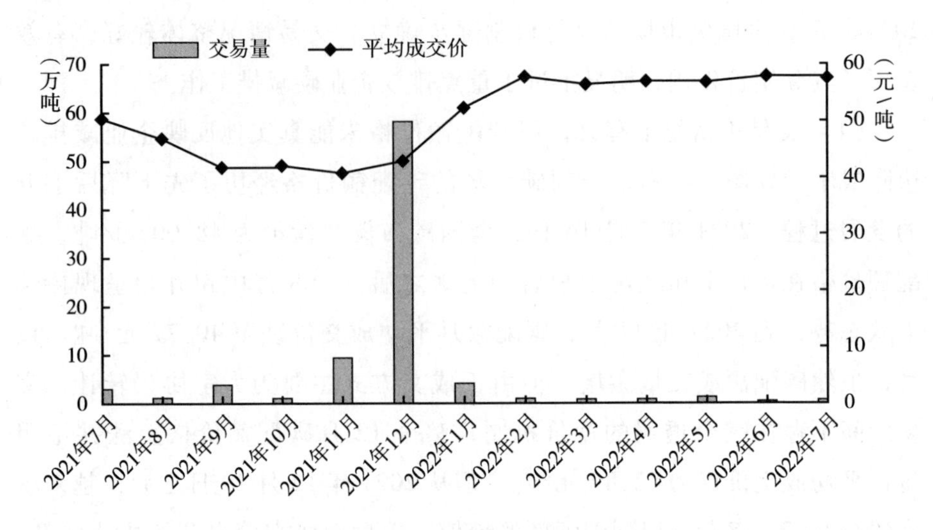

图1　全国碳市场碳配额交易量和交易价格

资料来源：上海环境能源交易所。

（2）有效交易日占比达到了100%，但交易量随履约周期变化明显。如表3所示，在过去一年中，全国碳市场在每个月的有效交易日占比都达到了100%，这一数据明显高于各碳交易试点市场。但是，全国碳市场在多数月份的成交情况并不乐观，交易量变化呈现明显的时间特征。上海环境能源交易所数据显示，在全国碳市场运行的第一天，总共成交碳配额为410.40万吨，这一数据已经与部分试点区域碳市场一年的成交量十分接近。然而，这一交易规模并未得到持续，此后，全国碳市场交易热度逐渐减弱。如图1所示，2021年7月，全国碳市场总共成交碳配额为595.19万吨，8月下降至248.85万吨。虽然9月份的成交量上升至920.86万吨，但其中超过90%的交易发生在2021年9月30日的大宗协议交易中。10月，失去了大宗协议交易的支撑，当月碳配额成交量再次下降至255.3万吨。《通知》提出，在12月31日之前，各地区参与全国碳市场的重点排放企业需全部完成履约清缴工作，未按时完成履约清缴工作的企业，将依据《碳排放权交易管理办法（试行）》中的相关条例进行处罚。这一政策的出台迅速激发了重点排放企业参与碳配额交易的热情。11月，碳配额成交量达到2302.97万吨，首次突破千万大关。12月，碳配额成交量继续攀升至1.36亿吨，一举突破亿吨大关。2021年12月16日，全国碳市场碳配额单日交易量更是达到了2048.1万吨。然而，在第一个履约周期结束之后，全国碳市场交易规模迅速萎缩，于2022年1月迅速下降至786.25万吨，2月继续下降至167.06万吨，3月更是只成交了70.86万吨，月成交量首次不足100万吨。此后，全国碳市场各月的交易情况持续低迷。总的来看，2021年11月和12月，由于受到了履约清缴工作的压力，全国碳市场的交易活跃度大幅升高，碳配额成交量占过去一年总体成交量的82%。履约清缴工作结束之后，相关企业参与碳交易的热情迅速降低。这一情形充分说明多数企业参与碳配额交易的主要驱动力来自政府压力，少有企业将碳排放配额作为企业的一种资产，并进行相应的碳资产管理和碳交易战略规划工作。

表3　全国碳市场碳配额其他主要指标情况

日期	市场换手率(%)	交易集中度(%)	有效交易日占比(%)	成交价差(元/吨)	价格波动幅度(%)	交易量分散度(%)
2021年7月	0.15	83.61	100	5.74	3.06	212
2021年8月	0.06	79.41	100	13.61	7.73	189
2021年9月	0.23	99.52	100	3.78	2.75	400
2021年10月	0.06	62.89	100	3.62	2.20	127
2021年11月	0.58	52.15	100	0.83	0.64	108
2021年12月	3.39	45.56	100	15.60	11.12	73
2022年1月	0.20	80.07	100	5.38	2.06	188
2022年2月	0.04	95.22	100	3.85	1.79	321
2022年3月	0.02	87.96	100	1.55	0.86	202
2022年4月	0.04	81.02	100	1.50	0.90	155

续表

日期	市场换手率(%)	交易集中度(%)	有效交易日占比(%)	成交价差(元/吨)	价格波动幅度(%)	交易量分散度(%)
2022年5月	0.06	80.31	100	1.18	0.87	164
2022年6月	0.02	86.99	100	2.50	1.03	192
2022年7月	0.01	81.78	100	2.10	1.26	204

资料来源：上海环境能源交易所。

（3）交易规模远小于市场规模，市场换手率较低。虽然全国碳市场的市场容量达到了45亿吨碳排放，是世界上规模最大的碳市场。但与其他相对成熟的碳市场相比，我国全国碳市场的市场换手率存在显著差距。从全年数据来看，除2021年12月全国碳市场的市场换手率达到了3.39%之外，在多数月份之中，我国碳市场的换手率不足0.10%（见表3）。如按照年度数据进行计算的话，截至2022年7月，我国碳市场在2021~2022年的平均市场换手率仅为2.40%左右，不仅远远低于发达国家碳市场，也低于碳交易试点市场的平均市场换手率5.00%。这一现象充分反映了市场观望情绪严重，相关重点排放企业参与碳交易的意愿并不强烈。企业参与碳交易主要是为了完成政府下达的履约任务，尚未发现碳配额的稀缺性以及其潜在的金融属性和资金价值。多数企业对碳市场的认识不足，认为碳市场仅仅是政府特殊政策下的产物，对碳市场的前景谨慎看好，并未将碳配额作为一种资产进行长期有效的碳资产管理。此外，现阶段我国的全国碳市场在碳配额交易过程中未收取任何手续费，未来交易手续费的收取势必会提升企业的碳交易成本，这可能会影响企业参与碳交易的积极性，对市场换手率的提高产生负面影响。

（4）碳配额价格波动日趋稳定，但交易集中度居高不下，多数交易日碳配额交易量较小。全国碳市场启动运行的初始阶段，碳配额价格波动幅度较大。如表3所示，2021年7月，碳配额价格波动幅度为3.06%，成交价差为5.74元/吨。8月，伴随着碳配额价格下行，价格震荡幅度进一步扩大，碳配额波动幅度上升至7.73%，成交价差达到了13.61元/吨。

此后，碳配额价格下跌速度逐渐放缓，价格波动幅度也逐渐收窄。2021年9月和10月，碳配额价格波动幅度分别为2.75%和2.20%，成交价差分别为3.78和3.62元/吨。11月，碳配额价格稳定在了41元/吨上下，成交价差仅为0.83元/吨，价格波动幅度下降至0.64%。受履约期临近的影响，许多重点排放企业对碳配额的需求开始显现。2021年12月底，碳配额价格大幅上涨，导致当月碳配额成交价差达到了15.60元/吨，价格波动幅度大幅上升至11.12%。此后，经过了第一个履约周期之后，全国碳市场碳配额价格波动逐渐放缓，价格逐步稳定在55~60元/吨。2022年1月，碳配额成交价差回落至5.38元/吨，价格波动幅度收缩至2.06%。2月，碳配额成交价差进一步下降至3.85元/吨，价格波动幅度继续下降至1.79%。此后的3~7月，由于碳配额价格进一步趋于稳定，碳配额成交价差始终在1.5~2.5元/吨波动，价格波动幅度也始终维持在了1%左右。从价格波动趋势来看，碳配额价格日趋稳定，表明碳配额的价格形成机制逐步成熟，碳市场的稳定性逐渐增强。但是，从交易量的视角来看，在过去的一年中，碳市场的交易集中度始终居高不下，表明不同交易日之间，全国碳市场成交量差异很大，成熟度还有待提升。2021年7月，受首日交易量较大的影响，全国碳市场的交易集中度高达83.61%。但在8月，这一问题并未得到缓解，除个别交易日外，多数交易日的碳配额成交情况比较低迷，交易集中度仍为79.41%。9月，这一现象越发显著，除9月28日成交5.6万吨碳配额外，多数交易日的成交量在50吨以下，交易集中度也是来到了99.52%。10月之后，这一现象得到一定缓解，绝大多数交易日的成交量都在5000吨以上，碳配额交易集中度持续下降，由10月的62.89%，到11月的52.15%，再到12月的45.56%。这一现象也表明在这段时间内，重点排放企业对碳配额交易的需求逐渐升高，碳交易呈现持续分散态势。然而，这一趋势在第一个履约周期结束之后并未得到延续。2022年1月，随着交易量的大幅萎缩，交易集中度再次升高至80.07%。2月，随着交易量的持续下降，这一情况进一步恶化，交易集中度再次攀升至95.22%。此后，3~7月，虽然交易集中度有了一定程度的下降，但仍处于80%以上的水平，交易集中度过高的问题仍然存在。

总的来说，经历了一年的发展以后，全国碳市场经受住了实际应用过程中的种种考验，其机制设计、MRV体系、配额分配、信息披露等市场要素，以及注册、结算和交易系统等平台建设均经受住了市场的考验，能够支撑我国碳市场平稳运行。但是，目前全国碳市场仍处于发展的初级阶段，还存在许多实际问题亟待解决。首先，纳入行业单一，无法将碳成本向下游传导。由于我国的电价属于政府定价，发电企业无法将碳减排成本体现在电价之中，这部分额外支出只能独自承担。而对其他行业来说，由于碳排放的核算原理较为复杂、企业主体责任落实不到位、行业碳排放核算指南尚未发布等原因，碳排放核算的数据准确性不足，这也影响到了其纳入全国碳市场的进程。其次，市场交易活跃度较低，过去一年中超过80%的交易发生在履约期前的两个月，且主要通过大宗协议转让的方式进行交易，无法充分体现碳市场的定价能力。最后，除交易主体类型少，市场流动性较弱的问题外，碳交易也存在由于市场的不确定性带来的风险问题，引入风险管理工具、增强风险防范对与碳市场的有序健康发展有着重要意义。

五　碳交易试点市场回顾（2021~2022年）

相较全国碳市场而言，碳交易试点市场的交易规模明显较小。但是，由于运行时间较长，整体机制比较完善，碳交易试点市场在产品种类、纳入行业丰富度等方面存在优势。对碳交易试点市场的运行状况进行回顾和分析能够更好地指导全国碳市场的建设工作。在过去的一年中，我国8个碳交易试点市场的发展状况各不相同。各碳交易试点市场从交易规模、成交价格、市场活跃度、价格波动幅度等几个关键指标上均存在明显差异（见表4和表5）。

表 4　碳交易试点市场碳配额交易量

单位：万吨

日期	北京	广东	天津	深圳	湖北	重庆	上海	福建
2021 年 7 月	5. 96	243. 43	1. 43	30. 86	15. 18	1. 95	4. 73	6. 68
2021 年 8 月	43. 75	99. 96	5. 22	6. 48	18. 59	44. 72	18. 30	110. 22
2021 年 9 月	110. 19	9. 85	0. 00	11. 83	6. 93	50. 85	43. 06	0. 00
2021 年 10 月	130. 09	9. 51	0. 41	0. 83	12. 61	44. 82	0. 32	0. 35
2021 年 11 月	33. 69	65. 80	11. 80	26. 16	178. 94	414. 69	17. 25	82. 18
2021 年 12 月	5. 63	194. 32	0. 00	135. 74	566. 12	11. 89	13. 97	24. 80
2022 年 1 月	10. 84	123. 55	2. 02	15. 01	29. 82	103. 62	0. 59	9. 19
2022 年 2 月	0. 01	48. 88	0. 00	0. 21	30. 84	78. 69	0. 80	12. 35
2022 年 3 月	2. 63	107. 86	2. 95	22. 33	28. 90	28. 87	26. 58	113. 60
2022 年 4 月	1. 28	94. 75	0. 00	2. 81	42. 53	66. 41	3. 99	30. 21
2022 年 5 月	2. 75	225. 82	0. 00	16. 11	35. 62	58. 00	1. 41	115. 13
2022 年 6 月	21. 64	159. 13	33. 42	38. 37	27. 99	1. 26	3. 12	20. 86
2022 年 7 月	4. 92	28. 55	149. 83	3. 99	6. 13	0. 00	1. 17	6. 00

资料来源：各碳交易试点市场官方网站。

表 5　碳交易试点市场碳配额平均交易价格

单位：元/吨

日期	北京	广东	天津	深圳	湖北	重庆	上海	福建
2021 年 7 月	65. 43	41. 08	30. 46	6. 29	41. 40	31. 59	42. 48	9. 80
2021 年 8 月	65. 49	38. 51	29. 21	4. 83	41. 90	26. 98	40. 17	11. 18
2021 年 9 月	85. 94	40. 96	27. 97	6. 56	39. 51	36. 82	40. 09	14. 30
2021 年 10 月	81. 51	43. 47	26. 72	15. 17	41. 04	34. 89	39. 93	19. 00
2021 年 11 月	63. 05	44. 66	33. 76	9. 71	31. 20	30. 23	40. 53	18. 33
2021 年 12 月	53. 31	52. 89	30. 16	10. 22	31. 51	35. 15	40. 67	16. 28
2022 年 1 月	75. 25	61. 69	26. 56	14. 20	41. 30	30. 66	42. 14	12. 18
2022 年 2 月	59. 91	82. 83	26. 63	5. 79	54. 74	32. 11	43. 48	12. 68
2022 年 3 月	51. 11	68. 51	26. 70	4. 61	47. 15	39. 75	51. 48	16. 60
2022 年 4 月	61. 68	49. 11	27. 89	7. 89	46. 52	39. 31	59. 93	16. 81
2022 年 5 月	59. 86	79. 21	29. 07	11. 12	46. 19	27. 61	61. 27	17. 18
2022 年 6 月	82. 01	78. 40	30. 25	36. 90	48. 20	40. 64	62. 52	23. 85
2022 年 7 月	67. 39	78. 63	33. 13	40. 38	48. 41	49. 00	61. 73	20. 11

资料来源：各碳交易试点市场官方网站。

北京碳市场的交易峰值出现在2021年的9月和10月，两个月的交易量相加达到了240.28万吨，占全年交易量的64.35%（见表4）。这主要是由于北京碳市场的履约期限为2021年10月15日。临近履约期，控排企业的碳交易需求大幅增加，也推动了碳价的大幅增长。在这两个月中，北京碳市场碳配额平均交易价格均超过了80元/吨（见表5）。进入2022年，北京碳市场的碳配额价格呈现先降低后升高的趋势。年初碳价较高的原因是1月出现10万吨配额的回购交易，此后碳价一路下跌，于3月31日出现最低交易价格41.51元/吨。4月底，北京市生态环境局发布了《关于做好2022年本市重点碳排放单位管理和碳排放权交易试点工作的通知》，明确了2022年北京重点碳排放单位的履约期限是10月31日。此后，北京碳市场碳配额价格再次上涨。根据以往碳市场趋势，预计履约期临近时仍会有一波碳价和交易规模的共同增长。

上海碳市场整体形势比较稳定。尤其在2021年下半年，各个月份的碳配额交易量相对比较平均（见表4）。交易价格稳定在39~45元/吨，即使临近履约期（2021年9月30日）也没有出现明显的交易规模和价格的上涨。进入2022年，上海碳市场碳价稳健上升，在此期间不断有中证上海环交所碳中和指数发布会、上海环交所助力北京冬奥会碳中和等积极市场信号传出。3月，上海出现疫情，碳价发生波动，之后大幅上涨，到4月份平均交易价格已接近60元/吨，此后便一直稳定在55~65元/吨（见表5）。此外，受疫情影响，上海碳市场自2022年3月开始，交易规模逐渐下降，虽然在多数交易日都有交易发生，但交易规模始终较低。

广东碳市场是碳配额交易规模最大的碳交易试点市场，过去一年共成交碳配额1411.41万吨，且各月的交易规模几乎没有受到履约期（2021年7月20日）的影响，碳配额交易在全年来看比较分散，市场活跃度较高（见表4）。从交易价格角度看，2021年下半年，广东碳市场的交易价格稳步增长，月平均交易价格由7月的41.08元/吨增长至12月的52.89元/吨（见表5）。进入2022年，广东碳市场的交易价格增长趋势显著加快，并于2月9日出现了95.26元/吨的高价。然而，受国际碳市场价格波动等不确定性因素影响，广东碳价经过几番波动后稳定在75~85元/吨左右。

深圳碳市场在这一年中变化很大。2021年，深圳碳市场的履约期限为7月20日，但履约期的临近并没有促进碳市场量价同涨，当月平均交易价格仅为6.29元/吨。此后，深圳碳市场交易价格始终大幅波动，平均交易价格在10月达到15.17元/吨以后，又在12月下降至10.22元/吨（见表5）。进入2022年，深圳碳市场由于疫情原因在整个2月份交易量极小，仅为0.21万吨（见表4）。此后，碳配额交易价格首先呈现持续下降趋势，到3月11日出现最低价4.08元/吨。4月8日，深圳发布2021年度碳排放交易履约工作通知，明确履约截止时间为2022年8月30日。深圳碳市场4月12日以5.42元/吨的碳价重新恢复市场交易，此后碳价迅速走高，平均交易价格在7月份达到了40.38元/吨。目前，深圳碳价的稳定性仍然较差，在30~50元/吨来回浮动。

虽然湖北碳市场的履约期限为2021年5月30日，但其交易规模与全国碳市场非常相似。2021年11月和12月共交易碳配额745.06万吨，占过去一年交易量的74.49%（见表4）。但交易规模的上升并没有刺激碳价升高，2021年下半年，湖北碳市场的交易价格呈现持续下降趋势，由7月的41.40元/吨下降至12月的31.51元/吨（见表5）。进入2022年，湖北碳市场的交易规模变化趋势逐渐放缓，交易集中度略有下降，价格呈现先上升再下降后趋于平稳的特点。2022年1月24日，湖北省生态环境厅提出了一系列政策，释放出了明显的刺激湖北碳交易试点市场发展的信号，大大刺激了企业参与碳交易的积极性，湖北碳市场交易价格大幅上涨，于2月9日达到61.89元/吨，与广东碳市场出现最高交易均价的时间一致。此后，湖北碳市场的交易价格虽有所下降，但始终维持在50元/吨左右。

与其他碳交易试点市场相比，天津碳市场的碳配额交易规模较小。2021年下半年，天津碳市场的碳配额交易几乎全都集中在11月份（见表4）。进入2022年，受新冠肺炎疫情形势不断反复的影响，天津碳市场的交易活跃度持续低迷，交易集中发生在6月中旬以后，尤其是7月上旬，上半年发生交易的次数较少。自1月12日发生2022年第一笔碳交易起，至2022年7月15日仅有32天出现碳配额交易。从价格角度看，天津碳市场的交易价格在过去一年中呈现先下降后上升的趋势。天津碳均价最低点25.50元/吨出现在1月12日，此后碳价持续上涨，到7月平均交易价格达到了33.13元/吨（见表5）。

重庆和福建碳市场的发展趋势比较类似，碳配额交易并没有因为履约期的临近激增，交易量整体比较分散，交易集中度较低。其中，福建碳市场相较于其他区域碳交易试点市场来说成立较晚，于2016年正式启动交易。过往一年内，福建碳市场交易价格呈波动上升态势，由2021年7月的9.80元/吨上升至2022年7月的20.11元/吨（见表5）。而重庆碳市场的平均成交价格变化虽不明显，但各月内价格波动却更为剧烈。尤其是2021年11月和12月，交易价差均超过38元/吨，价格波动幅度均超过27%。进入2022年以后，重庆碳市场碳价逐渐平稳，平均交易价格在7月上升至49.00元/吨，较一年前涨幅明显。

总的来说，北京、广东和深圳碳市场交易价格波动较大，上海、湖北碳市场相对较平稳。天津碳市场交易次数较少，呈集中式分布。重庆、福建碳市场价格较不稳定，交易均价呈现周期性波动。

六　中国碳排放权交易市场综合评价结果分析

利用熵权TOPSIS方法，本报告对2021年7月至2022年7月中国全国碳市场以及8个碳交易试点市场从市场规模、市场结构、市场价值、市场活跃度、市场波动性五个视角展开了综合评价，各碳市场综合得分为0~1，分值越高表明碳市场发展情况越好，具体得分情况如表6所示。

表6　中国碳排放权交易市场综合评价得分情况

日期	全国	北京	广东	天津	深圳	湖北	重庆	上海	福建
2021年7月	0.410	0.416	0.439	0.392	0.368	0.383	0.385	0.400	0.392
2021年8月	0.379	0.420	0.445	0.434	0.333	0.409	0.388	0.411	0.368
2021年9月	0.400	0.383	0.448	0.457	0.325	0.425	0.415	0.441	0.389
2021年10月	0.427	0.354	0.424	0.395	0.328	0.445	0.407	0.403	0.365
2021年11月	0.476	0.327	0.420	0.396	0.379	0.446	0.328	0.408	0.399
2021年12月	0.587	0.355	0.405	0.458	0.428	0.469	0.336	0.409	0.348
2022年1月	0.422	0.386	0.379	0.423	0.363	0.447	0.358	0.410	0.344
2022年2月	0.439	0.350	0.387	0.457	0.328	0.423	0.389	0.411	0.367
2022年3月	0.448	0.329	0.391	0.427	0.317	0.431	0.395	0.398	0.353
2022年4月	0.458	0.333	0.407	0.457	0.327	0.434	0.424	0.405	0.351
2022年5月	0.478	0.338	0.453	0.458	0.341	0.439	0.417	0.407	0.420
2022年6月	0.488	0.387	0.441	0.430	0.363	0.444	0.431	0.430	0.406
2022年7月	0.493	0.427	0.451	0.444	0.418	0.456	0.464	0.442	0.396

资料来源：根据各碳市场每月交易数据计算。

全国碳市场综合评价得分呈现明显的阶段性变化趋势。2021年7月，受首月效应的影响，全国碳市场的交易额和交易量较大，成交价格稳步上升，成交价差有限，价格波动幅度较低，总体得分为0.410分。8月，全国碳市场交易量、交易额、成交价格明显下降。受市场情绪影响，成交价差和价格波动幅度明显增大，碳市场总体得分下降至0.379分，这也是全国碳市场在过去一年中的最低得分。9月，虽然全国碳市场的交易量和交易额呈现明显的上涨态势，交易价格也逐渐稳定，但由于成交价格持续低迷，交易集中度过高等问题，碳市场总体得分提升并不明显，得分仅为0.400分。10月，虽然全国碳市场的成交情况比较低迷，但交易价格稳步上涨，价格波动进一步放缓，交易集中度明显下降，碳市场得分上升至0.427分。11月，随着履约期的临近，重点排放企业的碳交易压力逐渐增大，碳市场成交量、活跃度等指标持续好转，碳市场得分进一步上升至0.476分。12月，全国碳市场迎来了过去一年中最为活跃的一个月，交易额和交易量占全年比重接近70%，交易集中度也下降至全年最低水平。虽然价格暴涨导致了成交价差和价格波动幅度大幅提升，但该月全国碳市场得分仍然达到了 0. 587 分，远高于其他月份。履约期过后，全国碳市场的交易热度迅速下降，碳市场的良好发展态势并未得到延续。2022 年 1 月，虽然碳配额价格始终维持在 50~55 元/吨，但市场交易量和交易额大幅萎缩，交易集中度再次升高，导致该月全国碳市场得分下降至 0. 422 分。此后，全国碳市场进入平稳发展阶段，全国碳市场得分稳步上升，到 2022 年 7 月增长至 0. 493 分。截至 2022 年 7 月，虽然全国碳市场得分始终未超过 2021 年 12 月的 0. 587 分，但进入 2022 年，受益于交易价格的稳步提升和价格波动幅度的逐渐下降，全国碳市场发展稳定，得分由 0. 422 分持续增长至 0. 493 分，该分值也是过去一年中，除 2021 年 12 月之外的第二高分数。整体来看，我国的全国碳市场在经历了初期的阵痛之后迅速攀上高峰，虽然高峰过后交易形势迅速冷却，但近几个月数据表明，我国碳市场已从开市初期的波动发展态势进入平稳向好的发展态势。随着第二个履约周期碳配额的进一步缩紧，以及未来更多行业纳入全国碳市场，全国碳市场的交易规模和交易活跃度有望进一步提高，碳市场发展有望迎来新机遇。

从碳交易试点市场的角度来看，各碳交易试点市场的得分和变化趋势并不相同。深圳碳市场呈现波动增长态势，其综合得分在 2021 年 7 月至 9 月经历了短暂下降之后，于 10 月至 12 月经历了快速增长，由 0. 328 分增长至 0. 428 分。但进入 2022 年，深圳碳市场的交易热度迅速下降，交易集中度居高不下，到 2022 年 3 月综合得分下降至 0. 317 分，这也是过去一年中深圳碳市场的最低得分。此后，深圳碳市场的碳配额价格迅速走高，促使其综合得分持续增长，到 2022 年 7 月增长至 0. 418 分，这也是深圳碳市场在 2022 年的最高得分。类似的还有北京碳市场，2021 年 7 月至 11 月，由于交易集中度持续升高，有效交易日占比不断下降，交易价格波动幅度过大，北京碳市场综合得分由 0. 416 分下降至 0. 327 分。此后，履约期临近的压力短暂提升了北京碳市场的活跃度，但履约期过后交易热度迅速冷却，到 2022 年 3 月其综合得分仍没有起色，仅为 0. 329 分，此后一直到 2022 年 7 月，北京碳市场进入稳定发展阶段，交易价格逐渐稳定，集中度略有下降，促使其综合得分上升至 0.427 分。广东和重庆碳市场的综合得分发展情况比较类似，2021 年下半年，二者均呈现不同程度的下降，但二者的下降原因并不相同。广东碳市场综合得分下降主要归因于交易规模不断缩减，重庆碳市场则主要归因于价格波动幅度过大。进入 2022 年，随着交易规模的提升和价格的稳定，广东和重庆碳市场的综合得分持续增长，到 7 月分别上升至 0.451 分和 0.464 分。上海和湖北碳市场在过去的一年中综合得分稳中有升。整体来看，湖北和上海碳市场在过去一年中波动不大，随着交易集中度的下降和交易价格的逐步稳定，二者的综合得分分别由 2021 年 7 月的 0.383 分和 0.400 分上升至 2022 年 7 月的 0.456 分和 0.442 分。天津和福建碳市场综合得分则呈现明显的波动变化趋势。这一情形主要是由交易量不稳定，交易集中度较高导致的。

具体到各项指标的评价结果来看，由于各指标存在正负向差异，为了更直观进行比较分析，在对各项一级指标的评价结果进行分析时，各项指标均被调整为正向指标，即得分越高，其借鉴意义越大。且部分指标由于得分过于接近，本报告采用标准化处理方法对各项指标的得分进行了放大处理，放大了各碳市场在同一指标间的差距。各碳市场的市场规模评价得分如表 7 所示。由于成交额和成交量均高于碳交易试点市场，全国碳市场的市场规模评价得分在所有月份中都是最高的。尤其是在 2021 年 12 月，受履约清缴工作的影响，全国碳市场交易规模激增，直接导致其在该月的市场规模评价得分为 0.935 分。此后，全国碳市场的市场规模评价得分虽明显下降，但仍处于 0.050~0.110 分，始终高于碳交易试点市场。从碳交易试点市场的视角来看，其市场规模评价得分并未拉开差距，均处于 0.02 分以下，且除广东试点碳市场之外，其余试点碳市场得分明显较低。这主要是碳交易试点市场的碳配额成交量与全国碳市场差异过大导致的。在过去的一年中，8 个碳交易试点市场的碳配额成交量均为几百万到一千多万吨，而全国碳市场的成交量则达到了 1.94 亿吨，二者之间存在数量级上的差距。

表7　市场规模评价得分情况

日期	全国	北京	广东	天津	深圳	湖北	重庆	上海	福建
2021年7月	0.049	0.005	0.020	0.004	0.005	0.005	0.004	0.004	0.004
2021年8月	0.022	0.008	0.011	0.004	0.004	0.005	0.007	0.005	0.009
2021年9月	0.067	0.015	0.005	0.004	0.005	0.005	0.007	0.007	0.004
2021年10月	0.021	0.017	0.005	0.004	0.004	0.005	0.007	0.004	0.004
2021年11月	0.158	0.018	0.009	0.005	0.005	0.015	0.028	0.005	0.008
2021年12月	0.935	0.016	0.019	0.004	0.010	0.038	0.005	0.005	0.005
2022年1月	0.064	0.005	0.014	0.004	0.005	0.006	0.010	0.004	0.005
2022年2月	0.057	0.004	0.001	0.004	0.004	0.007	0.009	0.004	0.005
2022年3月	0.052	0.004	0.014	0.004	0.005	0.006	0.006	0.006	0.010
2022年4月	0.063	0.004	0.011	0.004	0.004	0.007	0.008	0.004	0.006
2022年5月	0.089	0.004	0.012	0.004	0.005	0.007	0.007	0.004	0.010
2022年6月	0.101	0.006	0.020	0.006	0.007	0.006	0.004	0.004	0.005
2022年7月	0.109	0.005	0.007	0.013	0.004	0.005	0.004	0.009	0.004

注：得分基于标准化方法进行了放大处理。

资料来源：根据各碳市场每月交易数据计算。

各碳市场的市场结构评价得分情况如表8所示。由于2021年11月和12月的交易规模占比较大，全国碳市场的市场结构评价得分相对一般，在所有月份均未达到最高分，即使在其分值最高的12月，其得分达到了0.332分，但仍低于湖北碳市场的0.777分和深圳碳市场的0.602分。北京碳市场的市场结构在2021年9月和10月得分在我国所有碳市场中处于最高水平，分别达到了0.410分和0.482分。广东碳市场的市场结构得分在2021年7月达到了0.243分，高于其他7个碳交易试点市场以及全国碳市场。但此后，广东碳市场的市场结构评价得分呈波动下降趋势。受新冠肺炎疫情影响，天津碳市场在2021年下半年以及2022年初交易量较少，其碳配额交易主要发生在2022年6月和7月，这也导致其市场结构评价得分在2022年6月之后明显上升，并在7月达到了0.990分。深圳碳市场的碳配额交易比较分散，虽然在占比较高的2021年12月，其市场结构评价得分达到了0.602分，但仍低于湖北碳市场的0.777分。值得注意的是，与全国碳市场相似，在过去的一年中，湖北和深圳碳市场的交易规模峰值均出现在2021年12月。考虑到湖北和深圳碳交易试点市场的履约期限并不在12月，其交易占比的升高主要归因于全国碳市场交易规模激增，许多重点排放单位提高了对参与碳交易的重视程度。重庆碳市场的市场结构评价得分呈现先上升后下降趋势。2021年11月，重庆碳市场的市场结构评价得分达到了0.630分，高于同时期其他碳市场。此后，虽然得分有所下降，但由于各个碳市场在2022年初的交易情况都相对一般，重庆碳市场的市场结构在2022年1月和2月分别达到了0.165分和0.128分，同样高于同时期其他碳市场。上海碳市场的整体交易情况比较平均，其市场结构评价得分是各碳市场中波动最小的，其最高得分为2021年9月的0.288分，最低得分为2021年10月的0.013分，分值相差0.275分。福建碳市场的市场结构评价得分排名相对较好。在2021年8月，2022年3月、4月、5月，福建碳市场的市场结构评价得分分别为0.291分、0.299分、0.263分、0.303分，在同时期均高于其他各碳市场。

表8 市场结构评价得分情况

日期	全国	北京	广东	天津	深圳	湖北	重庆	上海	福建
2021年7月	0.051	0.031	0.243	0.019	0.144	0.030	0.013	0.057	0.027
2021年8月	0.027	0.169	0.106	0.044	0.038	0.035	0.077	0.193	0.291
2021年9月	0.074	0.410	0.019	0.010	0.046	0.019	0.086	0.288	0.010
2021年10月	0.028	0.482	0.019	0.012	0.013	0.027	0.077	0.013	0.011
2021年11月	0.171	0.373	0.073	0.087	0.124	0.252	0.630	0.183	0.219
2021年12月	0.332	0.206	0.196	0.010	0.602	0.777	0.079	0.150	0.127
2022年1月	0.065	0.049	0.128	0.023	0.075	0.050	0.165	0.016	0.085
2022年2月	0.088	0.010	0.041	0.010	0.087	0.052	0.128	0.018	0.041
2022年3月	0.086	0.019	0.113	0.029	0.107	0.049	0.053	0.276	0.299
2022年4月	0.103	0.014	0.101	0.010	0.022	0.067	0.109	0.050	0.263
2022年5月	0.131	0.020	0.172	0.010	0.134	0.058	0.097	0.039	0.303
2022年6月	0.141	0.088	0.163	0.228	0.177	0.048	0.088	0.041	0.063
2022年7月	0.151	0.028	0.037	0.990	0.133	0.018	0.010	0.062	0.025

注：得分基于标准化方法进行了放大处理。

资料来源：根据各碳市场每月交易数据计算。

各碳市场的市场价值评价得分情况如表 9 所示。由表可知，在 2022 年 1 月份以前，北京碳市场的市场价值评价得分明显较好。其在 2021 年 7 月至 2022 年 1 月市场价值评价得分别为 0.743 分、0.744 分、0.990 分、0.937 分、0.752 分、0.622 分、0.861 分，得分均高于同期我国其他碳市场。2022 年 2 月开始，广东碳市场的市场价值评价得分明显上升，在当年 2 月和 3 月分别得到了 0.790 分和 0.780 分，超越北京碳市场，在当月市场价值评价得分中排名最高。此后，北京和广东碳市场的市场价值评价得分均呈现持续上涨态势，二者的市场价值评价得分也大多位于我国碳市场的前两位。此外，虽然我国其他碳市场的市场价值评价得分低于北京和广东碳市场，但由于各碳市场在过去的一年中碳配额成交价格均呈现上涨态势，因此各碳市场的市场价值评价得分也表现出不同程度的增长。

表 9　市场价值评价得分情况

日期	全国	北京	广东	天津	深圳	湖北	重庆	上海	福建
2021 年 7 月	0.561	0.743	0.449	0.321	0.030	0.453	0.335	0.466	0.072
2021 年 8 月	0.519	0.744	0.418	0.306	0.013	0.459	0.315	0.438	0.089
2021 年 9 月	0.458	0.990	0.448	0.291	0.018	0.430	0.398	0.438	0.127
2021 年 10 月	0.461	0.937	0.478	0.283	0.137	0.449	0.375	0.436	0.183
2021 年 11 月	0.446	0.752	0.493	0.369	0.071	0.400	0.356	0.443	0.175
2021 年 12 月	0.453	0.622	0.592	0.318	0.077	0.334	0.378	0.445	0.151
2022 年 1 月	0.584	0.861	0.698	0.274	0.126	0.452	0.324	0.462	0.101
2022 年 2 月	0.650	0.676	0.790	0.275	0.103	0.614	0.341	0.478	0.107
2022 年 3 月	0.663	0.570	0.780	0.276	0.010	0.523	0.433	0.575	0.154
2022 年 4 月	0.685	0.698	0.546	0.290	0.049	0.515	0.428	0.677	0.157
2022 年 5 月	0.717	0.676	0.777	0.305	0.144	0.511	0.416	0.693	0.161
2022 年 6 月	0.798	0.943	0.899	0.319	0.399	0.535	0.444	0.708	0.242
2022 年 7 月	0.848	0.767	0.902	0.354	0.441	0.538	0.545	0.734	0.197

注：得分基于标准化方法进行了放大处理。

资料来源：根据各碳市场每月交易数据计算。

各碳市场的市场活跃度评价得分情况如表 10 所示。相较前三个一级指标来看，我国各碳市场的市场活跃度得分明显较低。尤其是对全国碳市场而言，2021 年 7 月，我国全国碳市场的市场活跃度评价得分仅为 0.177 分，明显低于其他碳交易试点市场。这一结果主要是全国碳市场换手率较低，交易集中度较高导致的。当月，全国碳市场刚刚开始运行，许多企业呈观望态度，参与碳交易的意愿不强。部分实际参与到交易当中的企业也是主要通过大宗协议转让的方式进行交易，交易诉求仅仅是完成履约，因此市场空有较大的规模，但成交情况并不乐观。到 2022 年 7 月，这一情形得到了一定的解决。全国碳市场的活跃度评价得分也上升至 0.293 分，虽然仍低于多数碳交易试点市场，但其增长幅度非常明显，表明企业逐渐意识到了碳配额的资产属性，参与碳交易的意愿逐渐增强。从碳交易试点市场来看看，天津、湖北、重庆、福建碳市场的市场活跃度评价得分增长明显较快。2021 年 7 月，天津、湖北、重庆、福建碳市场的市场活跃度评价得分仅分别为 0.285 分、0.265 分、0.313 分、0.263 分，但在一年之后的 2022 年 7 月，他们的市场活跃度评价得分分别增长至 0.458 分、0.478 分、0.515 分、0.482 分，增长幅度明显高于其他碳交易试点市场。

表 10　市场活跃度评价得分情况

日期	全国	北京	广东	天津	深圳	湖北	重庆	上海	福建
2021 年 7 月	0.177	0.430	0.414	0.285	0.409	0.265	0.313	0.234	0.263
2021 年 8 月	0.212	0.430	0.438	0.476	0.016	0.402	0.348	0.131	0.367
2021 年 9 月	0.004	0.439	0.506	0.515	0.001	0.325	0.396	0.421	0.336
2021 年 10 月	0.337	0.377	0.318	0.463	0.376	0.463	0.278	0.344	0.305
2021 年 11 月	0.432	0.266	0.192	0.332	0.018	0.528	0.147	0.112	0.389
2021 年 12 月	0.629	0.441	0.297	0.515	0.999	0.572	0.340	0.120	0.335
2022 年 1 月	0.211	0.403	0.363	0.484	0.051	0.495	0.200	0.050	0.380
2022 年 2 月	0.198	0.299	0.351	0.515	0.228	0.439	0.460	0.203	0.209
2022 年 3 月	0.138	0.230	0.241	0.466	0.194	0.443	0.307	0.091	0.456
2022 年 4 月	0.208	0.321	0.200	0.515	0.181	0.306	0.439	0.146	0.420
2022 年 5 月	0.263	0.333	0.426	0.515	0.281	0.408	0.424	0.112	0.370
2022 年 6 月	0.245	0.335	0.334	0.450	0.367	0.418	0.481	0.311	0.271
2022 年 7 月	0.293	0.408	0.404	0.458	0.274	0.478	0.515	0.114	0.482

注：得分基于标准化方法进行了放大处理。

资料来源：根据各碳市场每月交易数据计算。

各碳市场的市场波动性评价得分情况如表 11 所示。从全国碳市场来看，其市场波动性评价得分由 2021 年 7 月的 0.612 分增长至 2022 年 7 月的 0.934 分，增幅达到了 52.61%。这一结果表明在这一年时间里，全国碳市场的碳价和成交量的波动程度逐渐下降，碳市场的风险有了一定程度的降低。但市场波动性评价得分的增长幅度低于市场活跃度（65.54%），说明虽然越来越多的重点排放单位积极投身于全国碳市场之中，但这些行为对碳价以及成交量波动的影响是有限的，这一现象可能归因于大宗协议转让占比过大。由于该转让方式的碳配额价格受政策以及部分非市场因素影响较大，成交价格并不能很好地反应各单位的边际减排成本，提高挂牌交易占比能够在一定程度上解决这一问题。从碳交易试点市场的角度来看，深圳、重庆、湖北和上海碳市场的市场波动性评价得分的增长幅度明显高于其他碳市场。2021 年 7 月至 2022 年 7 月，这四个碳交易试点市场的市场波动性评价得分分别由 0.390 分、0.538 分、0.496 分、和 0.619 分增长至 0.631 分、0.989 分、0.873 分、0.827 分。相比市场活跃度而言，碳交易试点市场的市场波动性评价得分增长速度明显较为缓慢。这一结果也表明控制市场波动性，降低市场风险对于下一步的碳市场建设工作非常重要。

表 11　市场波动性评价得分情况

日期	全国	北京	广东	天津	深圳	湖北	重庆	上海	福建
2021 年 7 月	0.612	0.579	0.676	0.665	0.390	0.496	0.538	0.619	0.716
2021 年 8 月	0.465	0.558	0.790	0.767	0.353	0.597	0.508	0.656	0.402
2021 年 9 月	0.556	0.193	0.801	0.989	0.299	0.754	0.626	0.705	0.678
2021 年 10 月	0.742	0.062	0.743	0.764	0.200	0.818	0.628	0.660	0.470
2021 年 11 月	0.823	0.023	0.705	0.632	0.516	0.649	0.011	0.618	0.543
2021 年 12 月	0.579	0.138	0.496	0.989	0.437	0.621	0.182	0.634	0.300
2022 年 1 月	0.656	0.452	0.345	0.713	0.446	0.785	0.325	0.687	0.279
2022 年 2 月	0.745	0.339	0.439	0.989	0.243	0.625	0.405	0.685	0.535
2022 年 3 月	0.816	0.257	0.455	0.772	0.236	0.698	0.565	0.507	0.191
2022 年 4 月	0.846	0.209	0.597	0.989	0.320	0.773	0.660	0.616	0.223
2022 年 5 月	0.920	0.239	0.742	0.989	0.266	0.772	0.641	0.633	0.641
2022 年 6 月	0.923	0.422	0.693	0.691	0.268	0.808	0.683	0.739	0.671
2022 年 7 月	0.934	0.670	0.823	0.543	0.631	0.873	0.989	0.827	0.507

注：得分基于标准化方法进行了放大处理。

资料来源：根据各碳市场每月交易数据计算。

总体来看，全国碳市场和8个碳交易试点市场的综合得分在过去的一年中均有不同程度的上涨。其中全国碳市场的增长幅度最大，从0.410分增长至0.493分，涨幅达到了20.24%。且自2022年3月开始，全国碳市场的综合得分始终高于其他碳交易试点市场。由此可见，受益于碳交易试点市场长期以来积累的经验，在过去的一年中，全国碳市场在建设初期经历了快速发展，从交易规模、交易价格、市场活跃度等几个关键指标上迅速完成了对碳交易试点市场的超越，成为我国最主要的碳交易市场。虽然取得了一定成绩，但与其他碳交易试点市场相比，全国碳市场也存在自身的局限性。例如纳入行业单一。相比碳交易试点市场多行业参与碳交易的情形，全国碳市场仅纳入了电力行业的2162家企业，碳减排成本很难伴随产业链向上下游传导，新行业的纳入迫在眉睫。然而，在2022年发布的核查通知中，并未涉及其他行业纳入全国碳市场的相关内容，这表明在2022全国碳市场很有可能继续保持单一行业的格局，未来如何推动全国碳市场扩容仍然迫在眉睫。此外，交易产品单一，全国碳市场仅有碳排放配额一种交易产品，CCER交易并未纳入其中。随着碳配额的逐渐收紧，碳市场对CCER的需求与日俱增。此外，许多企业也逐渐意识到了碳减排活动的重要性，开始购买CCER来参与到自愿碳市场中，国际民航组织也认可CCER用于抵消民航碳排放，社会各界对CCER的需求呈现持续上涨态势。2015~2017年，我国签发的CCER超5000万吨。但2017年，我国CCER项目暂停签发，改革工作推进迟缓，尚未提出明确的时间重启CCER签发工作。在不断上涨的需求面前，CCER的供需关系逐渐失衡，价格一路由过去的10~15元/吨快速上涨至30~40元/吨，且基本呈现有价无市的状况。因此，相关主管部门应尽快出台更加完善的CCER审核机制，维持市场的平稳发展。

七　对策建议

本报告基于熵权TOPSIS方法对各碳交易市场进行了综合评价，分析了各碳市场的发展状况，现有问题，以及未来趋势。结果显示，在过去的一年

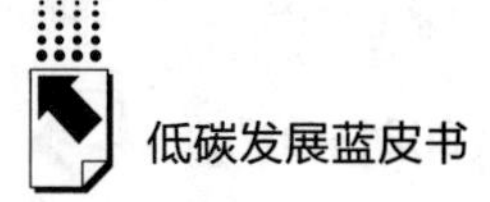

中，全国碳市场和8个碳交易试点市场的综合得分均有不同程度的上涨。得益于碳交易试点市场长期以来积累的宝贵经验，全国碳市场在初建阶段发展比较迅速，交易机制运行比较顺畅，在交易规模、交易价格、市场活跃度等几个关键指标上快速超越了碳交易试点市场，综合得分增长幅度最大。总体来看，全国碳市场自2021年7月启动以来，市场运行总体平稳，初步构建了科学有效的制度体系，有效发挥了促进企业减排和碳定价的作用。但由于发展时间较短，全国碳市场仍存在纳入行业单一，市场交易活跃度较低，交易产品种类较少等问题亟待解决。

对此，本报告认为未来应从以下几个方面加强全国碳市场建设。首先，扩大行业覆盖范围。在发电行业碳市场稳定运行后，全国碳市场应计划逐步有序扩大市场交易主体，逐步将除电力之外的两高行业纳入交易体系，完善价格传导机制。此外，除了重点排放企业，全国碳市场还应逐步引入其他领域的投资者参与到碳交易过程中，并随着碳市场的不断完善适时引入个人投资者，进而促进金融资源从企业低碳行为向个人低碳行为转移，通过多元化发展的方式提高碳市场活跃度水平。其次，提高全国碳市场的活跃度和流动性。这一问题并不是一朝一夕就能解决的。随着全国碳市场的持续发展和完善，国家可适时推行碳配额有偿分配制度，并根据碳市场的发展情况逐步提高有偿分配所占比重，在不打击企业参与碳市场的积极性的同时，提高碳配额的稀缺性。再次，鼓励发展自愿碳减排市场和碳普惠交易，有序推动CCER重启工作，构建以全国强制碳市场为主体、以自愿碳减排市场和碳普惠交易为补充的综合发展体系。强制碳市场仅能满足大型排放单位的交易需求，自愿碳减排市场能够有效地解决中小型减碳项目因为外部性激励不足导致的减排供给缺乏问题，能够促进企业应用和推广低碳减排技术，对我国碳减排目标的实现意义重大。2017年以后，由于存在审核不规范等问题，CCER签发工作被迫暂停。近年来，碳交易试点市场的CCER交易工作仍在平稳运行，但多数CCER已被使用，可交易量非常有限。未来，随着碳配额的持续收紧以及交易机制的不断完善，全国碳市场的交易规模和活跃度将持续上升，对CCER的需求也将不断增加。此外，要实现碳达峰、碳中和，广大居民的绿色消费激励也必不可少，也应配套开发碳普惠交易平台以满足居民参加碳交易的需求。最后，推动碳金融创新发展，开发多元化的碳排放权交易品种和交易方式。在当前阶段碳市场仅涉及碳排放权配额的现货交易，交易品种和交易方式较为单一，限制了碳交易市场的活跃程度。在实现全国碳市场平稳健康运行和有效防范金融等方面风险的基础上，稳妥有序引入碳期货、碳远期等基于碳配额的金融衍生品，一方面可以满足各投资商和交易主体的切身利益，另一方面也可分摊市场价格变动带来的风险，提高碳市场资源配置能力和运行效率。

从评价结果来看，虽然本报告显示，全国碳市场在许多时候得分均高于试点碳市场，但这并不代表全国碳市场的表现整体优于试点碳市场。首先，全国碳市场综合得分较高主要归因于全国碳市场的成交额、成交量以及有效交易日占比较高。但是，全国碳市场覆盖了约 45 亿吨的碳排放量，其市场规模本身就远远大于试点碳市场。而且，虽然全国碳市场在过去的 242 个交易日中均有交易发生，但许多交易日的成交量仅为 10 吨，这并不能表示全国碳市场的市场活跃度远好于试点碳市场。此外，从评价方法上，本报告选用了熵权 TOPSIS 方法对碳市场的运行情况进行评价，这一方法仅能基于各个碳市场之间的相对得分情况的比较分析，其得分并不能够表示各碳市场的具体发展水平，无法准确描述我国碳市场的具体发展水平到底处于何种程度。

参考文献

[1] Murray B. C., Maniloff P. T., "Why have Greenhouse Emissions in RGGI States Declined? An Econometric Attribution to Economic, Energy Market, and Policy Factors," *Energy Economics* 51 (2015): 581-589.

[2] Schlesinger W., "Carbon Optimal Resource Allocation for Competitive Spreading Processes," *Science* 3 (2018): 17-21.

[3] Ibikunle G., Gregoriou A., Hoepner A., "Liquidity and Market Efficiency in the World's Largest Carbon Market," *The British Accounting Review* 4 (2016): 431-447.

[4] 林文斌、刘滨:《中国碳市场现状与未来发展》,《清华大学学报》(自然科学版) 2015 年第 12 期。

[5] 刘亚蒙、汤银河、刘玲:《我国碳交易市场成熟度研究》,《中国市场》2015 年第 13 期。

[6] 王静:《中国碳交易试点实践与政策启示》,《生态经济》2016 年第 10 期。

[7] Munnings C., Morgenstern R. D., Wang Z., Liu X., "Assessing the Design of Three Carbon Trading Pilot Programs in China," *Energy Policy*96 (2016): 688-699.

[8] 马忠玉、翁智雄:《中国碳市场的发展现状、问题及对策》,《环境保护》2018 年第 8 期。

[9] 杨锦琦:《我国碳交易市场发展现状、问题及其对策》,《企业经济》2018 年第 10 期。

[10] Liu Z., Zhang Y. X., "Assessing the Maturity of China's Seven Carbon Trading Pilots," *Advances in Climate Change Research*10 (2019): 150-157.

[11] Seidelsterzik H, Mclaren S, Garnevska E, "A Capability Maturity Model for Life Cycle Management at the Industry Sector Level," *Sustainability*10 (2018): 2496-2515.

[12] Yang X. D., Y. W., "Evaluation of Green Residential Housing Market Maturity: Empirical Evidence from Nanjing, China," *Journal of Asian Architecture and Building Engineering* 16 (2017): 67-74.

[13] Zhang F., Fang H., Song W. Y., "Carbon Market Maturity Analysis with an Integrated Multi-criteria Decision Making Method: A Case Study of EU and China," *Journal of Cleaner Production* 241 (2019): 118-296.

[14] 崔琨玉:《中国碳交易试点发育程度比较研究》, 硕士学位论文, 陕西师范大学, 2016。

[15] Hu Y. J., Li X. Y., Tang B. J., "Assessing the Operational Performance and Maturity of the Carbon Trading Pilot Program: The Case Study of Beijing's Carbon Market," *Journal of Cleaner Production* 161 (2017): . 1263-1274.

[16] Yi L., Li Z. P., Yang L., Liu. J, Liu Y. R., "Comprehensive Evaluation on the 'Maturity' of China's Carbon Markets," *Journal of Cleaner Production* 198 (2018): 1336-1344.

[17] Milunovich G., Joyeux R., "Testing Market Efficiency and Price Discovery in European Carbon Markets," Macquarie University, 2007.

[18] Joyeux R., Milunovich G., "Testing Market Efficiency in the EU Carbon Futures Market," *Applied Financial Economics*20 (2010): 803-809.

[19] Jaraitė J., Di Maria C., "Efficiency, Productivity and Environmental Policy: A Case Study of Power Generation in the EU," *Energy Economics* 34 (2012): 1557-1568.

[20] Daskalakis G., "On the Efficiency of the European Carbon Market: New Evidence From Phase II," *Energy Policy* 54 (2013): 369-375.

[21] Chiu Y. H., Lin J. C., Su W. N., "An Efficiency Evaluation of the EU's Allocation of Carbon Emission Allowances," *Energy Sources, Part B: Economics, Planning, and Policy*10 (2015): 192-200.

[22] Ibikunle G., Gregoriou A., Hoepner A. G. F, "Liquidity and Market Efficiency in the World's Largest Carbon Market," *The British Accounting Review* 48 (2016): 431-447.

[23] 张跃军、姚婷、林岳鹏：《中国碳配额交易市场效率测算研究》，《南京航空航天大学学报》（社会科学版）2016 年第 2 期。

[24] 程永伟、穆东：《我国试点碳市场运行效率评价研究》，《科技管理研究》2017 年第 4 期。

[25] 杨越、成力为：《区域差异化制度设计下的碳排放交易市场效率评价》，《运筹与管理》2018 年第 5 期。

[26] 韩锦玉、刘湘、杨雯迪、杨欣悦、王瑾：《中国碳交易市场运行效率研究——基于七个试点的实证》，《全国流通经济》2020 年第 14 期。

[27] Chen X., Lin B., "Towards Carbon Neutrality by Implementing Carbon Emissions Trading Scheme: Policy Evaluation in China," *Energy Policy*157 (2021): 1-12.

[28] Fama, Eugene F., "Efficient Capital Markets: II," *The Journal of Finance*46 (1991): 1575-1617.

[29] Daskalakis G., Markellos R. N., "Are the European Carbon Markets Efficient" *Review of Futures Markets17* (2008): 103-128.

[30] Seifert J., Uhrig H. M., Wagner Michael, "Dynamic Behavior of CO_2 Spot Prices," *Journal of Environmental Economics and Management*56 (2008): 180-194.

[31] Vinokur L., "Disposition in the Carbon Market and Institutional Constraints," University of London, 2010.

[32] Alberto M., Frans P. V., "Carbon Trading Thickness and Market Effcicency," *Energy Economics*6 (2010): 1331-1336.

[33] Feng Z. H., Zou L. L., Wei Y. M., "Carbon Price Volatility: Evidence from EU ETS," *Applied Energy*88 (2011): 590-598.

[34] 王扬雷、杜莉：《我国碳金融交易市场的有效性研究——基于北京碳交易市场的分形理论分析》，《管理世界》2015 年第 12 期。

[35] 赵立祥、王丽丽：《中国碳交易二级市场有效性研究——以北京、上海、广东、湖北碳交易市场为例》，《科技进步与对策》2018 年第 13 期。

[36] 吕靖烨、曹铭、吴旷、樊秀峰：《湖北碳排放权市场有效性的实证分析》，《系统工程》2018 年第 11 期。

[37] Daskalakis G., Psychoyios D., Markellos R. N., "Modeling CO_2 Emission Allowance Prices and Derivatives: Evidence from the European Trading Scheme," *Journal of Banking & Finance* 33 (2009): 1230-1241.

[38] Borovkov K., Decrouez G., Hinz J., "Jump-diffusion Modeling in Emission Markets," *Stochastic Models* 27 (2011): 50-76.

[39] Chevallier, J., "Evaluating the Carbon-macroeconomy Relationship: Evidence from Threshold Vector Error-correction and Markov-switching VAR Models," *Economic Modelling* 28 (2011): 2634-2656.

[40] Feng Z. H., Wei Y. M., Wang K., "Estimating Risk for the Carbon Market Via Extreme Value Theory: An Empirical Analysis of the EU ETS," *Applied Energy* 99 (2012): 97-108.

[41] Zhu B. Z., Ye S. X., He K. J., "Measuring the Risk of European Carbon Market: An Empirical Modedecomposition-based Value at Risk Approach," *Annals of Operations Research* 1 (2019): 1-23.

[42] 王婷婷、张亚利、王淼晗：《中国碳金融市场风险度量研究》，《金融论坛》2016 年第 9 期。

[43] 齐绍洲、赵鑫、谭秀杰：《基于 EEMD 模型的中国碳市场价格形成机制研究》，《武汉大学学报》（哲学社会科学版）2015 年第 4 期。

[44] 崔焕影、窦祥胜：《基于 EMD-GA-BP 与 EMD-PSO-LSSVM 的中国碳市场价格预测》，《运筹与管理》2018 年第 7 期。

[45] 陈欣、刘明、刘延：《碳交易价格的驱动因素与结构性断点——基于中国七个碳交易试点的实证研究》，《经济问题》2016 年第 11 期。

[46] 许悦、翟大宇：《中国碳市场压力指数的构建及应用》，《北京理工大学学报》（社会科学版）2021 年第 1 期。

国际借鉴篇

International Experience and Lessons

B.11
国际碳定价市场链接概览及启示

何 琦　李欣惠　胡康颖　许 伟*

摘 要： 随着全球气候变暖愈演愈烈，将全球各个国家和地区的碳市场进行链接，构建全球性的碳排放权交易体系，对于促进碳排放下降、降低总体减排成本、刺激低碳技术创新、引导社会经济与环境的协调发展有着重要意义。我国参与全球气候治理不断深入，引领国际减排合作不断深化，这对我国国际碳市场建设和企业碳管理提出了更高要求和更多挑战。他山之石，可以攻玉。国外在碳市场链接方面的先行实践，积累了不同国家和地区间协同减排的有益经验。本报告首先以欧盟和挪威、澳大利亚和欧盟、加拿大魁北克省和美国加利福尼亚州为案例，对当前国际碳市场链接的现状进行了描述；其次阐述了碳市场链接的理论依据和现实风

* 何琦，管理学博士，对外经济贸易大学全球价值链研究院副研究员，主要研究领域为气候变化与低碳城市、贸易与环境；李欣惠，对外经济贸易大学全球价值链研究院硕士研究生，主要研究领域为绿色全球价值链；胡康颖，山东财经大学工商管理学院硕士研究生，主要研究领域为低碳经济与管理；许伟，山东财经大学工商管理学院硕士研究生，主要研究领域为低碳经济。

险；最后基于中国碳市场的发展阶段和特征，从对象选择、法律法规、链接方式、区域试点几个方面对中国碳市场的国际链接工作提出了具体的对策建议。

关键词： 碳市场链接　市场风险　全球减排合作

一　国际碳市场链接现状

在气候变暖的背景下，构建全球性碳交易市场是大势所趋，其不仅能够降低总体减排成本，有效控制全球温室气体排放，还能够刺激绿色低碳科技创新，促进经济社会与资源环境协调发展。然而，现阶段，全球性碳市场参与国家仍然有限，各个国家和地区碳市场之间的链接仍然薄弱，由此带来了一系列问题。

第一是公平性问题。二氧化碳排放所带来的全球气候变暖、冰川融化、海平面上升等问题是全球性的，节能减排是全人类共同使命。但由于各国环境规制严格程度不同、在碳排放交易市场建设方面进展不一，难免出现公平性问题：一些环境规制宽松、尚未建立碳市场的国家，不支付或少支付碳排放成本，却能够享有全球碳减排共同行动所带来的“搭便车”机会；而一些环境规制较为严格且建立了完善碳市场的国家，不仅需要为碳排放权支付成本，还需要承担“搭便车”国家碳排放所带来的环境问题。

第二是“碳泄漏”问题。由于温室气体排放主要来自化石燃料燃烧，环境规制的实施和碳排放交易市场的建立势必对能源市场造成联动性影响。一些环境规制较为严格且建立了碳市场的国家，会降低本国对碳密集型产业和产品的需求。这样一方面造成碳密集型产业向环境规制宽松的国家转移；另一方面造成国际能源市场化石燃料总体需求的下降，拉低化石燃料的国际价格，进而刺激尚未对碳排放权定价的国家增加对化石燃料的购买量。两方面都导致环境规制宽松、尚未建立碳市场的国家碳排放量增加，形成“碳泄漏”。在此过程中，化石燃料与清洁能源的替代、化石燃料间的替代、能源产品的运输成本以及采取减排行动国家的碳市场规模等都会造成竞争扭曲，影响“碳泄漏”的程度。

建立全球性碳市场的方式有“自上而下”和“自下而上”两种。在国际气候谈判步履维艰的情况下，由国际组织牵头，自上而下建立全球碳市场难度较大。碳定价市场链接，作为一种自下而上的方式，着力于建立不同国家或地区碳市场之间的链接关系。由于在实践层面阻力较小，碳定价市场链接对高效促进全球碳市场交易规模的扩大、碳减排成本的降低更具有优势，业已成为探索全球性碳市场建设路径的现实选择。

（一）现行碳定价市场链接类型

碳定价市场链接的产生通常是由一个碳排放权交易市场以直接或者间接的方式接受另一个碳排放权交易市场的配额来达到各自的履约目标。目前国际碳定价市场链接方式通常有三种：单向链接、双向链接和间接链接。

单向链接是指市场 A 可以按照完成履约目标的需求购买市场 B 的排放额度，但是市场 B 不能购买市场 A 的排放额度用于履约。挪威与欧盟的碳市场之间的关系即为单向链接，挪威的碳市场只能单向购买欧盟碳市场的排放额度。

双向链接是指市场 A 和市场 B 可以互相购买对方市场的排放配额用于履约。美国加利福尼亚州和加拿大魁北克省的碳市场之间、日本东京和琦玉县的碳市场之间、欧盟和瑞士的碳市场之间的链接都是双向链接。

间接链接是指市场 A 与市场 B 通过体系或者机制 C 完成排放额度交易，从而在 A、B 市场间建立起间接链接关系。不同国家和地区之间项目的抵消机制就可视为碳市场的间接链接。

（二）碳定价市场链接案例

1. 欧盟和挪威

欧盟和挪威于 2005 年先后建立了碳排放权交易体系，属于全球最早一批建立碳市场的国家或地区。欧盟碳排放权交易体系（EU-ETS）是一个总量控制与交易体系，具有开放式特点，且采用分权化治理模式赋予各成员国在设定排放总量、分配排放权、监督交易等方面很大的决策自主权，对挪威、冰岛、列支敦士登等非欧盟国家具有很强的吸引力。挪威在应对气候变化、实施碳减排行动等方面始终与欧盟保持同步，早在2005年制定实施《温室气体排放交易法》、设计本国碳排放权交易体系时，就充分考虑到与EU-ETS的兼容性，在许多原则和机制上都与EU-ETS保持基本一致。例如，两个体系在减排目标的设定上，均采用绝对减排目标，明确规定每年的排放总量限额；在配额分配上，均使用“有偿拍卖+免费配额”的方法，且免费分配均采用祖父法；在存储和借贷机制上，均规定同期允许存储或借贷，跨期不允许存储或借贷；在处罚力度上，对超额排放量均按40欧元/吨的标准进行处罚；对履约截止日期的规定十分接近，仅相差一天。

尽管存在诸多相似点，但欧盟和挪威的碳排放权交易体系也存在一些差异，包括减排目标严格度不一致、行业覆盖范围不重合、抵消信用额使用机制的规定有无等。为协调这些差异化因素，进一步提高两个体系的兼容性，实现碳市场链接，欧盟和挪威通过实施多部法律法规对体系设计进行修改优化。例如，《欧盟2003年87号指令》第25条规定，通过达成配额“互相承认”协议来处理链接问题；挪威先后2次修改《温室气体排放交易法》，使其碳排放权交易体系设计方案与《欧盟2003年87号指令》规定一致，并通过对《挪威法案》的修订着力协调和解决两个体系差异化问题。最终，欧盟和挪威的碳市场于2008年1月1日实现了正式链接。①

2. 加拿大魁北克省和美国加利福尼亚州

加拿大的魁北克省和美国的加利福尼亚州都在2013年初推出了碳排放交易系统。这两个系统都是在“西部气候倡议”的指导方针下设计出来的，因此双方在链接之前就十分兼容。例如，两个体系在减排目标的设定上，均采用绝对减排目标，明确设定年度排放配额总量；在配额分配上，均使用“有偿拍卖+免费配额”的方法；在覆盖范围上相差不大，均温室气体总排放

① 傅京燕、章扬帆：《国际碳排放权交易体系链接机制及其对中国的启示》，《环境保护与循环经济》2016年第4期。

量的30%左右；在覆盖行业上，均以工业和发电行业为主；在存储和借贷机制上，均允许存储但不允许借贷；在抵消机制上，均允许使用抵消信用额，且同样规定每家控排企业抵消信用额使用比例不能超过总量控制的8%。

正是由于魁北克省和加利福尼亚州的碳排放权交易系统具有较强的相似性，所以尽管二者在减排目标严格程度、抵消信用额使用类型、立法和语言环境等方面存在差异，但并未对两个碳市场链接造成很大障碍。魁北克省和加利福尼亚州分别在2012年底和2013年初通过修改体系规则和立法实现两个体系深度兼容。最终，两个碳市场于2014年1月1日实现了正式链接。

3. 澳大利亚和欧盟

碳定价市场链接的构建，尤其是在基础设计和运作方法存在根本差异的情况下，往往步履维艰。2012年8月达成的澳大利亚碳定价机制与欧盟碳排放权交易体系之间的链接是“异构链接”的第一个案例，为未来存在明显差异的碳市场链接实践乃至全球性碳市场构建提供了宝贵经验。

在链接谈判之前，澳大利亚的碳定价机制与欧盟的碳排放权交易市场在关键原则和机制设计等方面存在显著差异，包括覆盖范围、上限设置、价格控制、抵消机制以及国际单位的使用。链接协议于2012年8月正式商定，这时澳大利亚碳定价机制和欧盟碳排放权交易体系都存在严重不稳定的状况：澳大利亚正准备实施一项具有争议的碳定价政策，而欧盟正处于全球金融危机后的衰退整合期，碳价崩溃导致欧盟碳市场陷入岌岌可危的境地。

协议规定从2015年起建立单向链接，澳大利亚的公司可以使用欧盟配额，后续双方将继续协商完整细节。作为协议的一部分，澳大利亚政府同意不实施价格下限，而是建立一个新的子限制。① 同时规定，已实施的项目不需要改变碳交易的部门覆盖、排放限额、分配方法等要素。但是在第二阶段的谈判中，一些关键性碳市场设计要素被纳入谈判范围以制定双边链接规则，具体内容包括测量、报告和验证中的问题，在双方系统中使用第三方

---

① Australian Government, European Commission, Joint Press Release: Australia and European Commission Agree on Pathway towards Fully Linking Emissions Trading Systems, 2012.

(国际) 单位，以土地作为国内补偿，提出支持欧洲和澳大利亚提振工业竞争力的措施并进行市场监督。此阶段的谈判随着澳大利亚政府更迭和澳大利亚碳定价机制的废除而无限期中止。尽管异构链接具备一定的灵活性，但由于环境政策的不完备，澳大利亚与欧盟碳排放权交易体系链接仍困难重重。

二　碳定价市场链接的理论依据及现实风险

(一) 碳定价市场链接的理论依据

1. 地理位置

碳定价市场之间链接的一个重要因素是地理位置。不论是欧盟碳排放权交易体系还是美国东北部各州区域温室气体减排行动（RGGI），不论是加拿大魁北克省与美国加利福尼亚州之间链接的碳定价市场还是新西兰与澳大利亚之间链接的碳定价市场，都是在地理位置毗邻的国家或地区的基础上建立的。

对谈判达成贸易协定的分析可以为地理位置相近的碳市场链接提供经验，因为贸易协定的达成同样多发生于地理位置靠近的国家，这一事实主要归因于运输成本和市场信息。就碳市场链接而言，如果相近的司法管辖区内有与本地区相类似的环境目标和经济条件，同时彼此之间的监管和政治体系相近，则碳市场链接就较为容易达成，而且与邻近国家的链接也会更受国内民众支持。

2. 经济成本

地区的边际减排成本曲线是向右上方倾斜的曲线，一个地区在任一减排目标下的减排成本都可以表示为边际减排成本曲线上的一个点。如果几个地区同时承诺减排，那么实现履约时的总成本将减少，即边际成本较高的地区可以促使边际成本较低的地区代替其完成减排任务。边际成本较低的地区可以创造“排放权”或者发放减排许可证，将其出售给边际成本较高的地区。在没有链接前，与每个地区承诺相关的减排成本的差异创造了一种潜在收益，各地区可以在达成链接后将这种潜在收益共享。边际成本较高的地区受益于从其他系统购买相对便宜的配额，使其能够以较低的成本实现减排目标；相反，边际成本较低的地区会因以较高的价格出售其配额而受益。总的减排成本在边际减排成本等于碳市场出清价格时达到最低。原则上，链接可以通过增加碳交易体系中买家和卖家的数量增加流动性并且减少价格波动，这对小规模的限额交易系统尤为重要。

3. 国际政治战略

碳定价市场的链接涉及政治管辖区之间的协议，与其他形式的国际合作一样，这可能涉及政治战略行为。首先，一些国家可能将链接视为通过展示领导力、协调政策以及发展互信来支持国际气候行动的一种方式。欧盟委员会指出，将欧盟碳排放权交易市场与其他地区的交易体系链接有几个潜在的好处，其中就包括支持全球气候变化合作。其次，国家可能会为了获得其他利益被迫接受这种链接。欧盟的东欧成员国就是一个典型的例子，许多国家没有加入欧盟碳排放权交易体系，但是为了获得欧盟成员"俱乐部利益"，同意参与碳定价市场链接。最后，各国可以将链接作为"胡萝卜"来鼓励发展中国家建立碳排放权交易体系。2013 年，欧盟碳排放权交易市场停止接受除最不发达国家以外的清洁发展机制（CDM）项目的抵消，这一决定实际上阻断了中国和印度向欧洲出售核证减排量（CER），客观上对中国和印度两个发展中国家建立自己的碳排放权交易系统发挥了刺激作用。

（二）碳定价市场链接面临的现实风险

1. 经济风险

碳市场在享受链接带来的成本降低或收入增加好处的同时，也将牺牲对国内碳价的一些控制。由于配额由两个司法管辖区设定的上限决定，所以每个司法管辖区都面临对方可能选择产生负面经济影响的排放上限。在实践中，大多数国家一直是碳定价市场链接中的价格接受者。链接前，碳减排目标迥异的国家其配额价格可能会有巨大差异，一旦进行碳定价市场链接则不得不接受统一的市场价格，这使减排成本高的国家的大量收入流出，产生巨大成本，阻碍碳定价市场链接的实施。

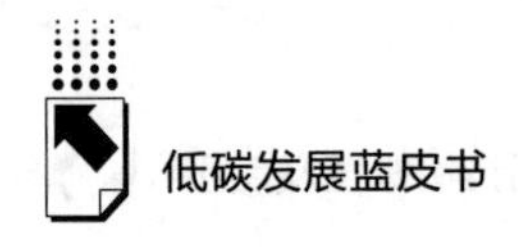

2. 环境风险

污染天堂假说（PHH）认为，排放限制更严格的地区会导致碳密集型产业转移到限制不那么严格的地区。与污染天堂假说一致，碳泄漏的方向已经从许多国家的环境规制政策中得到验证，即碳排放从严格限制排放的地区转移到环境规制较为宽松的地区，这种碳泄漏方向被称为正向的碳泄漏。通过双边链接，每个碳排放权交易系统都有动力对其排放上限进行调整，从而减少进口或出口更多的合规工具，出现更高的排放总量。这种激励因碳排放交易体系的大小而不同，较大碳排放交易体系的总排放量更高，如果与体量明显较小的碳市场相链接，整体的环境效应会受到损失。

3. 不确定性风险

碳定价市场链接所面对的不确定性来自于不同国家和地区碳市场机制设计的内外要素差异。一是各大碳市场配额的分配方法不同，比如在基准线法和标杆法的选择以及应用比例、免费分配与拍卖相结合的比例选择等方面的差异，均会引致碳市场链接过程中的不确定性增加；二是弹性供给机制的设定存在差异，包括碳抵消使用比例的设定，对储备、借贷等调节机制的设定等；三是监测报告核查（MRV）数据质量存在差异，MRV 方法本身的不确定性以及各国实际可达到的数据质量水平的差异性将影响碳市场链接的有效性。总体而言，碳市场链接面对的现实风险大小本质上与各国碳市场机制设计的差异密切相关。

三　中国开展国际碳定价市场链接的对策建议

（一）积极主动选择进行碳定价市场链接的国家

中国开展国际碳定价市场链接，选择的链接对象极为重要。根据碳排放权交易体系链接的经济成本分析，边际成本较高的地区受益于从其他系统购买相对便宜的配额，使其能够以较低的成本实现减排目标，而边际成本较低的地区会因以较高的价格出售其配额而获得收益。尽管在实际中无法获得各国实际的、精确的边际减排成本曲线，但是可以根据国家或地区的能源消费结构以及产业结构进行选择。中国是能源消耗大国，制造业的碳排放量占很大比重，在碳减排方面仍存在较大空间，减排的边际成本较高，因此可以选择能源消费水平比较低的国家或者以发展第三产业为主的国家进行碳定价市场链接，从而降低目标实现成本。

在建立碳定价市场链接时还要考虑地理位置等因素。根据贸易引力模型，两个国家之间的贸易量与国家间的地理距离成反比，碳定价市场链接后的交易量也受地理位置因素的影响。地理位置越靠近，国家间的贸易往来往往越频繁，碳价也就越接近市场出清价格。全国范围内的碳市场建成并完善后，我国可以合理利用区位优势，尝试与日韩以及共建“一带一路”国家开展先期碳定价市场链接试点，不仅能在一定程度上降低我国减排成本，还能促进不同国家间的低碳技术合作。

（二）启动与碳定价市场链接相关的法律制度研究工作

在碳排放权交易体系的建设过程中，构建完善的法律制度是碳市场得以正常运转的基础。目前，国内碳市场尚未成熟，贸然进行碳定价市场链接会扰乱市场价格，给建立之初的碳市场带来交易风险，同时不利于国内减排的正常开展。以发展的眼光看待碳市场链接，并以更小的减排成本实现更大的减排目标，仍是当前成熟碳市场的建设方向。

我国仍处在碳排放权交易市场建立的初期，构建碳市场相关法律制度的同时，应当为后续可能的碳市场链接留有窗口，在立法时注意碳市场链接的要求与条件，为后续阶段性规划中的链接留下可操作空间。具体可分为两方面内容：一是明确国内碳减排目标的实施对于国外额度的需求，通过已披露的碳排放数据和现行碳市场运行结果，科学判断与说明国内碳排放权交易市场是否已经做好外部链接准备，是否具备抵御输入性风险的能力；二是在链接开始之后，建立专门机构负责与碳定价市场链接有关的各项国际法律事务，并与有进行链接意向的国家和地区开展谈判，形成长效对话机制，从法律制度层面保障碳定价市场链接的可持续发展。

（三）探索学习碳定价市场链接方式

关于碳定价市场链接的方式，可以在一定程度上借鉴欧盟碳排放权交易市场链接已有的成熟经验，在碳市场正式链接之前制定与颁布相关的法律法规，为碳排放权交易市场的链接建立良好的法律基础。与链接伙伴协商并签订双边或多边协定，对碳定价市场链接的程序做出规定，对存在的分歧给出解决方案，为后续链接过程中可能出现的问题提供具有法律效力的说明。各国在建立碳市场时在体系设计方面必定会存在不同之处，在实行碳定价市场链接时可以根据这些差异来确定链接的方式以及规模。如共建“一带一路”国家未来进行碳定价市场链接前期规划时，我国可以与有意向建设碳定价市场但尚无能力建设的国家进行合作，为其提供我国碳定价市场设计与运行的经验，帮助其结合自身国情开展碳定价市场建设，以便在对外援助的基础上，增强双方碳定价市场设计的兼容性，使后续我国与“一带一路”国家的碳定价市场链接顺利实施。

在进行碳定价市场链接的实践过程中，需要注意链接双方配额的对等性。由于各个国家监测、报告和核查的标准不同，配额总量以及配额分配方法也存在差异，链接双方应保证配额分配的公平性。此外，为了使链接双方在减排空间上存在差异性，可以针对不同行业实施差异化的减排策略，从而实现减排成本最小化。在链接建立后，双方应建立并完善信息互通平台，及时发布共享相关信息，提高市场透明度，使双边监管部门更好地介入，提高链接的碳市场总体运行效率。

（四）将海南打造为中国“国际碳定价市场链接试点”

充分利用海南自贸港在绿色发展、金融、对外开放等方面的政策优势，将海南打造成为集跨国自愿减排交易、气候投融资、国际多边碳减排核算标准制定等功能为一体的“国际碳定价市场链接试点”。

一方面，在海南建立国际自愿减排量交易平台。加快推动现有全球自愿减排市场的合作与链接，为全球绿色电力证书、绿氢证书、林草碳汇、新能源等项目所产生的减排量提供交易与互认平台。一是构建独立于中国核证自愿减排量（CCER）、核证减排标准（VCS）等已有体系外的多边碳减排核算标准体系，并逐步争取国际现有碳市场的广泛认可与使用。二是构建以人民币为媒介的交易结算体系，为跨国碳市场链接以及减排量交易提供支撑。三是推动交易平台减排量核算标准跨国互认工作。举例而言，鉴于英国脱欧后建立了独立的碳交易体系，建议我国以推动中英两国实现减排量核算标准互认为突破口，逐步推广至美国、日本等国家。以此为基础，推动欧盟认可海南交易平台的减排量，实现有效市场链接的同时，为应对欧盟碳边境调节税做好市场准备。

另一方面，在海南设立中国碳中和基金等创新性碳金融服务。充分利用世界银行、亚洲开发银行等国际金融机构低成本资金，借鉴山东省绿色发展基金以及亚洲开发银行支持的湘潭市低碳和智慧城市转型等国际合作项目的成功经验，在海南设立中国碳中和基金，将海南打造成为共建“一带一路”国家进行海外气候融资的重要平台和枢纽，为后续与共建“一带一路”国家的碳定价市场链接奠定基础。

参考文献

[1] Ellerman A. Denny, Annelène Decaux, “Analysis of Post-Kyoto CO_2 Emissions Trading Using Marginal Abatement Curves,” *MIT Joint Program on the Science and Policy of Global Change*, 1998.

[2] A. D., Ellerman, Barbara K. Buchner, “The European Union Emissions Trading Scheme: Origins, Allocation, and Early Results,” *Review of Environmental Economics and Policy*1 (2007): 1-27.

[3] Zhang Z. X., “Trade and Climate Change: Focus on Carbon Leakage, Border Carbon Adjustments and WTO Consistency,” *Foundations and Trends® in Microeconomics*12 (2018): 1-108.

[4] 傅京燕、章扬帆：《国际碳排放权交易体系链接机制及其对中国的启示》，《环境保护与循环经济》2016 年第 4 期。

[5] 杨大鹏、王树堂、李运航：《“一带一路”国家和地区开展碳市场链接的设想与展望》，《中华环境》2022 年第 12 期。

B.12 国外企业碳资产管理与碳交易策略的经验借鉴

何 琦　李欣惠　胡康颖　许 伟*

摘　要： 随着国际碳交易体系的日渐成熟，碳排放数据核查和管理会越来越严格、越来越规范。了解政策导向，把握市场规律，合理配置企业碳资产，积极主动参与碳交易，充分利用碳金融工具，创造更多环境效益、经济效益，降低企业低碳转型成本，对于企业的绿色健康发展有着重要意义。国外企业在碳资产管理方面的成功经验，为我国企业提供了绿色转型和创新盈利模式的可行路径。本报告首先以三家国外企业为例，介绍了国外企业的碳资产管理状况和成功经验，其次结合我国企业在碳资产管理中存在的现实问题，从碳数据管理、企业碳会计、绿色金融工具等方面提出了相应的对策建议。此外，本报告聚焦碳市场，以三家企业为例，介绍了国外企业参与碳市场交易策略，总结了我国企业参与碳交易可借鉴的经验：高耗能企业须积极自主落实低碳战略转型；政府应设立明确的新能源产品销售目标以灵活调动碳积分定价；企业应建立完善碳排放管理体系；设立独立交易工作组，重视碳交易管理，灵活调整交易策略。

* 何琦，管理学博士，对外经济贸易大学全球价值链研究院副研究员，主要研究领域为气候变化与低碳城市、贸易与环境；李欣惠，对外经济贸易大学全球价值链研究院硕士研究生，主要研究领域为绿色全球价值链；胡康颖，山东财经大学工商管理学院硕士研究生，主要研究领域为低碳经济与管理；许伟，山东财经大学工商管理学院硕士研究生，主要研究领域为低碳经济。

关键词： 碳资产管理　交易策略　能源转型

一　国外企业碳资产管理案例及对我国的启示

广义的碳资产，是指企业通过交易、技术创新或者其他活动所形成与控制的与碳排放相关的能够为企业带来直接和间接利益的资源；狭义的碳资产，是指在强制碳排放权交易机制或自愿碳排放权交易机制下，产生的可以直接或者间接影响组织温室气体排放的碳排放权配额、减排信用额及相关活动。

碳资产管理主要包括数据整理、CCER 开发、配额/CCER 交易以及履约四大部分。其中，数据整理主要包括碳盘查、改进能源计量方法、编制排放报告、第三方核查数据以及申请配额调整；CCER 开发主要包括项目识别、方法学开发、项目文件编制、第三方核查项目以及主管部门报批；配额/CCER 交易主要包括头寸配置、现货、远期交易以及和碳金融相关的质押贷款、碳债券、碳基金等；履约主要涉及低成本履约、提高盈余收入以及 CCER 的抵消。

（一）国外企业碳资产管理案例

1. 荷兰皇家壳牌石油公司

荷兰皇家壳牌石油公司（以下简称“壳牌”）是一家国际油气公司，总部位于荷兰海牙，公司成立于 1908 年，业务遍及 70 多个国家。壳牌的直接温室气体排放发生在全业务流程中，包括上游勘探和生产以及下游的炼油、化学品生产和产品运输。在 1997 年通过的《京都议定书》的背景下，壳牌于 1998 年首次就气候相关监管对其全球业务的潜在影响进行了正式研究。这项研究预见了该公司最终将面临碳排放成本或某种形式的碳监管，提出壳牌需要回应投资者和公众对气候问题采取行动的呼吁，认为与政府和其他利益相关者一起参与气候政策的制定是非常必要的，因此从战略层面制定

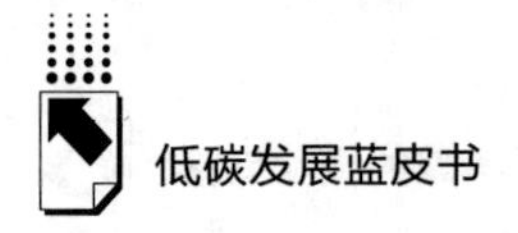

了一个内部案例设计来应对气候变化政策。

壳牌气候战略早期的一个关键步骤是生成其温室气体排放概况的可靠测量方法，这也是碳资产管理中最关键的一步，即数据管理。从 1990 年开始，壳牌开始编制运营其控制下的所有设施的温室气体排放年度清单，并于 1997 年首次在外部可持续发展报告中公布了一份完整清单，这项工作帮助公司为随后面临的强制性报告要求做好了准备。

如前所述，壳牌在 1998 年设定了第一个自愿的公司内部温室气体减排目标，为实现这一目标，壳牌于 2000 年试行了内部可交易排放许可系统（STEPS），并于两年后加入了英国的碳排放权交易系统。在 STEPS 的实施过程中壳牌面临许多挑战，例如各单位参与的自愿性较低、国外子公司之间的津贴跨境交易产生税收等。在实行过程中，壳牌发现，碳资产交易是一种高度专业化的活动，最好由有商业交易经验的公司来管理，而不是由公司的环境团队来管理。壳牌贸易作为壳牌下游业务的一个独立部门，已经拥有丰富的大宗能源商品（如石油、天然气等）交易经验，因此成为管理公司碳资产的首选部门。2001 年，壳牌内部成立了环境产品交易业务部门（EPTB），负责碳排放市场，这反映了碳资产的特殊性——需要专业知识管理，并实现价值最大化。

EPTB 接受壳牌在合规市场上运营设施的排放数据，并管理碳限额或抵消的流量，以确保这些设施满足合规要求。公司内部需要有效沟通，以确保交易部门拥有准确和及时的信息，以最大限度地提高碳资产组合价值。EPTB 数据管理系统和基础设施初步建设完成后，可以与壳牌交易沟通生产水平，升级后可以及时提供设施排放数据。监测设施排放数据使 EPTB 能够根据预期温室气体排放水平的变化调整交易活动。EPTB 首先在英国的碳排放交易体系中运作，然后在第一阶段开始前两年（2005~2007 年）进入欧盟碳排放权交易体系，这使壳牌得以制定设计排放单元合同，与潜在的贸易伙伴建立关系，并在计划开始前实现公司间的排放交易。早期的参与也让壳牌在设计交易系统时更好地参与并分享政策圈的经验教训。

2. 力拓集团

力拓集团（以下简称“力拓”）是一家国际矿业集团，总部位于英国伦敦，成立于 1873 年，业务包括发现、提取和加工矿产资源，具体有铝、铜、钻石、煤、铀、黄金、铁等。铝生产是力拓温室气体排放的最大来源，这些排放主要来自生产流程中的冶炼过程，以及化石燃料的供电和蒸汽生产。铁矿石生产是温室气体排放的第二大来源，其次是煤炭和铀。

在董事长罗伯特·威尔逊的大力支持下，20 世纪 90 年代初，当气候变化首次成为公共政策问题时，力拓就开始参与其中。力拓近一半的业务在澳大利亚，澳大利亚政府从 1991 年开始努力限制碳排放，并提出到 2005 年将排放量控制在 1991 年水平的 20%以下，这一草案促使力拓开始为未来的碳排放监管做准备。随后澳大利亚的几次减排计划，包括 1995 年的资源温室气体挑战、2009~2010 年拟议的碳排放减少计划，以及从 2012 年中运行到 2014 年废除的碳定价机制，都为力拓提供了经验，帮助力拓形成了基于市场的政策和气候战略偏好。

力拓的一些部门在 20 世纪 90 年代开始努力推进碳排放清单的建设，排放数据收集采取与其他公司合作的方式，为碳资产管理打下了良好的数据基础。力拓现阶段的排放和能源使用数据由一个基于网络的门户网站负责收集，由第三方进行验证，这种方法被整个公司采用。温室气体排放已成为与运营、安全和财务数据并列的关键绩效指标之一，这些指标每月向执行委员会报告，并在力拓的年度报告中向公众报告。一个碳排放受限制的世界将对力拓的商业模式产生重大影响，该公司认为有必要确保气候变化战略有效地传达给股东、投资者以及民众。因此，力拓发布了一份年度可持续发展报告，该报告评估了其在减少温室气体足迹方面的进展，并强调了在能效项目上的具体投资。

欧盟、新西兰和北美的市场化政策使得碳成为力拓每个业务部门交易的另一种大宗商品。该公司将碳排放交易的责任分配给其参与部门、业务部门的区域办事处和伦敦总部。每个部门的工作人员在拍卖中执行补贴购买操作，而每个区域业务部门的交易专员则负责管理更复杂的任务，如确定购买策略、通过项目开发商采购抵消额度，或者参与衍生品市场。温室气体合规的利润和损失由每个业务部门承担，而不是在整个公司层面进行分担，力拓使用这种方法来鼓励每个部门承担其温室气体管理和运营的所有权。为了确保所有部门的一致性和透明度，力拓为各部门交易活动制定了指导方针和规范化程序。

自 2005 年力拓首次与欧盟碳排放权交易体系一起参与碳交易市场以来，为了适应碳的商业及交易，公司对碳资产的管理政策进行了多次调整。排放交易可能需要通过衍生品合约对冲碳价格，但力拓的财政部禁止市场投机。因此，欧洲交易团队与该公司财务部门合作，制定了碳交易的具体指导方针和程序，包括将风险降到最低的限制措施，这些规定现在也适用于该公司在加利福尼亚州和魁北克省的碳交易市场运营，并且未来可能在其他碳交易市场中使用。

3. 太平洋煤气电力公司

太平洋煤气电力公司（以下简称“PG&E”），是美国加利福尼亚州最大的天然气和电力综合公用事业公司，为该州北部和中部提供服务。应对气候变化是 PG&E 核心业务战略不可分割的一部分。为了获得与限额和交易计划相关的知识，以及加入加利福尼亚州的限额与交易计划，PG&E 和其他七家公司①向弗吉尼亚大学提供资金以进行碳排放交易的模拟实验，测试各州政策设计特征的影响。实验结果为 PG&E 提供了有关这些设计元素如何影响总量管制与交易计划的重要信息。

根据加利福尼亚州的总量控制与交易计划，公用事业公司有两步合规程序。首先，加利福尼亚州气候行动登记处（CCAR）每年直接向当地分销公司预先确定分配的额度，这个额度是逐年下降的。然后这些额度会交付回 CCAR，并在季度拍卖中转售。PG&E 必须获得许可或补偿以覆盖其排放，拍卖所得的委托津贴必须按照中央公共事业委员会的指示转交给顾客。这部

① 南加利福尼亚州爱迪生公司、雪佛兰公司、NRG 能源公司、洛杉矶水电局、萨克拉门托市政公司事业区、北加利福尼亚州电力局和南加利福尼亚州公共电力局。

分收入通过返利（即加利福尼亚州气候信贷）返还给家庭和小企业，以补偿可能出现的更高电费。

影响 PG&E 的另一个项目变化是，加利福尼亚州将其限额交易项目与魁北克省的项目联系起来，这意味着一个项目的限额与抵消额可以用于另一个管辖区的合规交易，这就给市场带来了新的供给与需求。PG&E 对加利福尼亚州和魁北克省的法规进行了分析，并利用自己公司和第三方公司的研究来确定了碳市场链接对价格的影响。

PG&E 在 2007 年通过开展 Climate Smart 项目在碳抵消方面获得了经验，该项目为客户提供购买抵消信用的选择，以补偿其使用电力和天然气所产生的碳排放。PG&E 与气候行动保护区合作，支持其制定了多项抵消协议，包括林业和从奶牛场与垃圾填埋场捕获甲烷的协议。该项目的一些协议最终被 CCAR 修订并采用，用于加利福尼亚州的限额和交易计划。虽然 Climate Smart 只是一个示范项目，但它为 PG&E 员工提供了对抵消项目活动的基础认知，以及与抵消项目开发商合作的有用操作经验，从起草抵消采购协议中获得的经验也为推行加利福尼亚州的合规计划做了非常充分的准备。

（二）国外企业碳资产管理对我国的启示

1. 现阶段我国企业碳资产管理存在的问题

（1）缺乏碳市场排放数据质量管理长效机制

提高碳排放数据质量，挖掘碳排放数据价值，是企业开展有效碳资产管理与应对构建全国碳排放权交易市场的重要基础，也是“双碳”工作科学、有效进行的前提。目前国内企业在碳排放数据管理方面存在以下问题。

一是欠缺碳排放数据盘点能力。首先，企业碳排放数据披露较少，现阶段披露碳排放数据的企业距准确统计碳数据的愿景还相差甚远。其次，企业缺乏指引，碳排放计算指引往往从行业角度出发，缺乏落到企业具体执行层面的指引，会导致企业报告中出现排放源识别不清、数据处理有误等问题。如对电力等高耗能行业的重点排放单位而言，燃料消耗量、燃煤热值、元素碳含量等实测参数在采样、制样、送样、化验检测、核算等环节的规范性以

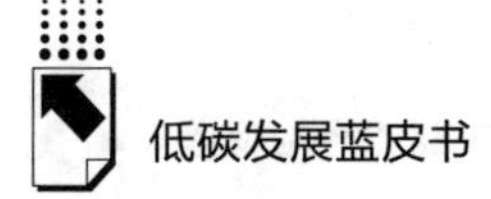

及相关检测报告的真实性是影响企业报告质量的关键，政府有关部门和技术服务机构亟须采取针对性指导和培训。最后，企业缺乏盘点人才，鲜有企业能够结合具体生产工艺流程，在设施层面配置专业人才支持监测、报告和核查流程来保证数据可靠性。

二是碳排放数据核查基础薄弱。其一，中国企业的碳排放数据核查比例较低，根据 CDP 2020 年《中国供应链报告》，60%的供应商提供直接运营活动的碳排放数据，但仅有 9%的供应商会披露经过第三方独立核证的碳排放数据，碳数据可信度低会影响企业的排放目标制定。[①] 还需避免排放企业与咨询机构、检验检测机构的弄虚作假、违规情况的出现，以保证数据的确真性、时序性与自解释性。其二，中国企业在核查碳排放数据时所涵盖的范围较小，不到 37%的企业会披露供应链上下游碳排放数据。[②] 其三，企业缺乏长时间序列的碳数据管理意识。根据 CDP 官网，2018~2020 年全球范围内进行碳披露的企业新增 2601 家，占所有碳披露企业的近 30%。[③] 这些企业大多缺少长期碳数据管理意识与经验。

三是碳数据管理与日常业务融合程度低。一方面，碳数据管理与日常业务往来的融合程度较低，碳排放活动涉及企业经营管理的各个环节，因此，碳排放数据往往归于企业不同部门管理。例如，外购能源、电力使用情况往往交由财务、物业、采购等多个部门管理；纸张笔墨等办公用品则交由采购、秘书等部门管理，这大大增加了碳信息归整和统计的难度。另一方面，各部门的碳排放数据管理缺乏协作机制。企业内部应当形成统一的汇总报送机制，确定每个数据的统一口径和报送频次。

（2）企业参与全国碳市场交易的机制亟待完善

碳排放权交易市场具有有效性、节省成本和灵活性等优点，被认为是碳减排的有效途径。但相较于欧美，我国的碳市场建设起步晚，存在立法滞后、市场机制薄弱的问题。尽管目前我国已经启动了全国碳市场发电行

① 《中国供应链报告》，2020。

② Global Supply Chain Report 2020，CDP.

③ Companies Scores：The A List 2020，CDP.

业的第二个履约周期，但对企业而言仍缺乏较完备的风险管理工具。此外，对除电力行业之外的其他行业而言，如何更好地纳入碳交易体系需要系统思考、稳健推进，所涉及的法律法规、支持工具、融资工具等均有待进一步完善。

一方面，碳市场交易规则有效性不足。已生效的《碳排放权交易管理办法（试行）》是部门规章，法律位阶较低，且其规定的处罚力度小，无法形成有效约束。另外，一级碳市场配额发放以免费为主，配额拍卖作为一种更有效率的初始分配手段仅“适时引入”，无法形成有效市场激励和预期。

另一方面，碳市场主体单一，流动性与活跃度较低。控排企业尚未建立完善的碳资产管理体系，交易主要出于履约目的，而自愿企业的“碳中和”为长期规划，尚未形成模块化需求。

（3）企业参与利用的碳金融产品不足

目前碳金融产品较为单一，市场以现货交易为主，缺乏碳远期、碳互换、碳期货等价格发现和风险管理工具。但在欧盟碳市场中，碳期货已成为主流交易产品。此外，企业开展碳金融规模小，产品创新往往停留在首单效应上，零星试点居多，规模化程度低。

绿色金融助力企业“双碳”战略定位不明晰。目前金融机构对碳排放、碳足迹方面关联的配套政策未完善，碳排放指标交易尚处于起步阶段，缺乏长期稳定的政策信号鼓励开展有公共资金需求的绿色环保、气候友好的项目。

企业难以从传统金融市场获得足够融资。低碳产品市场需求的显现需要周期，导致绿色投融资经常面临期限错配、信息不对称、产品和分析工具缺失等问题，这在气候投融资领域更为明显。

2. 加强碳资产管理的政策建议

一是企业应积极构建碳排放数据管理系统。碳排放数据管理是碳资产管理工作的基础，也是未来评估碳资产管理工作效果的重要指标。应构建碳排放数据管理信息系统，将企业碳排放数据进行结构化处理，统一管理和运维的同时，保证数据的确真性、时序性、自解释性，以满足即需即提碳排放报告的相关方要求。同时，委托第三方对数据真实性、完整性、即时性进行复核，在为国家“双碳”工作提供数据保障的同时，方便企业科学制定与分配不同生产环节与单元的减排目标与量化考核指标。

二是推广企业碳资产负债表。随着碳定价政策的实施，企业编制碳资产负债表有了充分的依据。按照其是否被纳入全国碳交易市场，分门别类指导企业编制碳资产负债表。对于参与全国碳交易的企业，按照配额、减排量等科目，系统编制企业碳资产负债表。充分评估相关风险，对于碳排放负债进行统计，并计入相关财务报表，以充分反映企业生产的外部性问题。对于没有纳入碳交易的企业，要充分评估企业减排潜力以及减排量项目，合理计入企业财务报表。这有助于企业提高碳排放管理水平，提升碳资产管理效率，从财务的视角合理使用碳排放资源，并充分反映双碳背景下企业的真实收益水平。

三是提高碳交易市场流动性，优化交易规则。政府相关主管部门应尽快完善交易规则，扩大市场主体范围。加快出台《碳排放权交易管理暂行条例》，提升碳交易市场立法层级，增强对企业自主参与的约束力。适度从紧发放配额，尽快引入有偿发放配额机制，扩大允许的自愿减排量抵扣比例。扩大市场开放程度，建立和完善市场投资者管理制度、允许投资机构等各类市场主体参与。利用碳配额储备、碳市场平准基金等类似机制，平衡市场供需，形成相对合理的碳价预期。企业方面应组建或聘请专业团队明确规划碳资产管理方案，无论是有履约义务的高碳企业，还是自愿开展节能减排、拥有碳资产的低碳企业，都需要积极开展碳资产管理，明确规划和实施路径，充分发掘和实现企业碳资产的价值增值。碳资产管理的对象除了碳配额、自愿减排量，也应包括尚未被纳入交易机制的减排量；管理的业务除了碳资产一级市场和二级市场的签发、交易管理，也应包括和金融机构合作开展的各类碳融资业务，如碳资产抵质押融资、碳资产回购、碳减排挂钩贷款等。未来，随着碳市场和碳金融活跃度的提升，企业有必要部署专业人员、团队开展碳资产管理，包括处理碳资产交易所涉及的复杂财务及税率问题等，实现碳资产的精细化管理。

四是系统开发与碳中和目标关联的绿色金融业务。面对碳中和减排目标，全国范围内每年所需新增的绿色投资与资金需求无法单靠政府部门来满足。这需要充分发挥金融市场的功能，通过产品和机制创新，动员私人部门开展绿色投资，形成支持绿色发展的投融资体系。例如，为企业的重大低碳项目建设提供项目贷款，并简化流程加快贷款审核、资金发放，同时给予一定优惠利息，帮助企业缓解资金压力；对于采购绿色产品，给予补贴，达到良币驱逐劣币效果，不能让劣币驱除良币；在充分利用碳配额、核证自愿减排量、碳远期、碳期货交易工具的基础上，支持并参与金融机构创新绿色金融产品和服务，包括绿色债券，碳资产回购、质押、租赁等碳融资工具和碳保险、碳指数等支持工具。提升绿色金融助力“双碳”的战略地位，完善绿色金融基础性制度框架，健全绿色金融系统性机制框架。目前，八大重点行业的企业业已率先开展排放权交易，以二氧化碳排放权为标的资产的碳市场也应加快稳步试点与推进的步伐，在碳交易市场中通过碳金融发挥合理资源配置的作用。

二　国外企业参与碳交易案例及对我国的启示

碳交易，即把二氧化碳排放权作为一种商品，买方通过碳交易平台向卖方支付一定金额，获得卖方一定数量的二氧化碳排放权的交易。政府设定企业的碳排放配额，控排企业的碳排放量不得超过配额，若控排企业的碳排放量超过配额，则该企业需向有盈余配额的企业购买二氧化碳排放权。

（一）国外企业参与碳交易案例

1. 特斯拉

2020 年特斯拉财报显示，其全年归母净利润为 7.21 亿美元，是特斯拉成立 17 年以来首次实现全年盈利。其中，财报中有一项是出售监管碳积分（Carbon Credit），给特斯拉带来了 15.80 亿美元的营业收入，若减去这项碳积分收入，特斯拉2020年的净利润可能为负值。显而易见，碳积分交易对新能源汽车企业而言是十分重要的收入来源之一，也是部分国家为了支持新能源汽车发展而制定的变相补贴政策。过去五年碳积分共计为特斯拉带来33亿美元的收入，举例而言，特斯拉在中国每卖出一辆汽车，可获得5个碳积分，截至2021年11月特斯拉在中国已经卖出了近15万辆汽车，获得约75万个碳积分。可见以出售碳积分为主的碳资产收益为新能源企业利润增长做出了重要贡献。

碳积分源自美国加利福尼亚州空气资源委员会（California Air Resource Board，CARB）1990年推行的低排放车辆项目（Low Emission Vehicle，LEV）。该项目中有一个子项目叫作零排放车辆计划（Zero Emission Vehicle，ZEV），旨在防止机动车污染物排放。该机制强制对不同规模的车企设定了不同的零排放车销售目标，要求到1998年，2%的车辆必须进入ZEV，之后每年递增。2009年，CARB进行了一次LEV的再设计，并在传统空气污染物之外添加了温室气体作为排放参数之一；于2010年推出了LEV第三期，将LEV和ZEV在执行机制上进行了更好的融合和协调，整体上建构了ZEV交易市场。每年大型车辆制造公司都制定相应的零排放车辆销售比例，未达标的公司须为每辆车缴纳5000美元的罚金，或从其他企业购入碳排放量积分，否则将被勒令撤出美国市场，这一法规已在全美许多地区陆续实施。

目前特斯拉在内部运营中高度重视ZEV收入，该计划拥有独立的工作组，数据层面的统计和集成化管理信息系统（Enterprise Resource Planning，ERP）、生命周期管理系统（Product Life-cycle Management，PLM）、物料清单系统（Bills of Material，BOM）直接对接，市场交易层面按照CARB规则制定全年交易策略，每个季度拥有独立的交易执行权力，以根据市场的变化调整交易策略。在二级市场上，特斯拉不仅与加州车企直接进行ZEV交易，它与二级市场的场外交易市场（Over The Counter，OTC）经纪机构和交易机构都保持每日询价的联系，从而开展主动性交易，成为最大的获利方。

2. 英国石油公司

英国石油公司（以下简称“BP”）是世界五大国际石油公司之一，在

2020年《财富》世界500强企业中排名第8。公司主要业务涉及油气勘探开发、炼油、天然气销售和发电、油品零售和运输，以及石油化工产品生产和销售等领域。英国石油公司十分重视碳资产管理尤其是碳交易。

1997年，BP公开发表声明承认其因碳排放而加剧了全球变暖的事实，并设定了“将于2010年比1990年降低碳排放量10%”的减排目标。BP早在1998年就已尝试在公司内部建立碳交易体制（BPETS），此体制也在1998年进行示范，并进行了碳足迹、碳交易等领域的研究。2000年BPETS的成员已包含全世界勘探和制造、精炼和销售、新能源开发、生物化学4个类别的112个机构。BP建立内部碳交换机制是为在将来加入EU-ETS而提前进行实战演练，所以牵涉的大部分交易也只是仿真交换，并无资金往来。借助公司内部碳交易制度的实施与推进，BP提前七年就实现了减排10%的目标。公司具体的举措还有降低天然气燃放与空排、提升生产过程中的能源利用效率等。借助这种手法，BP创造了6.5亿美元的价值。而BP的成功也证明了环保生产与盈利之间并不矛盾，这二者完全可以并行不悖，而市场化的管理手段也可以更有效地促进公司环保目标的达成。1998年，BP在公司内部推行碳交易机制的时候，也主动游说英国政府相关部门开展相关工作，最终英国于2002年推出了全国碳交易系统，BP也加入其中。同时，BP内部的碳交易体制也正式结束，完成了历史使命。BP联手能源领域的各大公司，进一步积极游说英国政府推动欧盟层面开展碳交易体系设计，欧盟碳交易试点体系于2005年正式推出，英国的碳交易体系在纳入欧盟碳交易体系后退出历史舞台。2008年以后，欧盟碳交易体系向全球推广。同时，BP积极参与国内碳交易试点。从2013年开始，BP组建团队在国内积极购买CCER（国家核证自愿减排量）等项目；与SHELL等外资石油公司类似，BP碳交易团队积极为国内被纳入试点地区的企业提供碳配额管理和履约方面的指导，以促进碳交易的发展。

3. 道达尔能源公司

道达尔能源公司（以下简称“道达尔”）作为一家法国传统的石油化

工企业，于2021年5月改名为道达尔能源公司，正式战略转型为一家多元化能源公司，并致力于制造并供应更为便宜、安全、洁净和广泛的资源。道达尔（中国）于2008年4月24日宣布，道达尔集团负责碳交易业务的子公司道达尔天然气与电力有限公司（TGP）已在《京都议定书》的清洁发展机制（CDM）下注册了“中电投郑州燃气发电有限公司”的碳减排额。该注册已经由联合国气候变化框架公约组织（UNFCCC）确认。这代表着道达尔在中国首个碳贸易项目的成功开展，同时这也是全球首批获得UNFCCC注册的燃气发电项目之一。早些时候，道达尔天然气与电力有限公司已经与中国电力投资集团公司旗下的郑州燃气发电有限公司签署了碳交易协议，同意购买郑州燃气发电有限公司的碳减排额。道达尔（中国）天然气与电力部总裁罗郎表示：“道达尔致力于承担温室气体减排挑战，并积极应对气候变化问题。我们欢迎郑州碳交易项目的正式注册，这有助于推动发展通过低碳密度燃料（如天然气）进行发电。”郑州燃气发电有限公司由于采用更加“清洁”的燃气发电技术，与常规火电相比，每年可减少碳排放量超过69万吨，因此产生由UNFCCC论证并注册的碳减排额。近年来，全球碳交易市场正在迅速发展。尤其是随着“碳中和”目标的提出，碳交易市场渐成燎原之势，成为推动低碳发展的有效途径，其商业价值也十分突出，如果在碳交易市场中占据优势，可能形成一个新的业务增长点。相对应的，对石油等碳排放高的企业来说，若不加以改变，其在碳交易的约束下，必将付出更多的成本代价。石油企业无疑需要一场变革以在碳交易市场中化被动为主动。随着碳交易市场的推进，碳减排量将成为企业成本利润的一部分。届时，率先迈向低碳的石油企业也将有望从“卖油郎”变身为“卖碳翁”，在碳交易的新市场下收获一笔“隐形资产”。

在世界能源转型的大背景下，道达尔提出了相应的碳中和策略，于挑战中发现机遇，持续推陈出新，创新公司发展目标，重视数字化转型，如维持油气业务、扩张天然气全产业链业务、全面发展可再生能源和电力、加快布局电力储能业务、合作探索CCUS技术、成立碳中和投资基金等，以适应不断变化的全球能源转型大势，融入碳交易市场。

（二）国外企业参与碳交易策略的经验借鉴与启示

1. 想要拿下碳交易市场的新“甜点”，高耗能企业必须积极自主落实低碳战略转型

在走向低碳转型的道路上，最早的改变来自能源产品结构的调整。以石油企业为例，与传统石油主业相比，天然气和可再生能源产品的平均碳含量较低，更适合未来发展的需求。近年来，石油企业加码清洁能源已经成为业内的常态。尤其是在转型更为先进的欧洲地区，不少石油巨头不约而同地调整能源业务结构，从“石油巨头”向“清洁能源巨头”“综合能源巨头”转变。案例企业道达尔为实现净零排放目标，扩大了其原有的天然气业务并确保其占据公司的主体能源地位。同时，道达尔能源将可再生能源视为实现净零排放承诺的关键，到2030年将累计投入600亿美元，剑指全球TOP5可再生能源公司地位。发展清洁能源业务，不仅有助于减少能源企业碳排放，还有助于企业碳资产的形成。在调整能源产品结构的同时，道达尔能源还致力于引导客户使用低碳能源的需求，以清洁、高效的能源替代现有的能源产品。

2. 政府应设立明确的新能源产品销售目标以灵活调动碳积分定价

以汽车企业为例，传统车企在内燃机汽车生产线上投入较多，存在明显的高碳路径依赖与碳锁定效应，很可能不愿意放弃传统技术，从零开始研究新能源汽车。而在“特斯拉”案例中可以看到，碳积分交易是一个明确的激励信号，企业可以通过碳积分交易，以利益驱动技术变革。举例而言，国家将特定年份新能源汽车的销售目标定为销售总量的10%，便可以将当年汽车生产商需要缴纳的碳积分比例设定为销售量的10%，否则就需要缴纳罚款。如果市场上新能源车销售不足10%，碳积分供不应求，就会推高碳积分价格，督促车企加紧生产与销售新能源汽车。

3. 企业应建立完善碳排放管理体系

碳排放管理是碳交易的基础，涉及碳排放核算、碳资产管理和交易等专业技术工作。因此，建立内部碳排放管理体系十分必要。企业应建立相应的

组织机制、运行管理机制等，保证碳排放管理工作有序进行，明确不同部门在碳排放管理中的职责与分工，建立协同工作机制。在集团公司层面建立碳管理信息化平台，实现全面、高效、准确的碳资产管理，以适应中国逐渐完善的碳交易市场。

4. 设立独立交易工作组，重视碳交易管理，灵活调整交易策略

高度重视碳交易带给企业的利润潜力，强调数据统计与其他管理系统协调配合，与交易机构保持密切联系，将使部分企业在碳交易市场上拥有更多的获利潜能。

参考文献

[1] ICAP, "Emissions Trading Worldwide: Status Report," 2022.

[2] LIN D. L., ZHOU D. T., LI R. S., et al., "Impact of the Implementation of the Interim Rules for Carbon Emissions Trading Management and Its Enlightenment to Oil and Gas Enterprises," *World Petroleum Industry* 28 (2021): 6-11.

[3] 林东龙、周大通、李若思、王璐、王玮琳：《碳排放权交易管理办法（试行）对油气企业的启示》，《世界石油工业》2021 年第 5 期。

[4] 孙燕一、张晓萱、马莉：《英国碳市场建设及英国石油公司碳资产管理启示》，《世界石油工业》2021 年第 6 期。

[5] 柏林、徐锋、丁宇韬：《道达尔能源：走多元化的碳中和发展之路》，《中国石化》2021 年第 9 期。

[6] 崔茉：《道达尔在中国获批首个碳交易项目》，《中国石油报》2008 年 4 月 29 日，第 7 版。

[7] 李琪：《中石化李剑峰：数字化转型是企业高质量发展的必由之路》，《中国设备工程》2022 年第 3 期。

[8] 郁红：《碳交易市场启动，国内企业准备好了吗?》，《化工管理》2016 年第 25 期。

[9] 郑守忠：《用能权交易与碳排放权交易的协同与应用》，《中国电力企业管理》2020 年第 16 期。

[10] 石培军：《浅析碳市场对火电企业影响及应对措施》，《今日财富》2018 年第 12 期。

[11] 孙维本、梁庆源：《发电企业如何加强碳资产管理》，《中国电力企业管理》2018 年第 4 期。

附　　录

Appendixes

B.13

附录1　中国碳排放权交易市场每日交易数据

附表 1-1　中国碳排放权交易市场碳配额成交量（2021 年 7 月 16 日~2022 年 7 月 15 日）

单位：百吨

交易日期	全国	北京	天津	广东	上海	湖北	重庆	深圳	福建
2021 年 7 月 16 日	41040	125	0	8081	0	18	2	0	0
2021 年 7 月 19 日	1308	100	0	3409	0	110	5	11	0
2021 年 7 月 20 日	1620	100	0	1394	1	6	2	0	0
2021 年 7 月 21 日	2120	1	0	4869	5	14	100	481	0
2021 年 7 月 22 日	1122	181	0	877	0	5	0	1200	63
2021 年 7 月 23 日	1120	26	88	17	151	5	0	700	159
2021 年 7 月 26 日	480	0	55	232	296	0	0	380	0
2021 年 7 月 27 日	742	0	0	10	0	72	22	0	0
2021 年 7 月 28 日	8727	40	0	310	10	181	61	308	0
2021 年 7 月 29 日	840	23	0	247	0	235	3	0	0
2021 年 7 月 30 日	400	0	0	4897	10	874	0	6	446
2021 年 8 月 2 日	420	0	0	1565	39	62	0	0	7171
2021 年 8 月 3 日	450	0	40	1024	0	146	100	0	0

续表

交易日期	全国	北京	天津	广东	上海	湖北	重庆	深圳	福建
2021年8月4日	200	0	40	52	0	30	100	300	0
2021年8月5日	600	0	40	48	0	73	763	0	0
2021年8月6日	200	0	20	994	0	55	577	300	0
2021年8月9日	2829	0	100	123	0	32	1216	0	0
2021年8月10日	200	1011	0	556	1	55	11	0	0
2021年8月11日	200	0	40	1026	0	137	139	0	0
2021年8月12日	60	110	50	12	129	215	0	0	3200
2021年8月13日	510	50	0	727	0	23	667	0	0
2021年8月16日	5000	0	36	25	0	35	99	48	0
2021年8月17日	70	0	39	146	1	17	0	0	0
2021年8月18日	30	3	0	247	3	44	2	0	650
2021年8月19日	40	0	16	11	0	77	106	0	0
2021年8月20日	9080	0	0	56	0	32	0	0	0
2021年8月23日	30	0	20	79	500	500	0	0	0
2021年8月24日	20	0	40	580	1000	49	0	0	0
2021年8月25日	2852	720	0	588	10	34	1	0	0
2021年8月26日	42	560	40	591	0	128	11	0	0
2021年8月27日	2051	1180	0	503	45	22	202	0	0
2021年8月30日	0	740	0	514	60	73	260	0	0
2021年8月31日	0	1	0	528	43	21	217	0	0
2021年9月1日	0	302	0	23	100	70	401	864	0
2021年9月2日	1	10	0	35	280	177	1162	0	0
2021年9月3日	5	34	0	87	140	19	101	0	0
2021年9月6日	0	256	0	35	123	44	250	0	0
2021年9月7日	20	791	0	31	163	18	9	0	0
2021年9月8日	0	261	0	16	202	29	0	159	0
2021年9月9日	12	261	0	16	963	29	500	159	0
2021年9月10日	30	134	0	53	111	10	1017	0	0
2021年9月13日	1	632	0	53	147	10	100	0	0
2021年9月14日	40	148	0	53	101	10	120	0	0
2021年9月15日	1	134	0	53	400	10	102	0	0
2021年9月16日	61	134	0	53	416	10	44	0	0
2021年9月17日	219	207	0	53	473	10	104	0	0
2021年9月22日	42	147	0	53	35	10	400	0	0

续表

交易日期	全国	北京	天津	广东	上海	湖北	重庆	深圳	福建
2021 年 9 月 23 日	25	232	0	53	170	10	117	0	0
2021 年 9 月 24 日	48	456	0	53	102	10	117	0	0
2021 年 9 月 27 日	158	243	0	53	69	10	165	0	0
2021 年 9 月 28 日	560	860	0	53	142	10	356	0	0
2021 年 9 月 29 日	6118	4405	0	118	78	156	0	0	0
2021 年 9 月 30 日	84744	1374	0	40	93	37	20	0	0
2021 年 10 月 8 日	30	1184	0	122	0	28	0	0	0
2021 年 10 月 11 日	50	4416	0	38	17	105	13	0	0
2021 年 10 月 12 日	4040	4416	0	12	0	48	100	0	0
2021 年 10 月 13 日	774	1072	0	98	0	88	100	0	0
2021 年 10 月 14 日	35	1402	0	392	0	82	0	5	0
2021 年 10 月 15 日	82	285	0	56	0	55	0	1	0
2021 年 10 月 18 日	5247	30	41	26	0	15	0	12	6
2021 年 10 月 19 日	1020	0	0	9	0	66	0	10	13
2021 年 10 月 20 日	1029	0	0	26	0	209	100	12	0
2021 年 10 月 21 日	2002	0	0	16	0	10	0	1	1
2021 年 10 月 22 日	308	1	0	25	0	140	1000	2	0
2021 年 10 月 25 日	125	0	0	20	1	148	1029	29	0
2021 年 10 月 26 日	879	1	0	20	0	49	200	0	15
2021 年 10 月 27 日	3106	1	0	16	2	68	745	0	0
2021 年 10 月 28 日	35	141	0	26	11	103	1082	0	0
2021 年 10 月 29 日	6768	60	0	50	0	49	113	11	1
2021 年 11 月 1 日	15195	44	10	177	271	79	301	0	0
2021 年 11 月 2 日	3985	1	0	16	0	91	35901	0	7
2021 年 11 月 3 日	77	1	0	13	4	28	0	0	12
2021 年 11 月 4 日	134	1068	620	5	102	0	158	0	158
2021 年 11 月 5 日	330	1700	550	68	0	3043	600	1630	60
2021 年 11 月 8 日	285	0	0	18	0	166	700	0	28
2021 年 11 月 9 日	285	1	0	16	0	172	35	0	90
2021 年 11 月 10 日	12092	1	0	66	0	146	1	124	1042
2021 年 11 月 11 日	239	300	0	79	10	138	1147	0	753
2021 年 11 月 12 日	14499	112	0	25	0	124	2	57	868
2021 年 11 月 15 日	3265	0	0	56	0	217	0	0	1639
2021 年 11 月 16 日	17895	0	0	1563	0	420	1206	400	1919
2021 年 11 月 17 日	3864	42	0	1562	120	128	1	0	1099
2021 年 11 月 18 日	13604	42	0	1029	93	674	0	0	467

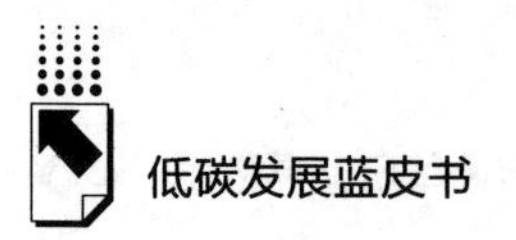

续表

交易日期	全国	北京	天津	广东	上海	湖北	重庆	深圳	福建
2021年11月19日	13198	57	0	1100	1	412	6	403	76
2021年11月22日	1978	0	0	273	0	1000	200	0	0
2021年11月23日	1790	0	0	25	200	1002	100	0	0
2021年11月24日	19012	0	0	76	0	888	376	0	0
2021年11月25日	7480	0	0	39	0	1128	400	0	1
2021年11月26日	41054	0	0	34	923	4131	153	0	0
2021年11月29日	29731	0	0	71	0	1660	2	0	0
2021年11月30日	30304	0	0	186	0	2246	181	0	0
2021年12月1日	25677	94	0	208	245	2296	1	216	776
2021年12月2日	26711	0	0	121	200	1409	6	0	710
2021年12月3日	29265	78	0	247	0	1193	172	0	560
2021年12月6日	32931	78	0	140	300	942	354	0	150
2021年12月7日	44095	0	0	82	0	0	0	1630	0
2021年12月8日	43471	0	0	57	0	0	2	1600	0
2021年12月9日	59562	0	0	77	0	4072	0	1570	0
2021年12月10日	75212	0	0	1061	15	3372	1	1600	0
2021年12月13日	80241	0	0	1161	60	1615	27	1650	31
2021年12月14日	148808	100	0	272	6	1098	0	1600	31
2021年12月15日	76262	189	0	1460	27	15416	0	1550	65
2021年12月16日	204809	0	0	373	40	2184	1	1496	65
2021年12月17日	26600	0	0	266	0	14629	0	0	50
2021年12月20日	33451	0	0	97	0	2704	0	0	0
2021年12月21日	31420	0	0	86	0	3234	25	0	0
2021年12月22日	32706	0	0	490	500	841	0	110	0
2021年12月23日	66234	0	0	153	0	425	65	26	0
2021年12月24日	37417	0	0	71	0	492	237	0	0
2021年12月27日	35906	1	0	16	0	90	11	510	42
2021年12月28日	48928	0	0	5125	0	118	17	2	0
2021年12月29日	58840	24	0	1055	0	233	0	11	0
2021年12月30日	107432	0	0	5370	1	98	119	0	0
2021年12月31日	29598	0	0	1442	0	152	150	1	0
2022年1月4日	3311	84	0	250	0	28	150	0	0
2022年1月5日	7398	0	0	904	0	113	190	0	0
2022年1月6日	3418	0	0	195	0	220	190	1	0
2022年1月7日	31710	0	0	602	0	104	6	0	0
2022年1月10日	17944	0	0	185	0	276	5648	0	0

续表

交易日期	全国	北京	天津	广东	上海	湖北	重庆	深圳	福建
2022年1月11日	1651	0	0	200	2	120	2769	114	0
2022年1月12日	5001	1000	41	5220	0	107	331	0	0
2022年1月13日	5905	0	0	164	0	178	369	0	0
2022年1月14日	1734	0	0	418	0	19	20	384	15
2022年1月17日	7	0	80	239	25	126	172	473	0
2022年1月18日	1	0	81	649	0	226	166	492	119
2022年1月19日	527	0	0	265	0	119	0	36	93
2022年1月20日	2	0	0	226	0	145	11	0	0
2022年1月21日	1	0	0	520	0	143	22	0	196
2022年1月24日	1	0	0	420	0	253	10	0	0
2022年1月25日	2	0	0	231	21	108	27	0	271
2022年1月26日	1	0	0	1014	0	112	179	0	0
2022年1月27日	1	0	0	150	10	256	101	0	225
2022年1月28日	11	0	0	503	0	329	0	0	0
2022年2月7日	0	0	0	971	14	432	0	0	0
2022年2月8日	721	0	0	459	20	309	0	0	0
2022年2月9日	1	0	0	792	0	678	0	0	0
2022年2月10日	1	0	0	213	0	283	0	0	0
2022年2月11日	1	0	0	583	0	261	2000	0	86
2022年2月14日	0	1	0	343	0	140	1950	0	0
2022年2月15日	0	0	0	274	30	284	1450	0	100
2022年2月16日	20	0	0	274	0	125	8	0	0
2022年2月17日	1	0	0	116	0	66	928	0	0
2022年2月18日	1	0	0	49	0	133	719	0	137
2022年2月21日	1	0	0	245	0	60	200	0	0
2022年2月22日	784	0	0	120	5	42	600	0	0
2022年2月23日	50	0	0	59	9	22	10	0	0
2022年2月24日	1	0	0	106	0	55	0	0	0
2022年2月25日	13936	0	0	187	0	51	0	20	913
2022年2月28日	1188	0	0	95	0	145	4	0	0
2022年3月1日	1	0	0	32	10	161	4	0	0
2022年3月2日	2001	1	163	186	0	113	0	0	55
2022年3月3日	0	1	0	1357	4	315	0	0	0
2022年3月4日	2	1	0	80	2016	118	0	1400	0
2022年3月7日	5	0	0	113	0	197	0	53	0
2022年3月8日	5	0	0	145	0	33	0	21	0

续表

交易日期	全国	北京	天津	广东	上海	湖北	重庆	深圳	福建
2022年3月9日	1	0	0	266	170	128	0	500	0
2022年3月10日	7	0	72	2976	11	73	285	59	69
2022年3月11日	1	0	0	3621	24	112	313	200	4
2022年3月14日	0	0	0	232	9	125	109	0	0
2022年3月15日	1914	0	0	231	0	88	18	0	0
2022年3月16日	5	0	60	215	125	115	208	0	0
2022年3月17日	130	0	0	174	35	135	0	0	0
2022年3月18日	1500	0	0	89	0	146	0	0	5600
2022年3月21日	0	0	0	160	0	149	0	0	0
2022年3月22日	1	0	0	63	0	149	0	0	0
2022年3月23日	1	178	0	84	0	56	1060	0	0
2022年3月24日	817	0	0	170	35	297	5	0	11
2022年3月25日	0	0	0	180	0	84	168	0	10
2022年3月28日	0	0	0	133	0	50	129	0	5590
2022年3月29日	1	0	0	36	52	73	0	0	9
2022年3月30日	15	30	0	150	67	91	588	0	0
2022年3月31日	680	52	0	92	100	82	0	0	14
2022年4月1日	1	0	0	37	0	67	0	0	0
2022年4月6日	42	0	0	89	0	106	588	0	0
2022年4月7日	1	10	0	30	0	87	186	0	0
2022年4月8日	1308	5	0	49	0	89	0	0	0
2022年4月11日	1	5	0	44	0	221	182	0	0
2022年4月12日	1000	25	0	101	0	61	72	31	1833
2022年4月13日	0	0	0	171	0	122	0	5	1001
2022年4月14日	0	0	0	89	0	80	8	5	0
2022年4月15日	2759	0	0	113	0	80	0	6	0
2022年4月18日	0	0	0	7076	0	92	0	0	1
2022年4月19日	1	0	0	123	50	11	0	1	0
2022年4月20日	0	0	0	163	0	62	1261	0	0
2022年4月21日	0	42	0	191	0	117	1571	16	0
2022年4月22日	1	42	0	191	0	117	1571	16	0
2022年4月25日	2800	0	0	116	156	146	1200	0	50
2022年4月26日	3192	0	0	308	10	105	0	202	11
2022年4月27日	400	0	0	220	111	113	0	0	30
2022年4月28日	0	0	0	182	35	1289	0	0	47
2022年4月29日	3001	0	0	182	35	1289	0	0	47

续表

交易日期	全国	北京	天津	广东	上海	湖北	重庆	深圳	福建
2022 年 5 月 5 日	2100	0	0	4469	0	1067	0	128	2262
2022 年 5 月 6 日	5800	0	0	104	122	125	0	25	2242
2022 年 5 月 9 日	1137	0	0	370	0	218	0	0	2000
2022 年 5 月 10 日	0	0	0	171	0	208	0	314	2005
2022 年 5 月 11 日	0	0	0	205	0	90	735	0	2080
2022 年 5 月 12 日	0	0	0	600	0	82	0	110	50
2022 年 5 月 13 日	0	0	0	594	0	15	100	0	407
2022 年 5 月 16 日	0	0	0	904	0	269	465	0	55
2022 年 5 月 17 日	0	0	0	787	0	146	0	0	0
2022 年 5 月 18 日	0	0	0	1935	0	148	497	0	55
2022 年 5 月 19 日	2000	184	0	1454	0	575	3379	0	100
2022 年 5 月 20 日	0	0	0	2058	0	53	543	0	30
2022 年 5 月 23 日	3	53	0	807	0	9	0	927	46
2022 年 5 月 24 日	0	0	0	960	7	159	0	0	27
2022 年 5 月 25 日	0	0	0	1033	0	88	0	0	0
2022 年 5 月 26 日	1300	28	0	1765	0	124	34	11	0
2022 年 5 月 27 日	4210	0	0	1438	0	158	47	91	0
2022 年 5 月 30 日	0	0	0	1973	10	11	0	0	0
2022 年 5 月 31 日	6000	10	0	956	0	17	0	5	154
2022 年 6 月 1 日	1000	0	0	1215	0	69	0	5	20
2022 年 6 月 2 日	0	10	0	237	0	43	0	0	98
2022 年 6 月 6 日	0	0	0	7127	0	32	0	20	9
2022 年 6 月 7 日	0	123	0	554	50	26	2	94	74
2022 年 6 月 8 日	0	0	0	1037	0	66	2	225	6
2022 年 6 月 9 日	1500	0	0	61	50	157	0	22	50
2022 年 6 月 10 日	0	0	0	21	0	8	8	377	24
2022 年 6 月 13 日	0	0	0	90	52	187	56	758	28
2022 年 6 月 14 日	0	200	0	25	55	33	0	249	52
2022 年 6 月 15 日	0	40	0	1	0	48	56	839	81
2022 年 6 月 16 日	0	80	41	205	50	182	0	83	20
2022 年 6 月 17 日	0	816	0	53	0	453	0	650	3
2022 年 6 月 20 日	0	400	0	223	0	191	0	84	0
2022 年 6 月 21 日	1	17	20	179	50	246	0	124	274
2022 年 6 月 22 日	1500	0	0	507	0	118	0	21	542
2022 年 6 月 23 日	2500	49	1340	202	0	93	0	11	582
2022 年 6 月 24 日	1200	10	80	842	1	65	0	45	100
2022 年 6 月 27 日	0	10	136	940	0	71	0	129	40

续表

交易日期	全国	北京	天津	广东	上海	湖北	重庆	深圳	福建
2022 年 6 月 28 日	0	0	867	650	1	274	0	9	42
2022 年 6 月 29 日	0	360	128	631	1	32	0	30	0
2022 年 6 月 30 日	0	50	730	1112	0	405	0	63	41
2022 年 7 月 1 日	3249	119	5219	704	2	21	0	66	150
2022 年 7 月 4 日	0	23	0	704	1	5	0	11	0
2022 年 7 月 5 日	100	155	0	97	53	82	0	8	190
2022 年 7 月 6 日	800	5	20	48	11	104	0	11	146
2022 年 7 月 7 日	10	20	635	12	0	101	0	0	64
2022 年 7 月 8 日	492	5	170	19	0	24	0	0	30
2022 年 7 月 11 日	1	5	170	19	0	24	0	0	0
2022 年 7 月 12 日	0	110	1530	213	50	27	0	33	0
2022 年 7 月 13 日	0	0	4975	463	0	87	0	14	0
2022 年 7 月 14 日	274	50	2235	154	0	106	0	4	0
2022 年 7 月 15 日	25	0	29	423	0	33	0	252	20

数据获取时间段：2021 年 7 月 16 日至 2022 年 7 月 15 日。

数据来源：全国碳市场数据来自上海环境与能源交易所；试点碳市场数据来自各试点碳市场官方网站。

附表 1-2　中国碳排放权交易市场碳配额成交额

单位：万元

交易日期	全国	北京	天津	广东	上海	湖北	重庆	深圳	福建
2021 年 7 月 16 日	21023	77	0	3343	0	6	1	0	0
2021 年 7 月 19 日	684	60	0	1484	0	36	2	1	0
2021 年 7 月 20 日	863	61	0	609	0	2	1	0	0
2021 年 7 月 21 日	1138	1	0	2079	2	4	29	30	0
2021 年 7 月 22 日	623	129	0	395	0	2	0	101	6
2021 年 7 月 23 日	638	19	30	8	66	2	0	31	16
2021 年 7 月 26 日	261	0	20	103	125	0	0	17	0
2021 年 7 月 27 日	405	0	0	4	0	27	8	0	0
2021 年 7 月 28 日	3660	28	0	125	4	71	21	14	0
2021 年 7 月 29 日	445	16	0	99	0	95	1	0	0
2021 年 7 月 30 日	217	0	0	1752	4	383	0	1	44
2021 年 8 月 2 日	218	0	0	556	16	26	0	0	731

续表

交易日期	全国	北京	天津	广东	上海	湖北	重庆	深圳	福建
2021年8月3日	241	0	12	340	0	61	27	0	0
2021年8月4日	117	0	12	21	0	13	30	14	0
2021年8月5日	329	0	12	19	0	30	197	0	0
2021年8月6日	106	0	6	387	0	24	150	14	0
2021年8月9日	1426	0	28	50	0	14	328	0	0
2021年8月10日	111	722	0	218	0	25	4	0	0
2021年8月11日	112	0	11	484	0	60	35	0	0
2021年8月12日	33	69	14	5	54	94	0	0	416
2021年8月13日	275	33	0	280	0	10	174	0	0
2021年8月16日	2575	0	10	10	0	15	32	2	0
2021年8月17日	36	0	11	56	0	7	0	0	0
2021年8月18日	16	2	0	93	1	19	1	0	85
2021年8月19日	20	0	5	4	0	33	30	0	0
2021年8月20日	3774	0	0	21	0	14	0	0	0
2021年8月23日	15	0	9	30	200	200	0	0	0
2021年8月24日	10	0	11	218	400	21	0	0	0
2021年8月25日	1317	488	0	231	4	15	0	0	0
2021年8月26日	20	370	11	222	0	50	4	0	0
2021年8月27日	902	726	0	200	18	9	67	0	0
2021年8月30日	0	455	0	194	24	31	69	0	0
2021年8月31日	0	1	0	211	18	9	61	0	0
2021年9月1日	0	200	0	9	41	29	142	56	0
2021年9月2日	0	8	0	13	114	66	346	0	0
2021年9月3日	2	26	0	33	57	7	39	0	0
2021年9月6日	0	210	0	13	50	18	96	0	0
2021年9月7日	9	592	0	12	66	7	3	0	0
2021年9月8日	0	217	0	6	81	12	0	11	0
2021年9月9日	5	240	0	6	386	12	170	11	0
2021年9月10日	13	143	0	21	44	4	480	0	0
2021年9月13日	0	548	0	21	59	4	37	0	0
2021年9月14日	18	145	0	22	40	4	45	0	0
2021年9月15日	0	139	0	22	160	4	40	0	0
2021年9月16日	28	111	0	22	162	4	16	0	0
2021年9月17日	95	165	0	22	188	4	37	0	0

续表

交易日期	全国	北京	天津	广东	上海	湖北	重庆	深圳	福建
2021年9月22日	18	115	0	22	14	4	139	0	0
2021年9月23日	11	174	0	22	68	4	40	0	0
2021年9月24日	21	367	0	22	41	4	40	0	0
2021年9月27日	69	204	0	23	27	4	58	0	0
2021年9月28日	236	776	0	23	59	4	137	0	0
2021年9月29日	2516	3881	0	52	32	63	0	0	0
2021年9月30日	35416	1206	0	18	37	15	7	0	0
2021年10月8日	13	1035	0	54	0	11	0	0	0
2021年10月11日	23	3704	0	17	7	44	5	0	0
2021年10月12日	1775	3541	0	5	0	20	36	0	0
2021年10月13日	346	840	0	43	0	36	38	0	0
2021年10月14日	15	1125	0	170	0	33	0	1	0
2021年10月15日	36	228	0	24	0	22	0	0	0
2021年10月18日	2178	28	11	11	0	6	0	2	1
2021年10月19日	409	0	0	4	0	27	0	2	3
2021年10月20日	427	0	0	11	0	86	32	2	0
2021年10月21日	843	0	0	7	0	4	0	0	0
2021年10月22日	132	1	0	11	0	57	371	0	0
2021年10月25日	54	0	0	9	0	61	335	4	0
2021年10月26日	375	1	0	8	0	20	74	0	3
2021年10月27日	1300	0	0	7	1	28	236	0	0
2021年10月28日	15	72	0	11	5	42	399	0	0
2021年10月29日	2801	30	0	22	0	20	38	1	0
2021年11月1日	6331	34	3	77	109	33	90	0	0
2021年11月2日	1645	1	0	7	0	38	10810	0	2
2021年11月3日	33	0	0	6	2	12	0	0	2
2021年11月4日	57	843	200	2	42	0	28	0	27
2021年11月5日	141	1073	196	29	0	848	11	173	11
2021年11月8日	121	0	0	8	0	67	224	0	5
2021年11月9日	122	1	0	7	0	71	10	0	17
2021年11月10日	5151	0	0	29	0	60	0	12	188
2021年11月11日	101	97	0	35	4	57	440	0	138
2021年11月12日	6067	29	0	11	0	51	1	5	160
2021年11月15日	1344	0	0	24	0	89	0	0	306

续表

交易日期	全国	北京	天津	广东	上海	湖北	重庆	深圳	福建
2021 年 11 月 16 日	7412	0	0	680	0	170	406	32	351
2021 年 11 月 17 日	1624	13	0	703	52	51	0	0	204
2021 年 11 月 18 日	4467	13	0	451	39	256	0	0	84
2021 年 11 月 19 日	4081	20	0	515	0	146	2	32	13
2021 年 11 月 22 日	852	0	0	123	0	308	69	0	0
2021 年 11 月 23 日	771	0	0	11	81	312	34	0	0
2021 年 11 月 24 日	7965	0	0	34	0	284	150	0	0
2021 年 11 月 25 日	3159	0	0	18	0	369	140	0	0
2021 年 11 月 26 日	17394	0	0	15	370	1087	53	0	0
2021 年 11 月 29 日	12349	0	0	32	0	572	1	0	0
2021 年 11 月 30 日	12712	0	0	84	0	702	67	0	0
2021 年 12 月 1 日	10843	39	0	94	99	762	0	13	122
2021 年 12 月 2 日	10883	0	0	56	81	394	0	0	116
2021 年 12 月 3 日	11968	27	0	116	0	386	59	0	90
2021 年 12 月 6 日	13754	27	0	66	122	305	124	0	25
2021 年 12 月 7 日	17120	0	0	39	0	0	0	173	0
2021 年 12 月 8 日	16834	0	0	27	0	0	1	168	0
2021 年 12 月 9 日	23303	0	0	37	0	1282	0	159	0
2021 年 12 月 10 日	30859	0	0	510	6	1074	0	167	0
2021 年 12 月 13 日	31147	0	0	529	25	549	10	157	5
2021 年 12 月 14 日	62670	61	0	143	2	349	0	168	5
2021 年 12 月 15 日	28494	128	0	732	11	4583	0	153	10
2021 年 12 月 16 日	81722	0	0	215	17	596	1	158	11
2021 年 12 月 17 日	11364	0	0	153	0	4610	0	0	8
2021 年 12 月 20 日	15082	0	0	56	0	858	0	0	0
2021 年 12 月 21 日	14813	0	0	49	0	1188	9	0	0
2021 年 12 月 22 日	14643	0	0	261	203	325	0	11	0
2021 年 12 月 23 日	30605	0	0	84	0	143	24	2	0
2021 年 12 月 24 日	17358	0	0	40	0	180	87	0	0
2021 年 12 月 27 日	16061	0	0	9	0	33	4	55	11
2021 年 12 月 28 日	21285	0	0	2800	0	43	7	0	0
2021 年 12 月 29 日	27604	18	0	603	0	87	0	1	0
2021 年 12 月 30 日	57413	0	0	2892	1	36	46	0	0
2021 年 12 月 31 日	15585	0	0	768	0	57	46	0	0

续表

交易日期	全国	北京	天津	广东	上海	湖北	重庆	深圳	福建
2022 年 1 月 4 日	1887	69	0	136	0	8	58	0	0
2022 年 1 月 5 日	3927	0	0	506	0	44	65	0	0
2022 年 1 月 6 日	1898	0	0	109	0	86	74	0	0
2022 年 1 月 7 日	16940	0	0	340	0	41	2	0	0
2022 年 1 月 10 日	8049	0	0	106	0	112	1645	0	0
2022 年 1 月 11 日	963	0	0	116	1	48	827	17	0
2022 年 1 月 12 日	2801	746	10	3107	0	44	116	0	0
2022 年 1 月 13 日	3308	0	0	99	0	73	139	0	0
2022 年 1 月 14 日	1001	0	0	251	0	8	8	58	2
2022 年 1 月 17 日	4	0	21	149	10	51	59	65	0
2022 年 1 月 18 日	1	0	22	394	0	91	64	68	14
2022 年 1 月 19 日	295	0	0	166	0	48	0	5	10
2022 年 1 月 20 日	1	0	0	145	0	59	4	0	0
2022 年 1 月 21 日	1	0	0	349	0	59	8	0	25
2022 年 1 月 24 日	1	0	0	288	0	104	4	0	0
2022 年 1 月 25 日	1	0	0	160	9	45	10	0	30
2022 年 1 月 26 日	0	0	0	699	0	47	69	0	0
2022 年 1 月 27 日	0	0	0	110	4	111	26	0	30
2022 年 1 月 28 日	7	0	0	391	0	154	0	0	0
2022 年 2 月 7 日	0	0	0	823	6	216	0	0	0
2022 年 2 月 8 日	422	0	0	425	9	174	0	0	0
2022 年 2 月 9 日	0	0	0	757	0	419	0	0	0
2022 年 2 月 10 日	0	0	0	183	0	160	0	0	0
2022 年 2 月 11 日	1	0	0	451	0	130	638	0	9
2022 年 2 月 14 日	0	1	0	252	0	71	591	0	0
2022 年 2 月 15 日	0	0	0	209	13	151	435	0	11
2022 年 2 月 16 日	11	0	0	212	0	66	3	0	0
2022 年 2 月 17 日	0	0	0	89	0	35	296	0	0
2022 年 2 月 18 日	0	0	0	38	0	72	270	0	16
2022 年 2 月 21 日	1	0	0	190	0	31	70	0	0
2022 年 2 月 22 日	445	0	0	93	2	22	219	0	0
2022 年 2 月 23 日	28	0	0	45	4	11	4	0	0
2022 年 2 月 24 日	0	0	0	77	0	28	0	0	0
2022 年 2 月 25 日	8221	0	0	135	0	26	0	1	120

续表

交易日期	全国	北京	天津	广东	上海	湖北	重庆	深圳	福建
2022年2月28日	511	0	0	68	0	74	2	0	0
2022年3月1日	0	0	0	22	5	81	2	0	0
2022年3月2日	1131	1	42	129	0	56	0	0	8
2022年3月3日	0	1	0	845	2	155	0	0	0
2022年3月4日	1	0	0	54	1014	57	0	63	0
2022年3月7日	3	0	0	75	0	94	0	3	0
2022年3月8日	3	0	0	97	0	16	0	1	0
2022年3月9日	0	0	0	186	92	61	0	25	0
2022年3月10日	4	0	20	2029	6	35	108	3	16
2022年3月11日	0	0	0	2397	13	54	125	8	1
2022年3月14日	0	0	0	176	5	60	46	0	0
2022年3月15日	1062	0	0	178	0	41	7	0	0
2022年3月16日	3	0	17	165	72	54	79	0	0
2022年3月17日	74	0	0	133	21	64	0	0	0
2022年3月18日	833	0	0	69	0	69	0	0	737
2022年3月21日	0	0	0	122	0	69	0	0	0
2022年3月22日	0	0	0	48	0	69	0	0	0
2022年3月23日	0	98	0	63	0	26	397	0	0
2022年3月24日	474	0	0	129	19	128	2	0	2
2022年3月25日	0	0	0	140	0	37	66	0	1
2022年3月28日	0	0	0	107	0	22	54	0	1118
2022年3月29日	0	0	0	29	28	34	0	0	1
2022年3月30日	9	13	0	122	36	42	262	0	0
2022年3月31日	398	22	0	74	54	38	0	0	2
2022年4月1日	0	0	0	29	0	31	0	0	0
2022年4月6日	25	0	0	71	0	50	238	0	0
2022年4月7日	0	5	0	24	0	41	74	0	0
2022年4月8日	746	3	0	39	0	42	0	0	0
2022年4月11日	0	3	0	37	0	104	76	0	0
2022年4月12日	575	18	0	82	0	29	28	2	312
2022年4月13日	0	0	0	138	0	58	0	0	154
2022年4月14日	0	0	0	71	0	37	3	0	0
2022年4月15日	1573	0	0	92	0	37	0	0	0
2022年4月18日	0	0	0	2733	0	43	0	0	0

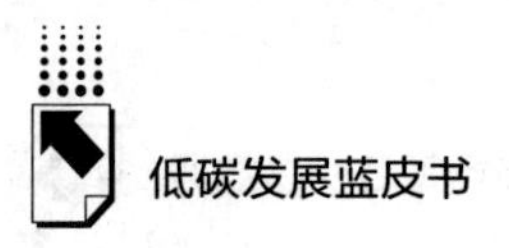

续表

交易日期	全国	北京	天津	广东	上海	湖北	重庆	深圳	福建
2022 年 4 月 19 日	0	0	0	99	30	5	0	0	0
2022 年 4 月 20 日	0	0	0	129	0	29	454	0	0
2022 年 4 月 21 日	0	25	0	152	0	55	629	1	0
2022 年 4 月 22 日	0	25	0	152	0	55	629	1	0
2022 年 4 月 25 日	1512	0	0	92	93	68	480	0	12
2022 年 4 月 26 日	1836	0	0	246	6	49	0	17	3
2022 年 4 月 27 日	236	0	0	176	67	53	0	0	7
2022 年 4 月 28 日	0	0	0	146	21	597	0	0	10
2022 年 4 月 29 日	1755	0	0	146	21	597	0	0	10
2022 年 5 月 5 日	1174	0	0	3568	0	489	0	11	392
2022 年 5 月 6 日	3393	0	0	83	75	57	0	2	403
2022 年 5 月 9 日	681	0	0	293	0	97	0	0	312
2022 年 5 月 10 日	0	0	0	136	0	91	0	18	344
2022 年 5 月 11 日	0	0	0	166	0	39	274	0	366
2022 年 5 月 12 日	0	0	0	479	0	37	0	7	8
2022 年 5 月 13 日	0	0	0	480	0	7	39	0	66
2022 年 5 月 16 日	0	0	0	715	0	130	170	0	9
2022 年 5 月 17 日	0	0	0	615	0	68	0	0	0
2022 年 5 月 18 日	0	0	0	1523	0	68	175	0	10
2022 年 5 月 19 日	1220	99	0	1158	0	269	710	0	20
2022 年 5 月 20 日	0	0	0	1628	0	24	199	0	5
2022 年 5 月 23 日	2	38	0	634	0	4	0	124	8
2022 年 5 月 24 日	0	0	0	789	4	73	0	0	4
2022 年 5 月 25 日	0	0	0	809	0	46	0	0	0
2022 年 5 月 26 日	767	20	0	1402	0	58	15	2	0
2022 年 5 月 27 日	2304	0	0	1121	0	75	21	15	0
2022 年 5 月 30 日	0	0	0	1550	6	5	0	0	0
2022 年 5 月 31 日	3270	7	0	737	0	8	0	1	30
2022 年 6 月 1 日	550	0	0	955	0	33	0	1	4
2022 年 6 月 2 日	0	7	0	184	0	20	0	0	23
2022 年 6 月 6 日	0	0	0	5538	0	15	0	5	2
2022 年 6 月 7 日	0	87	0	432	31	12	1	28	18
2022 年 6 月 8 日	0	0	0	829	0	31	1	69	1
2022 年 6 月 9 日	896	0	0	49	31	74	0	6	12

续表

交易日期	全国	北京	天津	广东	上海	湖北	重庆	深圳	福建
2022 年 6 月 10 日	0	0	0	17	0	4	3	112	6
2022 年 6 月 13 日	0	0	0	72	33	95	21	243	7
2022 年 6 月 14 日	0	148	0	20	34	15	0	88	12
2022 年 6 月 15 日	0	36	0	1	0	23	25	326	21
2022 年 6 月 16 日	0	67	12	162	31	87	0	35	5
2022 年 6 月 17 日	0	718	0	42	0	216	0	299	1
2022 年 6 月 20 日	0	354	0	175	0	90	0	35	0
2022 年 6 月 21 日	0	12	6	140	31	117	0	51	64
2022 年 6 月 22 日	900	0	0	430	0	57	0	9	128
2022 年 6 月 23 日	1375	37	419	158	0	45	0	5	138
2022 年 6 月 24 日	734	6	23	650	1	32	0	17	24
2022 年 6 月 27 日	0	8	41	744	0	35	0	50	10
2022 年 6 月 28 日	0	0	256	502	1	134	0	3	11
2022 年 6 月 29 日	0	255	37	496	1	16	0	11	0
2022 年 6 月 30 日	0	40	216	879	0	197	0	23	10
2022 年 7 月 1 日	1875	95	1540	549	1	10	0	25	34
2022 年 7 月 4 日	0	19	0	563	0	2	0	4	0
2022 年 7 月 5 日	58	47	0	77	33	40	0	3	39
2022 年 7 月 6 日	458	4	7	38	7	48	0	4	27
2022 年 7 月 7 日	6	18	191	9	0	50	0	0	11
2022 年 7 月 8 日	281	4	55	15	0	12	0	0	5
2022 年 7 月 11 日	0	4	55	15	0	12	0	0	0
2022 年 7 月 12 日	0	96	457	168	31	13	0	12	0
2022 年 7 月 13 日	0	0	1781	369	0	40	0	5	0
2022 年 7 月 14 日	157	44	867	122	0	53	0	2	0
2022 年 7 月 15 日	15	0	11	320	0	16	0	106	5

数据获取时间段：2021 年 7 月 16 日至 2022 年 7 月 15 日。

数据来源：全国碳市场数据来自上海环境与能源交易所；试点碳市场数据来自各试点碳市场官方网站。

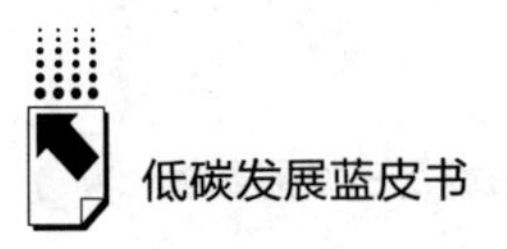

附表 1-3　中国碳排放权交易市场碳配额成交均价

单位：元/吨

交易日期	全国	北京	天津	广东	上海	湖北	重庆	深圳	福建
2021 年 7 月 16 日	51.23	61.60	34.49	44.06	40.00	32.44	33.00	7.29	9.80
2021 年 7 月 19 日	52.30	60.00	34.49	43.53	40.00	33.36	34.79	6.77	9.80
2021 年 7 月 20 日	53.28	61.10	34.49	44.35	40.00	32.72	35.50	9.21	9.80
2021 年 7 月 21 日	54.40	70.00	34.49	44.25	40.10	33.55	29.00	6.27	9.80
2021 年 7 月 22 日	55.52	71.23	34.49	45.01	40.10	33.48	29.00	8.43	9.80
2021 年 7 月 23 日	56.97	71.23	34.49	45.51	43.48	34.48	29.00	4.38	9.80
2021 年 7 月 26 日	54.46	71.23	35.73	44.36	43.48	34.85	29.00	4.38	9.80
2021 年 7 月 27 日	54.63	71.23	35.73	40.12	43.48	36.80	35.15	9.24	9.80
2021 年 7 月 28 日	52.50	69.38	35.73	40.25	40.00	37.99	33.95	4.62	9.80
2021 年 7 月 29 日	52.96	69.38	35.73	40.41	40.00	41.49	35.48	4.62	9.80
2021 年 7 月 30 日	54.17	71.23	35.73	40.18	40.00	42.48	35.48	9.29	9.80
2021 年 8 月 2 日	51.99	71.23	31.00	40.25	40.70	40.16	35.48	8.40	10.20
2021 年 8 月 3 日	53.44	71.23	31.00	40.20	40.70	42.28	26.50	7.55	10.78
2021 年 8 月 4 日	58.70	71.23	29.00	40.09	40.70	42.34	29.68	4.82	10.78
2021 年 8 月 5 日	54.90	71.23	29.00	40.55	40.70	42.45	25.76	4.82	10.78
2021 年 8 月 6 日	52.96	71.23	29.50	40.42	40.70	42.90	26.04	4.82	10.78
2021 年 8 月 9 日	53.32	71.23	28.00	40.57	40.70	42.98	27.00	6.88	10.78
2021 年 8 月 10 日	55.32	71.39	28.00	39.22	40.70	44.66	35.00	6.83	10.78
2021 年 8 月 11 日	55.90	71.39	28.50	40.05	40.70	44.70	25.00	6.83	11.86
2021 年 8 月 12 日	55.43	63.03	28.00	39.62	41.47	44.47	25.00	6.91	13.00
2021 年 8 月 13 日	54.00	66.00	28.00	38.48	41.47	44.16	26.09	8.05	13.00
2021 年 8 月 16 日	51.00	66.00	29.00	38.52	39.89	43.57	32.00	4.93	13.00
2021 年 8 月 17 日	51.76	66.00	28.60	38.17	41.00	43.65	32.00	5.58	13.00
2021 年 8 月 18 日	51.87	66.00	28.60	37.48	40.50	43.74	35.00	7.00	13.00
2021 年 8 月 19 日	50.49	66.00	28.20	38.74	40.73	43.95	28.00	6.50	14.30
2021 年 8 月 20 日	49.00	66.00	28.20	38.28	40.73	43.00	28.00	6.50	14.30
2021 年 8 月 23 日	50.20	66.00	28.20	38.24	39.99	42.80	28.00	6.50	14.30
2021 年 8 月 24 日	50.20	66.00	28.00	38.11	39.99	42.99	28.00	6.50	14.30
2021 年 8 月 25 日	47.64	67.82	28.00	39.28	41.00	43.15	31.50	6.50	14.30
2021 年 8 月 26 日	47.64	66.00	28.32	38.05	41.00	42.76	34.32	6.50	14.30
2021 年 8 月 27 日	45.09	61.49	28.32	39.70	40.51	42.81	32.99	6.50	14.30
2021 年 8 月 30 日	45.16	61.49	28.32	38.74	40.47	42.48	26.36	6.50	14.30

续表

交易日期	全国	北京	天津	广东	上海	湖北	重庆	深圳	福建
2021 年 8 月 31 日	45.35	70.00	28.32	39.89	40.99	42.91	28.21	6.50	14.30
2021 年 9 月 1 日	45.19	66.24	28.32	38.22	40.97	40.26	35.54	6.45	14.30
2021 年 9 月 2 日	44.66	79.14	28.32	38.44	40.64	40.05	29.82	6.69	14.30
2021 年 9 月 3 日	44.67	78.66	28.32	38.49	40.54	39.99	38.18	6.29	14.30
2021 年 9 月 6 日	44.00	82.17	28.32	39.00	40.51	40.78	38.50	6.29	14.30
2021 年 9 月 7 日	43.90	74.91	28.32	38.71	40.51	40.50	34.66	6.29	14.30
2021 年 9 月 8 日	42.90	83.19	28.32	40.41	40.30	40.97	34.66	6.85	14.30
2021 年 9 月 9 日	41.99	91.86	28.32	39.66	40.11	41.51	34.00	6.85	14.30
2021 年 9 月 10 日	44.00	107.26	28.32	38.67	40.05	41.75	34.00	7.00	14.30
2021 年 9 月 13 日	45.62	86.83	28.32	39.04	40.07	41.56	37.40	7.00	14.30
2021 年 9 月 14 日	45.54	97.86	28.32	40.77	39.99	41.52	37.29	7.00	14.30
2021 年 9 月 15 日	45.00	103.81	28.32	40.95	39.98	40.77	38.74	7.00	14.30
2021 年 9 月 16 日	44.94	83.00	28.32	41.27	39.08	39.98	35.86	7.00	14.30
2021 年 9 月 17 日	43.43	79.92	28.32	41.25	39.78	39.99	36.00	7.00	14.30
2021 年 9 月 22 日	43.24	78.09	28.32	41.81	39.76	40.67	34.75	7.00	14.30
2021 年 9 月 23 日	43.85	74.95	28.32	41.88	39.99	40.79	34.00	7.00	14.30
2021 年 9 月 24 日	44.36	80.48	28.32	41.39	40.20	41.40	34.00	7.00	14.30
2021 年 9 月 27 日	43.59	83.94	28.32	42.81	39.60	41.77	35.21	7.00	14.30
2021 年 9 月 28 日	42.22	90.32	28.32	42.91	41.28	42.40	38.48	7.00	14.30
2021 年 9 月 29 日	41.84	88.11	28.32	43.65	40.65	41.00	38.48	9.07	14.30
2021 年 9 月 30 日	42.21	87.84	28.32	43.70	40.00	40.01	33.00	8.60	14.30
2021 年 10 月 8 日	44.08	87.36	28.32	43.93	40.00	40.50	35.00	5.74	14.30
2021 年 10 月 11 日	46.03	83.87	28.32	44.87	39.51	40.90	37.34	7.41	14.30
2021 年 10 月 12 日	44.67	80.20	28.32	44.23	39.51	42.90	36.04	7.41	14.30
2021 年 10 月 13 日	44.68	77.79	28.32	43.88	39.51	42.01	37.63	7.41	14.30
2021 年 10 月 14 日	43.96	80.23	28.32	43.36	39.51	42.78	37.63	7.16	15.70
2021 年 10 月 15 日	43.90	79.87	28.32	42.75	39.51	41.40	37.63	20.85	16.98
2021 年 10 月 18 日	43.44	91.86	26.72	42.91	39.51	42.30	37.63	19.78	18.68
2021 年 10 月 19 日	43.43	91.86	26.72	43.45	39.51	42.28	37.63	17.98	20.08
2021 年 10 月 20 日	43.24	74.90	26.72	43.62	39.51	41.54	32.00	17.68	20.08
2021 年 10 月 21 日	43.03	74.90	26.72	43.67	39.51	39.05	32.00	14.49	20.00
2021 年 10 月 22 日	42.99	60.00	26.72	43.57	39.51	41.18	37.10	13.65	20.00
2021 年 10 月 25 日	43.24	72.00	26.72	43.39	41.63	41.90	32.56	12.70	20.00
2021 年 10 月 26 日	42.65	58.28	26.72	43.12	41.63	41.50	37.10	6.49	18.00

续表

交易日期	全国	北京	天津	广东	上海	湖北	重庆	深圳	福建
2021年10月27日	42.61	47.40	26.72	43.14	40.30	41.50	31.68	6.49	18.90
2021年10月28日	42.77	51.40	26.72	42.61	40.30	40.13	36.91	6.49	18.90
2021年10月29日	42.41	51.10	26.72	43.36	40.30	40.73	33.20	8.15	20.73
2021年11月1日	42.45	51.10	28.00	43.51	40.30	41.48	30.02	8.15	22.50
2021年11月2日	42.43	60.00	28.00	43.13	41.50	41.10	30.11	9.70	21.46
2021年11月3日	42.40	72.00	28.00	43.36	41.50	42.77	36.00	10.05	19.31
2021年11月4日	42.33	78.90	32.19	42.54	41.29	42.14	17.38	7.89	17.38
2021年11月5日	42.69	63.10	35.63	42.52	41.50	41.79	1.91	10.62	19.06
2021年11月8日	42.58	63.10	35.63	43.23	41.40	41.50	32.00	8.54	19.26
2021年11月9日	42.73	50.50	35.63	43.30	41.40	42.27	30.00	8.46	18.36
2021年11月10日	42.74	40.40	35.63	43.84	41.50	41.00	33.00	9.50	17.99
2021年11月11日	42.49	32.30	35.63	43.50	40.50	41.69	38.35	7.90	18.30
2021年11月12日	42.66	26.17	35.63	44.01	41.88	41.75	39.35	8.02	18.39
2021年11月15日	42.93	26.17	35.63	43.67	41.88	41.75	39.35	8.05	18.67
2021年11月16日	43.16	26.17	35.63	43.52	42.00	41.59	33.63	8.00	18.27
2021年11月17日	43.12	31.40	35.63	44.49	43.05	41.45	38.75	8.74	18.56
2021年11月18日	43.16	31.40	35.63	43.86	41.75	40.20	38.75	7.97	17.97
2021年11月19日	43.05	34.50	35.63	44.42	42.09	36.18	39.52	8.02	16.72
2021年11月22日	43.05	34.50	35.63	44.87	42.76	32.59	34.50	7.88	16.72
2021年11月23日	43.06	34.50	35.63	44.89	40.50	30.73	33.50	7.81	16.72
2021年11月24日	42.96	34.50	35.63	45.23	41.88	31.71	39.96	7.85	16.72
2021年11月25日	42.96	34.50	35.63	45.16	42.88	32.26	35.00	7.89	15.05
2021年11月26日	42.85	34.50	35.63	45.44	40.07	33.19	34.50	8.06	15.05
2021年11月29日	42.92	34.50	35.63	45.08	43.00	33.19	35.00	8.15	15.05
2021年11月30日	42.95	34.50	35.63	45.40	43.00	33.19	37.00	8.29	15.05
2021年12月1日	42.97	41.40	35.63	45.28	40.50	33.19	34.50	6.08	15.69
2021年12月2日	42.88	41.40	35.63	46.37	40.50	33.19	3.45	8.53	16.28
2021年12月3日	42.94	35.00	35.63	46.99	43.00	33.19	34.50	9.52	16.14
2021年12月6日	42.79	35.00	35.63	47.51	40.50	33.19	34.93	9.66	16.80
2021年12月7日	42.13	35.00	35.63	47.52	43.50	33.19	38.42	10.62	16.80
2021年12月8日	41.46	35.00	35.63	47.30	43.50	33.19	36.57	10.52	16.80
2021年12月9日	41.56	35.00	35.63	47.80	43.66	33.19	36.57	10.10	16.80
2021年12月10日	42.69	42.00	35.63	49.01	41.17	33.19	37.00	10.43	16.80
2021年12月13日	42.95	50.40	35.63	50.10	42.25	33.19	35.88	9.54	16.83

续表

交易日期	全国	北京	天津	广东	上海	湖北	重庆	深圳	福建
2021年12月14日	42.93	60.50	35.63	52.66	42.35	33.19	33.30	10.47	16.85
2021年12月15日	43.06	68.00	35.63	56.38	42.05	33.19	0.00	9.88	15.96
2021年12月16日	44.22	68.00	35.63	57.70	42.20	33.19	35.00	10.57	16.97
2021年12月17日	46.66	54.40	35.63	57.65	42.45	33.19	35.00	10.48	15.28
2021年12月20日	49.18	54.40	35.63	57.44	42.00	33.19	35.00	10.48	16.81
2021年12月21日	49.49	54.40	35.63	56.68	42.00	33.19	34.97	10.48	18.49
2021年12月22日	49.39	54.40	35.63	53.20	40.50	34.47	34.97	9.82	20.34
2021年12月23日	49.57	54.40	35.63	54.87	42.77	38.52	37.38	8.59	22.37
2021年12月24日	49.52	54.40	35.63	56.91	42.77	37.00	36.83	10.25	24.61
2021年12月27日	48.13	65.30	35.63	56.97	42.50	36.60	36.00	10.87	27.00
2021年12月28日	51.69	65.30	35.63	54.62	43.00	36.78	39.60	10.99	27.00
2021年12月29日	56.64	73.00	35.63	57.11	43.00	36.78	39.60	13.48	27.00
2021年12月30日	57.06	73.00	35.63	53.85	43.20	37.51	38.69	13.48	27.00
2021年12月31日	54.22	73.00	35.63	53.22	39.00	37.88	30.55	16.64	25.60
2022年1月4日	57.29	83.00	35.63	54.54	42.90	37.00	38.69	18.36	25.60
2022年1月5日	56.94	83.00	35.63	55.92	42.90	38.00	34.00	17.80	23.04
2022年1月6日	57.26	83.00	35.63	55.81	42.90	38.70	38.69	19.87	23.04
2022年1月7日	57.59	83.00	35.63	56.56	43.00	39.00	38.00	17.27	23.04
2022年1月10日	58.28	83.00	35.63	57.50	43.37	39.59	29.13	15.11	18.67
2022年1月11日	57.52	83.00	35.63	58.59	42.06	40.48	29.87	14.99	18.67
2022年1月12日	57.99	74.60	25.50	59.53	42.50	40.15	34.95	13.45	16.80
2022年1月13日	57.75	74.60	25.50	60.48	42.50	40.50	37.65	14.36	15.12
2022年1月14日	57.77	74.60	25.50	59.96	42.50	40.98	38.00	15.00	13.80
2022年1月17日	58.48	74.60	26.65	62.51	42.30	41.16	34.00	13.80	12.42
2022年1月18日	58.50	74.60	27.00	60.61	42.03	40.73	38.69	13.81	11.64
2022年1月19日	56.00	74.60	27.00	62.63	42.50	40.47	37.50	13.81	11.10
2022年1月20日	58.00	74.60	27.00	64.34	42.50	40.60	37.50	16.12	12.21
2022年1月21日	57.46	74.60	27.00	67.03	42.50	40.22	36.00	15.82	13.00
2022年1月24日	57.87	74.60	27.00	68.61	42.50	40.78	39.22	13.99	12.30
2022年1月25日	57.83	74.60	27.00	69.15	41.76	41.27	37.50	14.64	11.09
2022年1月26日	57.88	74.60	27.00	68.94	42.50	42.16	38.61	16.86	12.20
2022年1月27日	56.00	74.60	27.00	73.25	42.50	42.58	26.25	19.90	13.42
2022年1月28日	61.38	74.60	27.00	77.70	42.50	43.77	26.25	18.23	13.42
2022年2月7日	58.08	74.60	27.00	84.80	42.11	47.44	26.25	15.00	13.42

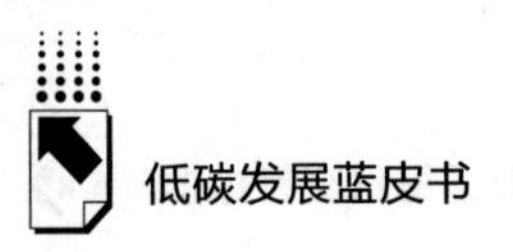

续表

交易日期	全国	北京	天津	广东	上海	湖北	重庆	深圳	福建
2022 年 2 月 8 日	58.50	74.60	27.00	92.67	42.50	52.18	26.25	15.19	12.80
2022 年 2 月 9 日	58.50	74.60	27.00	95.26	44.00	57.40	26.25	14.59	12.80
2022 年 2 月 10 日	60.00	59.70	27.00	85.94	44.00	61.48	26.25	12.04	12.80
2022 年 2 月 11 日	56.15	50.00	27.00	77.35	43.00	55.33	31.89	10.84	10.87
2022 年 2 月 14 日	58.41	60.00	27.00	73.85	44.00	50.10	30.29	9.76	10.87
2022 年 2 月 15 日	58.40	60.00	27.00	76.59	44.33	53.00	30.00	10.50	10.87
2022 年 2 月 16 日	56.60	60.00	27.00	77.15	44.21	54.01	37.90	9.75	10.87
2022 年 2 月 17 日	56.50	60.00	27.00	76.43	44.88	53.32	31.94	7.33	10.87
2022 年 2 月 18 日	56.88	60.00	27.00	76.59	43.98	52.77	37.50	8.33	11.96
2022 年 2 月 21 日	56.99	60.00	27.00	77.28	45.00	53.00	35.00	9.13	11.96
2022 年 2 月 22 日	56.78	60.00	27.00	77.51	45.00	52.69	36.50	10.01	11.96
2022 年 2 月 23 日	56.49	60.00	27.00	76.02	44.00	51.76	40.00	9.38	11.96
2022 年 2 月 24 日	58.00	60.00	27.00	73.20	45.00	51.64	40.00	8.92	13.16
2022 年 2 月 25 日	58.53	60.00	27.00	72.24	45.00	51.76	40.00	5.57	13.16
2022 年 2 月 28 日	57.74	60.00	27.00	71.38	46.00	51.69	37.80	7.90	13.16
2022 年 3 月 1 日	57.80	60.00	27.00	69.44	46.00	51.48	40.79	8.69	13.16
2022 年 3 月 2 日	57.90	62.00	25.98	69.57	48.00	50.50	40.79	7.55	14.48
2022 年 3 月 3 日	57.90	62.00	25.98	66.95	49.68	50.54	40.79	7.35	15.93
2022 年 3 月 4 日	57.90	55.00	25.98	66.80	50.30	49.11	40.79	4.49	17.52
2022 年 3 月 7 日	57.04	55.00	25.98	66.55	50.32	49.30	40.79	6.35	19.27
2022 年 3 月 8 日	57.00	55.00	25.98	66.80	53.67	47.40	40.79	4.73	19.27
2022 年 3 月 9 日	58.00	55.00	25.98	69.71	54.12	47.29	40.79	4.90	21.20
2022 年 3 月 10 日	57.26	55.00	27.27	69.80	55.06	48.22	37.99	5.12	23.32
2022 年 3 月 11 日	57.60	55.00	27.27	71.72	56.37	47.20	39.83	4.08	21.66
2022 年 3 月 14 日	58.00	55.00	27.27	75.93	56.70	47.90	42.00	4.08	19.49
2022 年 3 月 15 日	57.77	55.00	27.27	77.45	56.07	47.60	41.13	4.08	17.54
2022 年 3 月 16 日	57.00	55.00	28.00	77.63	57.98	47.61	38.03	4.08	15.79
2022 年 3 月 17 日	57.00	55.00	28.00	77.18	60.00	47.49	38.03	4.08	14.62
2022 年 3 月 18 日	58.00	55.00	28.00	77.86	60.00	47.32	38.03	4.08	13.16
2022 年 3 月 21 日	58.50	55.00	28.00	76.23	58.25	47.31	38.03	4.08	11.84
2022 年 3 月 22 日	58.00	55.00	28.00	75.88	60.00	46.94	41.83	4.08	11.84
2022 年 3 月 23 日	58.40	55.00	28.00	75.66	59.79	46.91	37.44	4.08	13.02
2022 年 3 月 24 日	58.01	55.00	28.00	76.01	55.19	46.28	39.19	4.08	14.32
2022 年 3 月 25 日	58.00	55.00	28.00	77.87	54.52	45.57	39.17	4.08	15.75

续表

交易日期	全国	北京	天津	广东	上海	湖北	重庆	深圳	福建
2022 年 3 月 28 日	58.00	55.00	28.00	80.13	54.52	44.99	42.00	4.08	20.01
2022 年 3 月 29 日	58.50	55.00	28.00	81.20	54.02	45.75	37.90	4.08	12.90
2022 年 3 月 30 日	58.50	44.00	28.00	81.13	53.99	46.99	44.52	4.08	12.90
2022 年 3 月 31 日	58.55	41.51	28.00	80.16	54.00	46.71	36.00	4.08	11.61
2022 年 4 月 1 日	58.50	41.51	28.00	79.53	54.00	46.88	36.00	4.08	11.61
2022 年 4 月 6 日	60.00	41.51	28.00	79.71	59.00	46.91	40.50	4.08	12.77
2022 年 4 月 7 日	59.00	49.50	28.00	79.61	59.48	47.00	39.60	4.08	12.77
2022 年 4 月 8 日	59.99	55.00	28.00	79.88	59.06	47.07	39.60	4.08	15.46
2022 年 4 月 11 日	60.00	64.00	28.00	82.94	59.48	47.07	41.60	4.08	17.01
2022 年 4 月 12 日	60.00	73.00	28.00	81.28	60.00	47.07	39.04	5.42	17.01
2022 年 4 月 13 日	60.00	73.00	28.00	80.61	59.80	47.07	39.04	7.31	15.34
2022 年 4 月 14 日	60.00	73.00	28.00	80.22	59.50	47.07	40.00	5.68	16.73
2022 年 4 月 15 日	60.00	73.00	28.00	80.76	58.05	47.07	40.00	6.23	17.93
2022 年 4 月 18 日	60.00	73.00	28.00	81.05	58.25	47.17	40.00	6.23	16.11
2022 年 4 月 19 日	60.00	73.00	28.00	80.51	59.50	47.08	40.00	6.60	17.72
2022 年 4 月 20 日	60.00	73.00	28.00	79.40	59.00	47.09	36.00	6.60	19.94
2022 年 4 月 21 日	60.00	60.00	28.00	79.41	58.50	47.00	40.00	7.23	19.91
2022 年 4 月 22 日	60.00	60.00	28.00	81.00	58.50	47.09	40.00	7.23	19.91
2022 年 4 月 25 日	60.00	60.00	28.00	79.70	58.50	46.95	40.00	7.87	24.00
2022 年 4 月 26 日	60.00	60.00	28.00	79.83	59.50	46.99	40.00	8.50	26.40
2022 年 4 月 27 日	59.00	60.00	28.00	79.83	60.00	46.99	40.00	8.50	23.76
2022 年 4 月 28 日	59.00	60.00	28.00	80.30	61.16	46.88	40.00	8.50	21.39
2022 年 4 月 29 日	58.80	60.00	28.00	80.03	61.16	46.87	40.00	8.50	21.39
2022 年 5 月 5 日	58.00	60.00	28.00	79.85	61.91	46.65	40.00	8.34	17.34
2022 年 5 月 6 日	58.00	60.00	28.00	79.61	61.50	46.39	40.00	8.57	17.96
2022 年 5 月 9 日	58.00	60.00	28.00	79.56	63.00	44.81	40.00	7.71	15.61
2022 年 5 月 10 日	58.00	60.00	28.00	79.54	62.00	43.01	40.00	5.58	17.17
2022 年 5 月 11 日	58.00	60.00	28.00	80.83	63.00	44.16	37.29	8.32	17.60
2022 年 5 月 12 日	58.00	60.00	28.00	79.89	63.00	44.31	37.29	6.26	16.54
2022 年 5 月 13 日	58.00	60.00	28.00	79.71	63.00	43.95	39.00	6.26	16.24
2022 年 5 月 16 日	58.00	60.00	28.00	79.08	63.00	46.54	36.50	6.26	16.07
2022 年 5 月 17 日	58.00	60.00	28.00	78.13	63.00	46.54	36.50	6.26	17.68
2022 年 5 月 18 日	58.00	60.00	28.00	79.06	63.00	46.87	35.20	6.26	18.15
2022 年 5 月 19 日	58.00	53.88	28.00	79.65	63.00	46.79	21.00	9.35	19.97

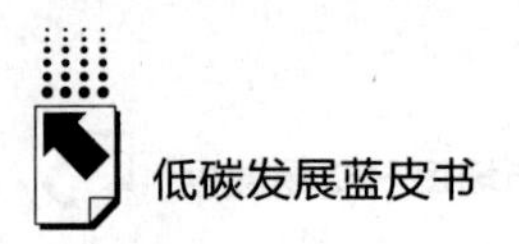

续表

交易日期	全国	北京	天津	广东	上海	湖北	重庆	深圳	福建
2022 年 5 月 20 日	58.00	53.88	28.00	80.24	63.00	46.84	36.70	10.29	17.97
2022 年 5 月 23 日	58.97	71.68	28.00	80.19	63.00	46.88	36.70	13.38	17.39
2022 年 5 月 24 日	59.18	71.68	28.00	79.62	63.00	46.90	36.70	12.45	15.65
2022 年 5 月 25 日	59.00	71.68	28.00	79.56	63.00	47.00	36.70	13.70	17.22
2022 年 5 月 26 日	59.00	71.68	28.00	79.45	63.00	47.28	42.25	15.07	17.22
2022 年 5 月 27 日	59.00	71.68	28.00	78.15	63.00	47.20	43.80	16.58	17.22
2022 年 5 月 30 日	59.00	71.68	28.00	77.45	57.06	47.18	43.80	18.24	18.94
2022 年 5 月 31 日	59.00	74.00	28.00	78.12	62.77	47.18	43.80	20.06	19.63
2022 年 6 月 1 日	59.00	74.00	28.00	78.59	63.00	47.14	43.80	22.07	21.59
2022 年 6 月 2 日	59.00	74.00	28.00	77.57	63.00	47.02	43.80	24.28	23.75
2022 年 6 月 6 日	59.00	74.00	28.00	77.71	63.00	47.10	43.80	26.71	24.56
2022 年 6 月 7 日	59.00	70.60	28.00	78.25	62.50	47.28	40.48	29.38	24.20
2022 年 6 月 8 日	59.00	70.60	28.00	78.21	61.98	47.20	42.20	30.74	23.14
2022 年 6 月 9 日	59.00	74.00	28.00	80.42	62.50	47.10	42.20	26.14	24.03
2022 年 6 月 10 日	59.00	74.00	28.00	79.97	63.00	47.48	38.05	29.60	24.06
2022 年 6 月 13 日	59.00	74.00	28.00	79.47	62.50	47.44	37.50	32.10	24.08
2022 年 6 月 14 日	59.00	74.00	28.00	79.13	62.55	47.95	41.05	35.34	24.03
2022 年 6 月 15 日	59.00	88.80	28.00	79.54	63.00	47.49	44.00	38.87	25.50
2022 年 6 月 16 日	59.00	83.75	30.00	79.11	62.60	48.00	46.00	42.76	24.50
2022 年 6 月 17 日	59.00	88.04	30.00	79.19	62.50	47.89	46.00	46.00	24.00
2022 年 6 月 20 日	59.25	88.50	30.00	78.44	62.25	47.93	46.00	40.99	24.97
2022 年 6 月 21 日	59.60	71.00	29.00	78.27	62.60	47.89	46.00	40.71	23.51
2022 年 6 月 22 日	60.00	71.00	29.00	78.60	62.42	47.89	46.00	40.76	23.63
2022 年 6 月 23 日	60.00	75.00	31.29	78.26	62.00	48.63	49.00	44.78	23.63
2022 年 6 月 24 日	60.00	75.00	29.33	77.24	61.03	48.87	49.00	39.07	24.30
2022 年 6 月 27 日	60.00	76.00	30.20	79.21	61.00	49.49	49.00	39.11	24.75
2022 年 6 月 28 日	59.00	76.00	29.48	77.25	60.73	49.35	49.00	37.59	26.00
2022 年 6 月 29 日	58.00	71.00	29.17	78.57	60.59	49.47	49.00	35.63	24.59
2022 年 6 月 30 日	57.50	80.60	29.60	79.02	60.59	49.30	49.00	36.85	24.51
2022 年 7 月 1 日	58.00	79.71	29.50	78.27	60.53	48.50	49.00	37.27	22.82
2022 年 7 月 4 日	59.00	85.20	29.50	80.01	60.33	48.88	49.00	38.18	22.82
2022 年 7 月 5 日	57.00	85.18	29.50	79.51	61.89	49.09	49.00	37.20	20.55
2022 年 7 月 6 日	58.00	85.50	32.56	78.31	60.04	49.09	49.00	36.53	18.60
2022 年 7 月 7 日	59.00	88.50	30.11	79.06	61.80	49.13	49.00	33.54	16.75

续表

交易日期	全国	北京	天津	广东	上海	湖北	重庆	深圳	福建
2022 年 7 月 8 日	57.02	86.00	32.59	78.99	61.50	49.35	49.00	33.54	15.30
2022 年 7 月 11 日	58.00	87.00	32.59	79.28	61.50	48.93	49.00	33.54	16.83
2022 年 7 月 12 日	58.00	87.00	29.86	79.19	62.00	49.29	49.00	36.89	18.51
2022 年 7 月 13 日	59.10	87.00	35.79	79.26	61.80	49.30	49.00	37.12	20.36
2022 年 7 月 14 日	57.26	88.00	38.81	79.32	61.50	49.20	49.00	39.94	22.40
2022 年 7 月 15 日	58.24	88.00	38.50	79.39	61.10	49.50	49.00	42.21	24.61

数据获取时间段：2021 年 7 月 16 日至 2022 年 7 月 15 日。

数据来源：每日成交均价通过成交量和成交额计算获得。

B.14
附录2 纳入2019～2020年全国碳排放权交易配额管理的重点排放单位名单

序号	省（区、市）	单位名称
1～13	北京	大唐国际发电股份有限公司北京高井热电厂、华能北京热电有限责任公司、华电（北京）热电有限公司、北京京能高安屯燃气热电有限责任公司、北京京丰燃气发电有限责任公司、北京京桥热电有限责任公司、北京京西燃气热电有限公司、北京太阳宫燃气热电有限公司、北京京能未来燃气热电有限公司、神华国华（北京）燃气热电有限公司、华润协鑫（北京）热电有限公司、北京正东电子动力集团有限公司、北京上庄燃气热电有限公司
14～37	天津	国华能源发展（天津）有限公司、神华国能天津大港发电厂有限公司、天津泰达能源发展有限责任公司、天津渤化永利热电有限公司、天津大港广安津能发电有限责任公司、天津国投津能发电有限公司、天津天保热电有限公司、天津国电津能热电有限公司、天津军电热电有限公司、天津陈塘热电有限公司、天津大唐国际盘山发电有限责任公司、天津国华盘山发电有限责任公司、天津华能杨柳青热电有限责任公司、华能临港（天津）燃气热电有限公司、天津滨海电力有限公司、天津国电津能滨海热电有限公司、天津华电福源热电有限公司、天津大沽化工股份有限公司、中国石油化工股份有限公司天津分公司、玖龙纸业（天津）有限公司、天津军粮城发电有限公司、天津天保能源股份有限公司、天津华电南疆热电有限公司、天津华电北宸分布式能源有限公司
38～60	河北	国电河北龙山发电有限责任公司、河北邯峰发电有限责任公司、河北国华定州发电有限责任公司、河北西柏坡第二发电有限责任公司、河北大唐国际王滩发电有限责任公司、河北建投沙河发电有限责任公司、河北国华沧东发电有限责任公司、深能保定发电有限公司、国电承德热电有限公司、国电滦河热电有限公司、建投承德热电有限责任公司、大唐国际发电股份有限公司张家口发电厂、河北建投宣化热电有限责任公司、国电怀安热电有限公司、河北衡丰发电有限责任公司、衡水恒兴发电有限责任公司、邢台国泰发电有限责任公司、三河发电有限责任公司、国电华北电力有限公司廊坊热电厂、石家庄良村热电有限公司、河北华电石家庄鹿华热电有限公司、河北西柏坡发电有限责任公司、建投邢台热电有限责任公司、

续表

序号	省(区、市)	单位名称
61~123	河北	华润电力唐山丰润有限公司、沧州华润热电有限公司、华润电力(渤海新区)有限公司、河北建投任丘热电有限责任公司、秦皇岛发电有限责任公司、大唐保定热电厂、大唐国际发电股份有限公司下花园发电厂、河北大唐国际张家口热电有限责任公司、大唐国际发电股份有限公司陡河发电厂、唐山开滦热电有限责任公司林电分公司、河北大唐国际迁安热电有限责任公司、大唐清苑热电有限公司、国电电力发展股份有限公司邯郸热电厂、河北邯郸热电股份有限公司、河北华电石家庄裕华热电有限公司、河北华电石家庄热电有限公司、大唐河北发电有限公司马头热电分公司、涿州亿力达热电有限公司、华润电力(唐山曹妃甸)有限公司、河北大唐国际唐山热电有限责任公司、唐山万浦热电有限公司、河北大唐国际丰润热电有限责任公司、河北吉藁化纤有限责任公司、邢台东城能源有限公司、涞源新昌热电有限责任公司、河北长润环保科技有限公司、广东长青(集团)满城热电有限公司、河北中科能源有限公司、唐山开滦东方发电有限责任公司、开滦协鑫发电有限公司、玉田县顺发热电实业有限公司、迁安恒晖热电有限公司、大唐武安发电有限公司、隆尧天唯热电有限公司、冀中能源股份有限公司东庞矿矸石热电厂、冀中能源峰峰集团有限公司九龙矸石热电厂、冀中能源峰峰集团有限公司五矿矸石热电厂、冀中能源峰峰集团有限公司薛村矸石热电厂、承德东晟热力有限公司、石家庄新乐东方热电有限公司、河北宏源热电有限责任公司、石家庄诚峰热电有限公司、赵县赵州热电有限公司、河北煜泰热能科技有限公司、武安顶峰热电有限公司、兴隆县鹏生热力有限公司、兴隆县兴隆热力有限责任公司、秦皇岛秦热发电有限责任公司、唐山中浩化工有限公司、河北省东光化工有限责任公司、河北彩客化学股份有限公司、河北健民淀粉糖业有限公司、玖龙纸业(河北)有限公司、河北昌泰纸业有限公司、河北兴柏农业科技有限公司、秦皇岛骊骅淀粉股份有限公司、秦皇岛鹏远淀粉有限公司、沧州旭阳化工有限公司、河北临港化工有限公司、冀中能源股份有限公司章村矿矸石热电厂、华能国际电力股份有限公司上安电厂、唐山三友化工股份有限公司热电分公司、玉锋实业集团有限公司
124~146	山西	太原市同舟能源有限公司、山西兴能发电有限责任公司、大唐山西发电有限公司太原第二热电厂、晋能电力集团有限公司嘉节燃气热电分公司、华能太原东山燃机热电有限责任公司、山西西山热电有限责任公司、山西太钢不锈钢股份有限公司、古交市日月热电有限公司、大同富乔垃圾焚烧发电有限公司、国电电力发展股份有限公司大同第二发电厂、同煤大唐塔山第二发电有限责任公司、山西大唐国际云冈热电有限责任公司、中煤大同能源有限责任公司、山西漳电同达热电有限公司、山西漳电大唐热电有限公司、山西漳电大唐塔山发电有限公司、国电电力大同发电有限责任公司、山西合成橡胶集团有限责任公司、大同华岳热电有限责任公司、阳煤集团和顺化工有限公司、华电国际电力股份有限公司朔州热电分公司、山西大唐国际神头发电有限责任公司、神华国能集团有限公司神头第二发电厂、

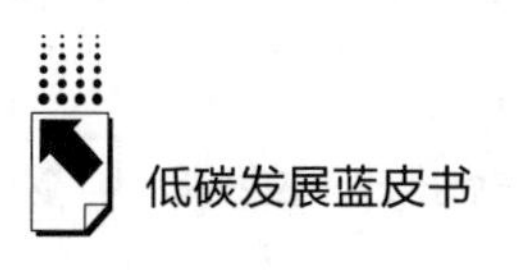

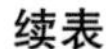
续表

序号	省(区、市)	单位名称
147~242	山西	山西平朔煤矸石发电有限责任公司、山西昱光发电有限责任公司、山西永皓煤矸石发电有限公司、山西漳电国电王坪发电有限公司、山西京玉发电有限责任公司、山西中煤东坡煤业有限公司、中电神头发电有限责任公司、华电忻州广宇煤电有限公司、山西鲁能河曲发电有限公司、神华神东电力山西河曲发电有限公司、偏关县大乘电冶有限责任公司、山西漳电同华发电有限公司、国家电投集团山西铝业有限公司热电分公司、阳泉煤业(集团)股份有限公司发供电分公司、山西河坡发电有限责任公司、阳泉市南煤龙川发电有限责任公司、山西阳光发电有限责任公司、山西兆丰铝电有限责任公司、汾阳中科渊昌再生能源有限公司、山西国峰煤电有限责任公司、山西国金电力有限公司、山西国锦煤电有限公司、山西国际能源集团宏光发电有限公司、山西华光发电有限责任公司、山西柳林电力有限责任公司、山西孝义煤矸石发电有限责任公司、山西信发化工有限公司、柳林县森泽煤铝有限责任公司、山西晟安电铝有限公司、霍州煤电集团吕梁山煤电有限公司、山东东岳能源交口肥美铝业有限责任公司、山西大土河焦化有限责任公司、太钢集团岚县矿业有限公司、孝义市兴安化工有限公司、晋能大土河热电有限公司、孝义市金岩热电有限公司、交口县天鹏冶炼有限公司、山西中钰能源有限公司、中铝集团山西交口兴华科技股份有限公司、山西华兴铝业有限公司、山西楼东俊安煤气化有限公司矸石发电厂、文水县振兴化肥有限公司、灵石县鑫和垃圾焚烧发电有限公司、国电榆次热电有限公司、华能榆社发电有限责任公司、华能左权煤电有限责任公司、介休市国泰绿色能源有限公司、介休市茂胜热电有限公司、山西瑞光热电有限责任公司、山西耀光煤电有限责任公司、东方希望晋中铝业有限公司、山西陆矿工贸有限公司、山西强伟纸业有限公司、山西汾西矿业(集团)有限责任公司、山西启光发电有限公司、山西潞安余吾热电有限责任公司、山西漳泽电力股份有限公司漳泽发电分公司、武乡西山发电有限责任公司、长治市霍氏自备电力有限公司、山西鲁晋王曲发电有限责任公司、山西漳山发电有限责任公司、晋能长治热电有限公司、襄垣县诚丰热力有限公司、山西潞安容海发电有限责任公司、山西中节能潞安电力节能服务有限公司、山西潞安祥瑞焦化有限公司屯留发电厂、长治市亚源发电有限公司、山西潞安矿业(集团)有限责任公司五阳热电厂、山西沁新煤业有限公司煤矸石发电厂、天脊煤化工集团股份有限公司、山西建滔潞宝化工有限责任公司、壶关县常平热电厂、阳城国际发电有限责任公司、大唐阳城发电有限责任公司、阳城晋煤能源有限责任公司、国投晋城热电有限公司、晋城市恒光矸石热电有限公司、晋城市东方热电有限公司、国电华北电力有限公司霍州发电厂、山西大唐国际临汾热电有限责任公司、山西临汾热电有限公司、山西漳泽电力股份有限公司侯马热电分公司、蒲县长益晟发电有限公司、山西兆光发电有限责任公司、山西蒲宣能源有限责任公司、山西大唐国际运城发电有限责任公司、山西漳泽电力股份有限公司河津发电分公司、河津市永鑫电力有限公司、山西漳电蒲洲热电有限公司、山西曙光电力有限公司、运城关铝热电有限公司、山西阳光焦化(集团)华升电力有限公司、山西中煤华晋能源有限责任公司、山西复晟铝业有限公司、中铝山西新材料有限公司、运城市自强纸业有限公司

续表

序号	省(区、市)	单位名称
243~322	内蒙古	内蒙古能源发电金山热电有限公司、北方联合电力有限责任公司呼和浩特金桥热电厂、内蒙古京能盛乐热电有限公司、内蒙古大唐国际托克托发电有限责任公司、内蒙古大唐国际托克托第二发电有限责任公司、内蒙古大唐国际呼和浩特热电有限责任公司、内蒙古丰泰发电有限公司、呼和浩特科林热电有限责任公司、和林格尔县盛乐园区丰华生物质热电有限公司、北方联合电力有限责任公司包头第一热电厂、北方联合电力有限责任公司包头第二热电厂、包头东华热电有限公司、内蒙古华云新材料有限公司、包头铝业有限公司、北方联合电力有限责任公司包头第三热电厂、华电内蒙古能源有限公司包头发电分公司、齐鲁制药(内蒙古)有限公司、东方希望包头稀土铝业有限责任公司、包钢集团宝山矿业有限公司、中国神华能源股份有限公司萨拉齐电厂、华电内蒙古能源有限公司土默特发电分公司、包头市山晟新能源有限责任公司、内蒙古阜丰生物科技有限公司、内蒙古京科发电有限公司、内蒙古能源发电兴安热电有限公司、兴安热电有限责任公司、内蒙古荷丰农业股份有限公司、内蒙古华电乌达热电有限公司、内蒙古君正能源化工集团股份有限公司、内蒙古宜化化工有限公司、内蒙古恒业成有机硅有限公司、内蒙古东源科技有限公司、内蒙古蒙华海勃湾发电有限责任公司、内蒙古蒙电华能热电股份有限公司乌海发电厂、国家能源集团煤焦化有限责任公司、内蒙古京海煤矸石发电有限责任公司、北方联合电力有限责任公司乌海热电厂、赤峰众益糖业有限公司、内蒙古锡林郭勒白音华煤电有限责任公司赤峰新城热电分公司、安琪酵母(赤峰)有限公司、国电赤峰化工有限公司、赤峰平庄热电有限责任公司、赤峰瑞阳化工有限公司、内蒙古伊品生物科技有限公司、元宝山发电有限责任公司、内蒙古兴安银铅冶炼有限公司、赤峰制药股份有限公司、赤峰热电厂有限责任公司、内蒙古大唐国际克什克腾煤制天然气有限责任公司、京能(赤峰)能源发展有限公司、内蒙古大地云天化工有限公司、内蒙古大板发电有限责任公司、内蒙古佰惠生新农业科技股份有限公司、赤峰大板热电有限责任公司、内蒙古哈伦能源有限责任公司、内蒙古太西煤集团兴泰煤化有限责任公司、内蒙古兰太实业股份有限公司制盐分公司、中盐吉兰泰盐化集团有限公司纯碱分公司、内蒙古太西煤集团常山多元合金有限公司、内蒙古能源发电投资集团有限公司乌斯太热电厂、中盐吉兰泰氯碱化工有限公司、内蒙古兰太钠业有限责任公司、西乌金山发电有限公司、内蒙古兴安铜锌冶炼有限公司、白音华金山发电有限公司、内蒙古上都第二发电有限责任公司、内蒙古上都发电有限责任公司、内蒙古能源发电投资集团有限公司锡林热电厂、锡林郭勒热电有限责任公司、东乌珠穆沁旗广厦热电有限责任公司、深能北方(锡林郭勒)能源开发有限公司、内蒙古京能康巴什热电有限公司、内蒙古汇能煤化工有限公司、内蒙古汇能集团蒙南发电有限公司、内蒙古北方蒙西发电有限责任公司、内蒙古鄂尔多斯电力有限责任公司、内蒙古鄂尔多斯高新材料有限公司、鄂尔多斯市鄂尔多斯双欣电力有限公司、国电建投内蒙古能源有限公司、内蒙古伊东集团东方能源化工有限责任公司、

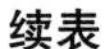
续表

序号	省(区、市)	单位名称
323~410	内蒙古	神华准能集团有限责任公司(电厂是子公司神华准格尔能源有限责任公司)、内蒙古准格尔热力有限责任公司、内蒙古京泰发电有限责任公司、北方魏家峁煤电有限责任公司、内蒙古国华准格尔发电有限责任公司、内蒙古能源发电准大发电有限公司、国电内蒙古东胜热电有限公司、鄂尔多斯市北骄热电有限责任公司、鄂尔多斯市蒙泰热电有限责任公司、内蒙古鄂尔多斯热电有限责任公司、内蒙古伊泰化工有限责任公司、内蒙古能源发电杭锦发电有限公司、鄂尔多斯市昊华国泰化工有限公司、内蒙古蒙泰不连沟煤业有限责任公司煤矸石热电厂、神华神东电力有限责任公司上湾热电厂、鄂尔多斯市君正能源化工有限公司、神华亿利能源有限责任公司电厂、达拉特旗宏珠环保热电有限公司、内蒙古蒙达发电有限责任公司、内蒙古京达发电有限责任公司、内蒙古聚达发电有限责任公司、鄂尔多斯市乌兰煤炭集团瑞丰热电有限责任公司、内蒙古双欣环保材料股份有限公司、鄂尔多斯市宝恒煤焦电有限责任公司、内蒙古华伊卓资热电有限公司、内蒙古京宁热电有限责任公司、内蒙古华宁热电有限公司、内蒙古岱海发电有限责任公司、乌兰察布市宏大实业有限公司、内蒙古能源发电新丰热电有限公司、内蒙古京隆发电有限责任公司、内蒙古丰电能源发电有限责任公司、内蒙古蒙维科技有限公司、乌兰察布中联水泥有限公司、博天糖业(察右前旗)有限公司、商都佰惠生糖业有限公司、北方联合电力有限责任公司乌拉特发电厂、巴彦淖尔紫金有色金属公司、北方联合电力有限责任公司临河热电厂、内蒙古特米尔热电有限责任公司、内蒙古磴口金牛煤电有限公司、联邦制药(内蒙古有限公司)、五原县同信商贸有限责任公司、通辽发电总厂有限责任公司、通辽第二发电有限责任公司、通辽盛发热电有限责任公司、内蒙古霍煤鸿骏铝电有限责任公司、通辽霍林河坑口发电有限责任公司、通辽热电有限责任公司、通辽梅花生物科技有限公司、内蒙古锦联铝材有限公司、额尔古纳市兴通热力有限公司、呼伦贝尔安泰热电有限责任公司海拉尔热电厂、呼伦贝尔安泰热电有限责任公司东海拉尔发电厂、鄂伦春光明热电有限责任公司、根河光明热电有限责任公司、内蒙古国华呼伦贝尔发电有限公司、呼伦贝尔金新化工有限公司、内蒙古百业成酒精制造有限责任公司、呼伦贝尔安泰热电有限责任公司扎兰屯热电厂、内蒙古大兴安岭浆纸有限责任公司、呼伦贝尔东北阜丰生物科技有限公司、满洲里联众热电有限公司、呼伦贝尔安泰热电有限责任公司满洲里热电厂、满洲里达赉湖热电有限公司、华能伊敏煤电有限责任公司、内蒙古蒙东能源有限公司、北控城市服务(鄂温克族自治旗)有限公司、呼伦贝尔安泰热电有限责任公司汇流河发电厂、内蒙古牙克石五九煤炭(集团)有限责任公司、呼伦贝尔北方药业有限公司、中国神华煤制油化工有限公司鄂尔多斯煤制油分公司、内蒙古博大实地化学有限公司、亿利洁能股份有限公司热电分公司、内蒙古亿利化学工业有限公司、巴林左旗新城热力有限责任公司、锡林郭勒苏尼特碱业有限公司、京能(锡林郭勒)发电有限公司、霍林郭勒金源口热电有限公司、通辽金煤化工有限公司、内蒙古中煤远兴能源化工有限公司、内蒙古利牛生物化工有限责任公司、赤峰宝山能源(集团)热电有限责任公司、鄂尔多斯市正能发电有限公司、神华包头煤化工有限责任公司、内蒙古中煤蒙大新能源化工有限公司、大唐内蒙古多伦煤化工有限责任公司、中天合创能源有限责任公司

续表

序号	省(区、市)	单位名称
411~478	辽宁	东电沈阳热电有限责任公司、国电东北电力有限公司沈西热电厂、沈阳经济技术开发区热电有限公司、沈阳华润热电有限公司、沈阳皇姑热电有限公司、沈阳金山能源股份有限公司金山热电分公司、国能康平发电有限公司、沈阳石蜡化工有限公司、沈阳抗生素厂、玖龙纸业(沈阳)有限公司、国电东北热力集团沈阳热电有限公司、万海能源开发(海城)有限公司、鞍钢集团矿业有限公司齐大山分公司、辽宁东方发电有限公司、国家电投集团东北电力有限公司抚顺热电分公司、中国石油天然气股份有限公司抚顺石化分公司热电厂、抚顺矿业中机热电有限责任公司、桓仁金山热电有限公司、丹东华孚鸭绿江热电股份有限公司、丹东金山热电有限公司、华能国际电力股份有限公司丹东电厂、中国石油天然气股份有限公司锦州石化分公司、辽宁大唐国际锦州热电有限责任公司、锦州金日纸业有限责任公司、锦州元成生化科技有限公司、中信锦州金属股份有限公司、锦州节能热电股份有限公司、华能国际电力有限公司营口电厂、华能营口热电有限责任公司、营口市滨海热电有限责任公司、营口长宜热力有限公司、阜新盛明热电有限责任公司、阜新杰超煤矸石热电有限公司、彰武热电有限责任公司、阜新发电有限责任公司、阜新金山煤矸石热电有限公司、中国石油天然气股份有限公司辽阳石化分公司、辽阳国成热电有限公司、灯塔市红阳热电有限公司、辽宁沈煤红阳热电有限公司、辽宁华电铁岭发电有限公司、辽宁清河发电有限责任公司、辽宁调兵山煤矸石发电有限责任公司、开原宏达热电有限公司、铁法煤业(集团)有限责任公司热电厂、辽宁益海嘉里地尔乐斯淀粉科技有限公司、华润电力(盘锦)有限公司、长春化工(盘锦)有限公司、盘锦辽河富腾热电有限公司、北票发电有限责任公司、朝阳燕山湖发电有限公司、中国石油天然气股份有限公司锦西石化分公司、航锦科技股份有限公司、绥中发电有限责任公司、大连北方热电股份有限公司、大连发电有限责任公司、大连金州热电有限公司、大连热电股份有限公司(北海热电厂)、大连热电股份有限公司(东海热电厂)、大连市热电集团有限公司香海热电厂、大连泰山热电有限公司、大连西太平洋石油化工有限公司、国电电力大连庄河发电有限责任公司、北京国电电力有限公司大连开发区热电厂、恒力石化(大连)有限公司、恒力石化(大连)炼化有限公司、华能国际电力股份有限公司大连电厂、中国华粮物流集团北良有限公司大连热力分公司
479~495	吉林	华能吉林发电有限公司长春热电厂、华能吉林发电有限公司九台电厂、大唐长春第二热电有限责任公司、吉林电力股份有限公司长春热电分公司、国电吉林龙华长春热电一厂、大唐长春第三热电厂、吉林省宇光热电有限公司长春高新热电分公司、吉林省鑫祥有限责任公司、长春大成生物科技开发有限公司、长春大合生物技术开发有限公司、中国第一汽车股份有限公司动能分公司、中粮生化能源(榆树)有限公司、国电吉林龙华蛟河热电厂、国电吉林龙华吉林热电厂、吉林电力股份有限公司松花江第一热电分公司、吉林松花江热电有限公司、吉林市源源热电有限责任公司、

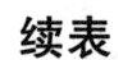
续表

序号	省(区、市)	单位名称
496~529	吉林	国电吉林江南热电有限公司、吉林市双嘉环保能源利用有限公司、桦甸丰泰热电有限责任公司、吉林晨鸣纸业有限责任公司、中国石油天然气股份有限公司吉林石化分公司(动力一厂)、中国石油天然气股份有限公司吉林石化分公司(动力二厂)、吉林奇峰化纤股份有限公司、国电双辽发电有限公司、国电东北电力有限公司双辽发电厂、吉林电力股份有限公司四平第一热电公司、吉林电力股份有限公司四平热电公司、天成玉米开发有限公司、四平中科能源环保有限公司、吉林省新天龙实业股份有限公司、大唐辽源发电厂、通化热电有限责任公司、吉林电力股份有限公司二道江发电公司、白山热电有限责任公司、白山市琦祥纸业有限公司、大唐长山热电厂、嘉吉生化有限公司、国电吉林龙华白城热电厂、洮南市热电有限责任公司、吉林电力股份有限公司白城发电公司、国电龙华延吉热电有限公司、延边石岘双鹿实业有限责任公司、长白山森工集团敦化林业有限公司热电厂、大唐珲春发电厂、国电龙华和龙热力有限责任公司、中粮生化能源(公主岭)有限公司、黄龙食品工业有限公司、梅河口市阜康热电有限责任公司、梅河口市海山纸业有限责任公司、华能松原热电有限公司
530~585	黑龙江	哈尔滨哈投投资股份有限公司、华电能源股份有限公司哈尔滨热电厂、国电哈尔滨热电有限公司、哈尔滨市华能集中供热有限公司、哈尔滨中龙热电有限公司、华电能源股份有限公司哈尔滨第三发电厂、黑龙江岁宝热电有限公司、大唐黑龙江发电有限公司哈尔滨第一热电厂、宾县宏达热电有限公司、哈药集团制药总厂、依兰县达连河正泰热电有限公司、中国华电集团哈尔滨发电有限公司、哈尔滨市双琦环保资源利用有限公司、威立雅(哈尔滨)热电有限公司、通河恒泰热电有限公司、木兰县顺和热电有限公司、哈尔滨热电有限责任公司、华电能源股份有限公司富拉尔基热电厂、华电能源股份有限公司富拉尔基发电厂、黑龙江华电齐齐哈尔热电有限公司、华电能源股份有限公司牡丹江第二发电厂、牡丹江热电有限公司、牡丹江佳日热电有限公司、东宁滨河热电有限公司、穆棱市亿阳热电经营有限公司、牡丹江恒丰纸业集团有限责任公司、佳木斯中恒热电有限公司、华电能源股份有限公司佳木斯热电厂、佳木斯佳能热电有限公司、桦南协联报春热电有限公司、富锦东方热电有限责任公司、富锦象屿金谷生化科技有限公司、同江市长恒热电有限公司、抚远市新世纪热电有限责任公司、华能新华发电有限责任公司、华能大庆热电有限公司、中国石油集团电能有限公司、大庆中蓝石化有限公司、大唐鸡西热电有限责任公司、大唐鸡西第二热电有限公司、密山市朝阳热电有限公司、黑龙江省鸡东热电有限公司、鸡东宝鑫碳化硅有限公司、鸡西市博联热电有限责任公司、鸡西矿业(集团)有限责任公司矸石热电厂、沈阳焦煤鸡西盛隆矿业有限责任公司煤矸石电厂、国电双鸭山发电有限公司、大唐双鸭山热电有限公司、黑龙江龙煤双鸭山矿业有限责任公司虹焱热电公司、黑龙江黑玛热电有限公司、黑龙江省万里润达热力有限公司、饶河县晨光热电有限责任公司、华能伊春热电有限公司、伊春市新青热电厂、带岭林业实验局热电厂、嘉荫县华银热电有限公司、

续表

序号	省(区、市)	单位名称
586~624	黑龙江	铁力宇祥热电有限责任公司、伊春市南岔热电厂、黑龙江龙煤七台河矿业有限责任公司热电厂、七台河市勃利亿达选煤有限责任公司、宝泰隆新材料股份有限公司、七台河市吉伟煤焦有限公司、大唐七台河发电有限责任公司、七台河市隆鹏煤炭发展有限责任公司、七台河市德利电力有限公司、绥滨县盛蕴热电有限责任公司、鹤岗市万隆热力供应有限公司、萝北兴汇热电有限公司、华能鹤岗发电有限公司、鹤岗市热力公司、黑龙江龙煤鹤岗矿业有限责任公司、孙吴县海峰热电有限责任公司、国电北安热电有限公司、北安象屿金谷生化科技有限公司、黑河市热电有限责任公司、嫩江盛烨热电有限责任公司、黑龙江庆翔热电有限公司、黑龙江昊天玉米开发有限公司、安达顺祥热电有限公司、绥化中盟热电有限公司、中粮生化能源(肇东)有限公司、黑龙江成福食品集团有限公司、黑龙江龙凤玉米开发有限公司、大唐绥化热电有限公司、海伦市地势坤生物热电有限公司、青冈金安热电有限公司、黑龙江省鑫玛热电集团有限责任公司、大兴安岭能源开发有限公司、大兴安岭地区电力工业局加格达奇热电厂、塔河县诚惠热电有限公司、黑龙江新昊热电有限公司、绥化象屿能源有限公司、黑龙江伊品能源有限公司、逊克县蓝天热电有限责任公司、五大连池国昌热力有限责任公司
625~647	上海	上海外高桥发电有限责任公司、上海申能临港燃机发电有限公司、上海电力股份有限公司吴泾热电厂、上海长兴岛热电有限责任公司、上海吴泾第二发电有限责任公司、上海外高桥第二发电有限责任公司、华能国际电力股份有限公司上海石洞口第一电厂、上海上电漕泾发电有限公司、华能上海石洞口发电有限责任公司、上海漕泾热电有限责任公司、上海吴泾发电有限责任公司、上海奉贤燃机发电有限公司、华能上海燃机发电有限责任公司、上海外高桥第三发电有限责任公司、华能国际电力股份有限公司上海石洞口第二电厂、上海电力股份有限公司罗泾燃机发电厂、上海华电闵行能源有限公司、上海华电奉贤热电有限公司、上海东冠纸业有限公司、中国石化上海石油化工股份有限公司、中国石化上海高桥石油化工有限公司、上海申能崇明发电有限公司、上海申能奉贤热电有限公司
648~672	江苏	中国石化集团资产经营管理有限公司扬子石化分公司、华能国际电力股份有限公司南京电厂、南京化学工业园热电有限公司、江苏南热发电有限责任公司、华能南京热电有限公司、大唐南京发电厂、华能南京燃机发电有限公司、华能南京金陵发电有限公司、南京华润热电有限公司、大唐南京热电有限责任公司、扬子石化-巴斯夫有限责任公司、中石化集团南京化学工业有限公司、中国石油化工股份有限公司金陵分公司、江苏国信协联能源有限公司、江苏国信协联燃气热电有限公司、江苏华亚化纤有限公司、江苏利港电力有限公司、江苏天鸿化工有限公司、江苏协宏热电有限公司、江阴澄星石庄热电有限公司、江阴福汇纺织有限公司、江阴华美热电有限公司、江阴利港发电股份有限公司、江阴热电有限公司、江阴市华西热电有限公司、

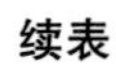
续表

序号	省(区、市)	单位名称
673～773	江苏	江阴市康顺热电有限公司、江阴市升辉热能有限公司、江阴苏龙热电有限公司、江阴新源热电有限公司、江苏阳光璜塘热电有限公司、江阴周北热电有限公司、南国红豆控股有限公司、无锡惠联垃圾热电有限公司、无锡惠联热电有限公司、无锡西区燃气热电有限公司、无锡友联热电股份有限公司、宜兴灵谷热电有限公司、无锡蓝天燃机热电有限公司、无锡能达热电有限公司、无锡荣成环保科技有限公司、江阴兴澄特种钢铁有限公司、徐州南区热电有限责任公司、江苏阚山发电有限公司、徐州华润电力有限公司、铜山县新汇热电有限公司、徐州华鑫发电有限公司、铜山华润电力有限公司、国华徐州发电有限公司、丰县鑫源生物质环保热电有限公司、徐州天成氯碱有限公司、上海大屯能源股份有限公司发电厂、徐州金山桥热电有限公司、江苏徐塘发电有限责任公司、徐州华隆热电有限公司、江苏徐矿综合利用发电有限公司、江苏中能硅业科技发展有限公司、徐州天裕燃气发电有限公司、江苏华美热电有限公司、徐州垞城电力有限责任公司、江苏晋煤恒盛化工股份有限公司、常州广源热电有限公司、国电常州发电有限公司、常州市新港热电有限公司、常州市长江热能有限公司、常州新区广达热电有限公司、江苏华电戚墅堰发电有限公司、常州亚太热电有限公司、常州市湖塘热电有限公司、江苏华电戚墅堰热电有限公司、江苏加怡热电有限公司、江苏富春江环保热电有限公司、江苏弘博热电有限公司、华能苏州热电有限责任公司、苏州市江远热电有限责任公司、中国华电集团公司江苏望亭发电分公司、苏州市相城区江南化纤集团有限公司、江苏华电望亭天然气发电有限公司、上海华电电力发展有限公司望亭发电分公司、盛虹集团有限公司热电分厂、吴江三联印染有限公司、江苏东方盛虹股份有限公司盛泽热电厂、苏州苏盛热电有限公司、苏州苏震热电有限公司、江苏华电吴江热电有限公司、吴江艺龙实业有限公司、大唐苏州热电有限责任公司、吴江罗森化工有限公司、苏州工业园区北部燃机热电有限公司、苏州东吴热电有限公司、芬欧汇川(中国)有限公司、江苏理文造纸有限公司、常熟市铜业总公司有限公司、华润电力(常熟)有限公司、江苏常熟发电有限公司、常熟市王市热能有限公司、常熟市昆承热电有限公司、常熟金陵海虞热电有限公司、长春化工(江苏)有限公司、常熟苏源热电有限公司、江苏福裕实业有限公司、江苏富淼科技股份有限公司、江苏华昌化工股份有限公司、张家港保税区长源热电有限公司、江苏骏马集团有限责任公司、张家港华兴电力有限公司、张家港沙洲电力有限公司、张家港市大新热电有限公司、张家港永兴热电有限公司、南亚电子材料(昆山)有限公司、江苏正源创辉燃气热电有限公司、玖龙纸业(太仓)有限公司、华能(苏州工业园区)发电有限责任公司、太仓宏达热电有限公司、国华太仓发电有限公司、太仓港协鑫发电有限公司、华能太仓发电有限责任公司、苏州工业园区蓝天燃气热电有限公司、张家港市印染厂、昆山协鑫蓝天分布式能源热电有限公司、昆山新昆生物能源热电有限公司、南亚加工丝(昆山)有限公司、江苏华电昆山热电有限公司、金华盛纸业(苏州工业园区)有限公司、南通观音山环保热电有限公司、南通醋酸纤维有限公司、南亚塑胶工业(南通)有限公司、

续表

序号	省(区、市)	单位名称
774~863	江苏	江苏南通发电有限公司、南通天生港发电有限公司、华能国际电力股份有限公司南通电厂、江苏华电通州热电有限公司、海安华新热电有限公司、江苏联发环保新能源有限公司、如东协鑫环保热电有限公司、如东洋口环保热电有限公司、江苏王子制纸有限公司、南通江山农药化工股份有限公司、南通美亚热电有限公司、国信启东热电有限公司、江苏大唐国际吕四港发电有限责任公司、江苏大唐国际如皋热电有限责任公司、海门鑫源环保热电有限公司、南通深泰热电有限公司、南通常安能源有限公司、连云港碱业有限公司、连云港虹洋热电有限公司、江苏新海发电有限公司、连云港鑫能污泥发电有限公司、江苏国信连云港发电有限公司、罗盖特(中国)营养食品有限公司、江苏国信淮安燃气发电有限责任公司、江苏苏盐井神股份有限公司、上海太平洋化工(集团)淮安元明粉有限公司、华能淮阴第二发电有限公司、安道麦安邦(江苏)有限公司、江苏淮阴发电有限责任公司、洪泽大洋盐化有限公司、中盐淮安鸿运盐化有限公司、江苏瑞洪盐业有限公司、中电(洪泽)热电有限公司、实联化工(江苏)有限公司、江苏国信淮安第二燃气发电有限责任公司、淮安经济开发区热电有限责任公司、江苏戴梦特化工科技股份有限公司、江苏嘉源元明粉有限公司、淮安南风盐化工有限公司、江苏白玫化工有限公司、中海华邦化工有限责任公司、盐城发电有限公司、大丰阳光热电有限公司、盐城市凌云海热电有限公司、江苏丰源热电有限公司、响水联谊热电有限公司、江苏国华陈家港发电有限公司、江苏森达陈家港热电有限公司、国家电投集团协鑫滨海发电有限公司、江苏森达沿海热电有限公司、阜宁澳洋科技有限责任公司、江苏射阳港发电有限责任公司、江苏沙印集团射阳印染有限公司、江苏勤力热电有限公司、江苏恒泰新能源有限公司、东台苏中环保热电有限公司、盐城热电有限责任公司、江苏国信扬州发电有限责任公司、扬州港口污泥发电有限公司、中国石化仪征化纤有限责任公司、江苏瑞祥化工有限公司、江苏华电扬州发电有限公司、扬州第二发电有限责任公司、永丰余造纸(扬州)有限公司、江苏华电仪征热电有限公司、江苏国信仪征热电有限责任公司、江苏国信高邮热电有限责任公司、镇江大港热电厂有限责任公司、江苏长丰纸业有限公司、丹阳兴联热电有限公司、江苏华电句容发电有限公司、华电江苏能源有限公司句容发电分公司、镇江宏顺热电有限公司、金东纸业(江苏)股份有限公司、镇江大东纸业有限公司、中国国电集团公司谏壁发电厂、江苏镇江发电有限公司、国电江苏谏壁发电有限公司、江苏索普化工股份有限公司、国家能源集团泰州发电有限公司、江苏国信靖江发电有限公司、靖江苏源热电有限公司、泰州金泰环保热电有限公司、泰州梅兰热电有限公司、兴化市热电有限责任公司、大唐泰州热电有限责任公司、江苏奥喜埃化工有限公司、新浦化学(泰兴)有限公司、江苏新动力(沭阳)热电有限公司、国家能源集团宿迁发电有限公司

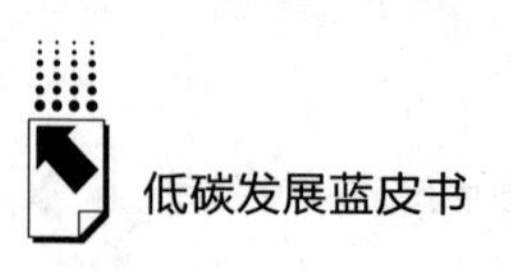

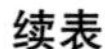
续表

序号	省(区、市)	单位名称
864~959	浙江	杭州华电半山发电有限公司、浙江浙能电力股份有限公司萧山发电厂、三元控股集团杭州热电有限公司、杭州智兴热电有限公司、杭州萧越热电有限公司、杭州萧山经济技术开发区热电有限公司、杭州红山热电有限公司、杭州航民小城热电有限公司、杭州航民热电有限公司、浙江普星蓝天然气发电有限公司、浙江省桐庐汇丰生物科技有限公司、桐庐信雅达热电有限公司、浙江新安化工集团股份有限公司、浙江建德建业热电有限公司、浙江大洋生物科技集团股份有限公司、浙江富春江环保热电股份有限公司、杭州临安华旺热能有限公司、中策橡胶集团有限公司、杭州华电下沙热电有限公司、杭州杭联热电有限公司、浙江巴陵恒逸己内酰胺有限责任公司、杭州临江环保热电有限公司、杭州富丽达热电有限公司、杭州华电江东热电有限公司、杭州航民江东热电有限公司、宁波久丰热电有限公司、浙江浙能镇海联合发电有限公司、浙江浙能镇海发电有限责任公司、浙江浙能镇海天然气发电有限责任公司、浙江浙能镇海燃气热电有限责任公司、浙江浙能北仑发电有限公司、国电浙江北仑第一发电有限公司、国电浙江北仑第三发电有限公司、台塑集团热电(宁波)有限公司、宁波亚洲浆纸业有限公司、宁波经济技术开发区热电有限责任公司、宁波中华纸业有限公司、宁波光耀热电有限公司、浙江国华余姚燃气发电有限责任公司、宁波世茂能源股份有限公司、浙江国华浙能发电有限公司、浙江大唐乌沙山发电有限责任公司、宁波正源电力有限公司、宁波榭北热电有限公司、万华化学(宁波)热电有限公司、宁波科丰燃机热电有限公司、宁波众茂杭州湾热电有限公司、宁波明州热电有限公司、浙江浙能温州发电有限公司、浙江温州特鲁莱发电有限责任公司、华润电力(温州)有限公司、温州燃机发电有限公司、浙江浙能乐乐清发电有限责任公司、温州宏泽热点股份有限公司、嘉兴市绿色能源有限公司、嘉兴市能达步云热电有限公司、民丰特种纸股份有限公司、浙江秀舟热电有限公司、嘉兴中华热电开发有限公司、嘉兴市富欣热电有限公司、嘉兴新嘉爱斯热电有限公司、嘉兴协鑫环保热电有限公司、浙江嘉善协联热电有限公司、浙江中成热电有限公司、嘉善县洪峰热电有限公司、平湖弘欣热电有限公司、浙江荣晟环保纸业有限公司、平湖荣成环保科技有限公司、浙江山鹰纸业有限公司、浙江恒洋热电有限公司、海宁马桥大都市热电有限公司、海宁市红宝热电有限公司、浙江宝峰热电有限公司、浙江华德利纺织印染有限公司、浙江钱江生物化学股份有限公司、浙江新都绿色能源有限公司、桐乡泰爱斯环保能源有限公司、华能桐乡燃机热电有限责任公司、桐乡濮院协鑫环保热电有限公司、浙江浙能嘉兴发电有限公司、浙江浙能嘉华发电有限公司、浙江嘉化能源化工股份有限公司、湖州南太湖热电有限公司、湖州织里长和热电有限公司、湖州南太湖电力科技有限公司、国电湖州南浔天然气热电有限公司、湖州协鑫环保热电有限公司、浙江普星德能然气发电有限公司、德清县中能热电有限公司、德清绿能热电有限公司、湖州加怡新市热电有限公司、浙江拜克生物科技有限公司、华能国际电力股份有限公司长兴电厂、浙江普星京兴天然气发电有限公司、浙江浙能长兴天然气热电有限公司、浙江浙能长兴发电有限公司、

续表

序号	省（区、市）	单位名称
960~1004	浙江	普星（安吉）燃机热电有限公司、浙江安吉天子湖热电有限公司、湖州嘉骏热电有限公司、绍兴中成热电有限公司、浙江浙能绍兴滨海热电有限责任公司、浙江天马热电有限公司、绍兴远东热电有限公司、上虞热电股份有限公司、绍兴上虞杭协热电有限公司、浙江春晖环保能源股份有限公司、浙江诸暨八方热电有限责任公司、浙江新中港清洁能源股份有限公司、浙江华佳热电集团有限公司、浙江大唐国际绍兴江滨热电有限责任公司、浙江浙能金华燃机发电有限责任公司、金华宁能热电有限公司、兰溪协鑫环保热电有限公司、浙江横店热电有限公司、浙江物产环能浦江热电有限公司、浙江华川实业集团有限公司、浙江浙能兰溪发电有限责任公司、衢州东港环保热电有限公司、恒盛能源股份有限公司、华电浙江龙游热电有限公司、浙江大唐国际江山新城热电有限责任公司、浙江巨化热电有限公司、浙江浙能常山天然气发电有限公司、龙游县金怡热电有限公司、中海石油舟山石化有限公司、神华国华（舟山）发电有限责任公司、浙江浙能中煤舟山煤电有限责任公司、浙江浙能电力股份有限公司台州发电厂、台州市椒江热电有限公司、台州临港热电有限公司、浙江红石梁集团热电有限公司、浙江浙能台州第二发电有限责任公司、华能国际电力股份有限公司玉环电厂、台州森林造纸有限公司、仙居县现代热力有限公司、纳爱斯集团有限公司、浙江凯恩特种材料股份有限公司、丽水市杭丽热电有限公司、浙江龙德环保热电有限公司、浙江泰亿能源有限公司、浙江振亚热电有限公司
1005~1049	安徽	安徽淮南平圩发电有限责任公司、淮南平圩第二发电有限责任公司、淮南平圩第三发电有限责任公司、淮沪煤电有限公司、淮沪电力有限公司、淮南矿业集团发电有限责任公司（潘三电厂、新庄孜电厂和顾桥电厂）、安徽电力股份有限公司淮南田家庵发电厂、淮浙煤电有限责任公司凤台发电分公司、大唐淮南洛河发电厂、安徽淮南洛能发电有限责任公司、中煤新集能源股份有限公司新集一矿、中煤新集能源股份有限公司新集二矿、安徽华电六安电厂有限公司、马鞍山当涂发电有限公司、皖能马鞍山发电有限公司、安徽马鞍山万能达发电有限责任公司、山鹰国际控股股份公司、中国石化集团资产经营管理有限公司安庆分公司、安徽华泰林浆纸有限公司、安徽安庆皖江发电有限责任公司、国电蚌埠发电有限公司、安徽新源热电有限公司、中粮生物科技股份有限公司（自备电厂含涂山分厂和沫河口分厂）、安徽丰原热电有限公司、安徽古井贡酒股份有限公司、亳州瑞能热电有限责任公司、中煤新集利辛发电有限公司、安徽池州九华发电有限公司、安徽东至广信农化有限公司、安徽金禾实业股份有限公司、滁州华汇热电有限公司、中盐东兴盐化股份有限公司、安徽华塑股份有限公司、安徽省昊源化工集团有限公司、安徽晋煤中能化工股份有限公司、阜阳华润电力有限公司、合肥热电集团有限公司安能分公司、安徽省合肥联合发电有限公司、合肥东方热电有限公司、合肥热电集团有限公司金源分公司、合肥热电集团有限公司天源分公司、合肥新能热电有限公司、合肥热电集团有限公司众诚分公司、华能巢湖发电有限责任公司、神皖合肥庐江发电有限责任公司、

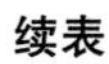

续表

序号	省(区、市)	单位名称
1050~1078	安徽	皖能合肥发电有限公司、安徽皖维高新材料股份有限公司、大唐淮北发电厂、淮北国安电力有限公司、淮北申皖发电有限公司、临涣中利发电有限公司、淮北新源热电有限公司、淮北矿业股份有限公司杨庄煤矸石热电厂、淮北宇能环保能源有限公司、安徽恒力电业有限责任公司、皖能铜陵发电有限公司、国电铜陵发电有限公司、铜陵有色金属集团控股有限公司、铜陵新亚星能源有限公司、安徽华电芜湖发电有限公司、芜湖新兴冶金资源综合利用技术有限公司、芜湖绿洲环保能源有限公司、芜湖发电有限责任公司、安徽钱营孜发电有限公司、安徽华电宿州发电有限公司、国电宿州第二热电有限公司、宿州创元发电有限公司、安徽安特食品股份有限公司、宿州市皖神面制品有限公司、安徽虹光企业投资集团有限公司、安徽金玉米农业科技开发有限公司、安徽省萧县林平纸业有限公司、国投宣城发电有限责任公司、淮北涣城发电有限公司
1079~1121	福建	华能国际电力股份有限公司福州电厂、福建华电可门发电有限公司、国电福州发电有限公司、福建省东南电化股份有限公司、福州和特新能源有限公司、福建天辰耀隆新材料有限公司、福建大唐国际宁德发电有限责任公司、福建省福能龙安热电有限公司、国投云顶湄洲湾电力有限公司、赛得利(福建)纤维有限公司、中海福建燃气发电有限公司、福建省青山纸业股份有限公司、福建华电永安发电有限公司、智胜化工股份有限公司、神华福能(福建雁石)发电有限责任公司、华电(漳平)能源有限公司、瓮福紫金化工股份有限公司、厦门瑞新热电有限公司、厦门华夏国际电力发展有限公司、厦门海发环保能源股份有限公司、腾龙特种树脂(厦门)有限公司、东亚电力厦门有限公司、厦门同集热电有限公司、国电泉州热电有限公司、玖龙纸业(泉州)有限公司、福建晋江热电有限公司、福建晋江天然气发电有限公司、福建省鸿山热电有限责任公司、福建省石狮热电有限责任公司、福建清源科技有限公司、石狮市鸿峰环保生物工程有限公司、神华福能发电有限责任公司、福建永春美岭人造板厂、福建省永春宏美纸业有限公司、联盛纸业(龙海)有限公司、漳州友利达纸业发展有限公司、漳州盈晟纸业有限公司、漳州港兴纸品有限公司、腾龙芳烃(漳州)有限公司、福建糖业股份有限公司、山鹰华南纸业有限公司、敦信纸业有限责任公司、华阳电业有限公司
1122~1144	江西	贵溪发电有限责任公司、江西赣能股份有限公司丰城二期发电厂、丰城矿务局电业有限责任公司、国电丰城发电有限公司、江西省丰城新洛电业有限公司、江西洪屏抽水蓄能有限公司、江西富达盐化有限公司、江西蓝恒达化工有限公司、江西晶昊盐化有限公司、江西宏宇能源发展有限公司、江西大唐国际新余发电有限责任公司、国家电投集团江西电力有限公司分宜发电厂、国电黄金埠发电有限公司、华能安源发电有限责任公司、萍乡矿业集团有限责任公司安源发电厂、江西柯美纸业有限公司、国家电投集团江西电力有限公司新昌发电分公司、江西晨鸣纸业有限责任公司、南昌方大资源综合利用科技有限公司、赛得利(江西)化纤有限公司、九江恒生化纤股份有限公司、国电九江发电有限公司、赛得利(九江)纤维有限公司、

续表

序号	省(区、市)	单位名称
1145~1171	江西	江西华电九江分布式能源有限公司、江西理文化工有限公司、江西蓝星星火有机硅有限公司、中国石油化工股份有限公司九江分公司、江西兄弟医药有限公司、神华国华九江发电有限责任公司、乐平市天新热电有限公司、国家电投集团江西电力有限公司景德镇发电厂、江西世龙实业股份有限公司、江西乐浩综合利用电业有限公司、江西江维高科股份有限公司、景德镇市焦化能源有限公司、华能国际电力股份有限公司井冈山电厂、江西省吉能煤电有限责任公司、中盐新干盐化有限公司、铂瑞能源(新干)有限公司、江西九二盐业有限责任公司、华能瑞金发电有限责任公司、赣州华劲纸业有限公司、江西大唐国际抚州发电有限公司、九江方大科技有限公司、江西五星纸业有限公司、泰盛(江西)生活用品有限公司、江西锦江酒业有限责任公司、江西永冠科技发展有限公司、上栗县萍锋纸业有限公司、江西省德兴市百勤异 VC 钠有限公司
1172~1239	山东	济南热电有限公司、华能济南黄台发电有限公司、济南东新热电有限公司、华电章丘发电有限公司、山东新升实业发展有限责任公司、济阳新华能源实业有限责任公司、济南市琦泉热电有限责任公司、华电国际电力股份有限公司莱城发电厂、山东阳光电力有限公司、济南兴泉能源有限公司、山东晋煤日月化工有限公司、华能莱芜发电有限公司、山东百伦纸业有限公司、华电青岛发电有限公司、青岛能源泰能热电有限公司、青岛热电股份有限公司、青岛后海热电有限公司、青岛东亿热电厂、青岛恒源热电有限公司、赛轮集团股份有限公司、青岛西海岸公用事业集团易通热电有限公司、大唐黄岛发电有限责任公司、中燃明月热电有限公司、青岛海西热电有限公司、青岛市恒光热电有限公司、青岛顺安热电有限公司、青岛金海热电有限公司、青岛新源热电有限公司、即墨市热电厂、青岛龙发热电有限公司、青岛兴平热电有限公司、青岛蓝宝石酒业有限公司、青岛九联集团股份有限公司热电厂、青岛金莱热电有限公司、青岛海湾化学有限公司、青岛万强鑫昊投资有限公司、华能山东发电有限公司白杨河发电厂、沂源县源能热电有限公司、淄博坤升热电有限公司、淄博鲁中水泥有限公司、淄博鑫胜热电有限公司、山东鲁维制药有限公司、山东虹桥热电股份有限公司、淄博腾飞生物质热电有限公司、淄博联昱纺织有限公司、桓台县唐山热电有限公司、淄博惠润热力有限公司、山东东岳氟硅材料有限公司、淄博齐林贵和热电有限公司、山东天源热电有限公司、山东淄博傅山热电有限公司、淄博市临淄区朱台热力有限公司、华能辛店发电有限公司、中国石化集团资产经营管理有限公司齐鲁石化分公司、淄博市临淄热电厂有限公司、山东淄博瑞光热电有限公司、淄博旭能热电有限公司、淄博热电集团有限公司、中铝山东有限公司、华电淄博热电有限公司、淄博明瑞热电股份有限公司、阳煤集团淄博齐鲁第一化肥有限公司、淄博齐翔腾达化工股份有限公司、山东丰源通达电力有限公司、枣庄八一水煤浆热电有限责任公司一期、枣庄华润纸业有限公司、远通纸业(山东)有限公司、枣庄市建阳热电有限公司、

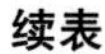
续表

序号	省(区、市)	单位名称
1240~1337	山东	山东王晁煤电集团热电有限公司、华电滕州新源热电有限公司、枣庄矿业集团蒋庄煤矸石热电有限责任公司、滕州亿达华闻煤电化有限公司、滕州富源低热值燃料热电有限公司、山东恒仁工贸有限公司、滕州市大宗煤矸石热电有限公司、山东滕州盛源热电有限责任公司、山东辛化硅胶有限公司、兖矿鲁南化工有限公司、华电国际电力股份有限公司十里泉发电厂、枣庄南郊热电有限公司、中国石化集团胜利石油管理局有限公司胜利发电厂、胜利国电(东营)热电有限公司、东营市垦利惠能热电有限责任公司、广饶县大王热力有限公司、东营市西水集团热电有限责任公司、山东正和热电有限公司、山东金岭化工股份有限公司、山东华泰热力有限公司、利津力能热电有限公司、利华益利津炼化有限公司、东营市滨海热力有限公司、东营华泰化工集团有限公司、东营金茂铝业高科技有限公司、东营市港城热力有限公司、东营华泰清河实业有限公司、华能山东发电有限公司烟台发电厂、烟台亨通热电有限公司、烟台亿通热电有限公司、烟台隆达纸业有限公司、烟台清泉实业有限公司、万华化学(烟台)氯碱热电有限公司、烟台西部热电有限公司、国家能源蓬莱发电有限公司、蓬莱东海热电有限公司、华电龙口发电股份有限公司、龙口矿业集团热电有限公司、山东南山铝业股份有限公司、山东怡力电业有限公司、龙口嘉元东盛热电有限公司、龙口玉龙纸业有限公司、招远市热电厂有限公司、招远玲珑热电有限公司、华电莱州发电有限公司、莱州龙泰热电有限公司、莱阳市热电厂、海阳龙凤热电有限公司、烟台东源热电有限公司、安丘盛源热电有限责任公司、昌乐盛世热电有限责任公司、华电潍坊发电有限公司、山东海化盛兴热电有限公司、青州益能热电有限责任公司、山东海化集团有限公司热力电力分公司、山东寿光巨能热电发展有限公司、山东新力热电有限公司、寿光金太阳热电有限公司、潍坊恒安热电有限公司、潍坊新方热电有限公司、神华国华寿光发电有限责任公司、诸城金安热电有限公司、诸城经济开发区恒阳热电有限公司、诸城市龙光热电有限公司、安丘市天裕热电有限公司、高密万仁热电有限公司(高源热电)、山东银鹰化纤有限公司、山东默锐科技有限公司、山东天力药业有限公司维生素分公司、山东新和成药业有限公司热电分公司、潍坊英轩实业有限公司、潍坊齐荣纺织有限公司、诸城市同路热电有限公司、山东晨鸣纸业集团股份有限公司、寿光美伦纸业有限公司、山东新龙集团有限公司、山东海天生物化工有限公司、山东昌邑海能化学有限责任公司、山东联盟化工股份有限公司(一厂)、潍坊特钢集团有限公司、华能国际电力股份有限公司济宁电厂、华能济宁运河发电有限公司、微山县微山湖热电有限责任公司、枣庄矿业(集团)付村矸石热电有限公司、山东鲁泰热电有限公司、嘉祥县嘉星热电有限公司、山东济矿鲁能煤电股份有限公司阳城电厂、泗水圣源热电有限公司、梁山菱花生物科技有限公司、华能济宁高新区热电有限公司、山东华聚能源股份有限公司济二矿电厂、山东兖矿济三电力有限公司、华能嘉祥发电有限公司、华能曲阜热电有限公司、山东华聚能源股份有限公司兴隆庄矿电厂、山东东山古城煤矿综合利用电厂、兖州聚源热电有限责任公司、兖州市银河电力有限公司、

续表

序号	省(区、市)	单位名称
1338~1440	山东	山东太阳纸业股份有限公司、山东里彦发电有限公司、邹城宏矿热电有限公司、华电国际电力股份有限公司邹县发电厂、华电邹县发电有限公司、山东华聚能源股份有限公司鲍店矿电厂、山东华聚能源股份有限公司东滩矿电厂、兖矿集团有限公司南屯电力分公司、山东太阳宏河纸业有限公司、泰安市泰山城建热电有限公司、泰安市泰山东城热电有限责任公司、山东泰汶盐化工有限责任公司、山东岱岳制盐有限公司、泰山石膏有限公司、泰安立人热电有限责任公司、泰安新汶顶峰热电有限公司、山东光明热电股份有限公司、华能山东发电有限公司众泰电厂、山东惠普矸石电力股份有限公司、山东新汶热电有限公司、新泰正大热电有限责任公司、肥城胜利盐业有限公司、国家能源集团山东石横热电有限公司、宁阳县金明热电有限责任公司、泰安华丰顶峰热电有限公司、泰安华阳热电有限公司、山东润银生物化工股份有限公司、东平光源热电责任有限公司、山东中华发电有限公司石横发电厂、国家能源泰安热电有限公司、威海市文登热电厂有限公司、威海市众音热电有限公司、威海博通热电股份有限公司、华能威海发电有限责任公司、威海热电集团有限公司、威海西郊热电有限公司、威海市南郊热电有限公司、荣成市天颐热电有限公司、荣成邱家水产有限公司热电厂、荣成市热电厂有限公司、乳山热电有限公司、乳山市大洋硅胶厂、威海市明珠硅胶有限公司、乳山市东方硅胶有限公司、山东凯翔阳光集团有限公司、日照阳光热电有限公司、华能国际电力股份有限公司日照电厂、山东日照发电有限公司、莒县丰源热电有限公司、日照华泰纸业有限公司、日照新源热力有限公司、莒南裕源热电有限公司、莒南力源热电有限公司、华能临沂发电有限公司、山东阳煤恒通化工股份有限公司、临沂恒昌热电有限责任公司、临沂华龙热电有限公司、山东易达热电科技有限公司、沂水大地玉米开发有限公司、山东昆达生物科技有限公司、青援食品有限公司、沂水县热电有限责任公司、山东中创热力有限公司、诺贝丰(中国)农业有限公司、金沂蒙集团有限公司、临沭县供热服务有限公司、临沂市恒源热力集团有限公司、临沂新程金锣肉制品集团有限公司、临沂富源热电有限公司、国家能源费县发电有限公司、临沂市阳光热力有限公司、德州华北纸业有限公司、德州实华化工有限公司、山东中茂圣源实业有限公司、谷神生物科技集团有限公司、山东省禹城市新园热电有限公司、山东光大电力集团公司热电厂、乐陵市乐源热电有限公司、山东江河纸业有限责任公司、临邑恒利热电有限责任公司、阳煤平原化工有限公司、平原县王杲铺热电有限公司、德州利源纸业有限公司、山东省武城县热电有限公司、夏津县热电有限公司、庆云隆盛热电有限公司、德州凯元热电有限责任公司、华能国际电力股份有限公司德州电厂、山东华鲁恒升化工股份有限公司、冠县新瑞木叶有限公司、冠县恒润热电有限公司、东阿华通热电有限公司、大唐临清热电有限公司、临清市祥源热电有限公司、临清运河热电有限责任公司、山东省莘县森源实业有限公司、阳谷森泉热电有限公司、山东高唐热电厂、山东时风(集团)有限责任公司、山东泉林集团热电有限公司、茌平信发华宇氧化铝有限公司、聊城信源集团有限公司、茌平齐鲁供热有限公司、

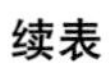
续表

序号	省(区、市)	单位名称
1441~1509	山东	山东中华发电有限公司聊城发电厂、国家能源聊城发电有限公司、鲁西化工集团股份有限公司动力分公司、聊城蓝天热电有限公司、华能聊城热电有限公司、滨州市北海信和新材料有限公司、滨州市沾化区汇宏新材料有限公司、邹平县汇能热电有限公司、山东滨北新材料有限公司、无棣博海热力有限公司、滨州金安热电有限公司、山东滨州滨北热电有限公司、山东滨化热力有限责任公司、滨州东力热电有限公司、山东明达热电有限公司、山东京博控股集团有限公司恒丰分公司、山东盛和热能有限公司、山东香驰热动有限公司、华能沾化热电有限公司、无棣县新星热电有限责任公司、无棣众诚供热有限公司、大唐鲁北发电有限责任公司、滨州高新铝电股份有限公司、邹平顶峰热电有限公司、大唐滨州发电有限公司、邹平县宏利热电有限公司、邹平县宏旭热电有限公司、邹平县宏创热电有限公司、黄河三角洲(滨州)热力有限公司、邹平昌桥供热有限公司、邹平县电力集团有限公司、邹平汇泽实业有限公司、金盛海洋科技有限公司、成武金安热电有限公司、山东东明石化集团有限公司、山东大泽化工有限公司、单县华能生物发电有限公司、菏泽民生热力有限公司、华润电力(菏泽)有限公司、山东菏泽发电厂、国家能源菏泽发电有限公司、山东中华发电有限公司菏泽发电厂、山东恒顺供热有限公司、山东恒力供热有限公司、山东开泰石化股份有限公司、日照市凌云海糖业集团有限公司、山东煦国能源有限责任公司、荣成昊阳热电有限责任公司、临朐县西城热电有限公司、中化弘润石油化工有限公司、山东鲁洲集团沂水化工有限公司、费县上源热电有限责任公司、蒙阴德信鑫源热电有限公司、招远市正焱热力有限公司、龙口市丛林热电有限公司、华能山东发电有限公司八角发电厂、烟台恒邦化工有限公司、济宁市雪兖热电有限公司、山东炜烨热电有限公司、滨州绿动热电有限公司、滨州绿丰热电有限公司、滨州绿能热电有限公司、滨州绿通热电有限公司、山东兴达新能源有限公司、山东万达热电有限公司、山东华能聊城热电有限公司、山东玉皇化工有限公司、兖煤菏泽能化有限公司、郓城金河热电有限责任公司
1510~1537	河南	华润电力登封有限公司、郑州荣奇热电能源有限公司、郑州俱进热电能源有限公司、郑州市郑东新区热电有限公司、国家电投集团郑州燃气发电有限公司、中铝矿业有限公司、郑州裕中能源有限责任公司、国电荥阳煤电一体化有限公司、河南中孚电力有限公司、国家电投集团河南电力有限公司开封发电分公司、大唐洛阳首阳山发电有限责任公司、大唐洛阳热电有限责任公司、洛阳双源热电有限责任公司、神华国华孟津发电有限责任公司、河南华润电力首阳山有限公司、华能洛阳热电有限责任公司、洛阳龙羽宜电有限公司、万基控股集团有限公司、洛阳万基发电有限公司、洛阳香江万基铝业有限公司、河南龙泉金亨电力有限公司、洛阳伊川龙泉坑口自备发电有限公司、洛阳万众吉利热电有限公司、洛阳骏化生物科技有限公司、平顶山姚孟发电有限责任公司、国家电投集团河南电力有限公司平顶山发电分公司、国家电投集团平顶山热电有限公司、河南神马尼龙化工有限责任公司、

续表

序号	省(区、市)	单位名称
1538~1629	河南	平顶山市东南热能有限责任公司、中国平煤神马集团联合盐化有限公司、平顶山市瑞平煤电有限公司德平热电厂、中国平煤神马集团尼龙科技有限公司、安阳化学工业集团有限责任公司、大唐林州热电有限责任公司、大唐安阳电力有限责任公司、大唐安阳发电有限责任公司、林州市鑫隆钢铁有限公司、河南飞天农业开发股份有限公司、鹤壁煤电股份有限公司热电厂、鹤壁鹤淇发电有限责任公司、鹤壁丰鹤发电有限责任公司、鹤壁煤电股份有限公司化工分公司、鹤壁市宝马化肥厂、卫辉市豫北化工有限公司、河南省天邦科技有限公司、新乡县鸿翔纸业有限公司、河南兴泰纸业有限公司、新乡县恒新热力有限公司、新乡新亚纸业集团股份有限公司、华电渠东发电有限公司、国电投新乡豫新发电有限责任公司、华电新乡发电有限公司、河南孟电集团热力有限公司、新乡化纤股份有限公司、新乡市亨利热力有限公司、新乡中益发电有限公司、国家能源集团焦作电厂有限公司、焦作金冠嘉华电力有限公司、华润电力焦作有限公司、焦作韩电发电有限公司、焦作煤业(集团)冯营电力有限责任公司、河南省武陟县广源纸业有限公司、河南江河纸业股份有限公司、武陟县三丰热电有限公司、风神轮胎股份有限公司、中铝中州铝业有限公司、焦作万方铝业股份有限公司、河南晋煤天庆煤化工有限责任公司、许昌龙岗发电有限责任公司、禹州市第一火力发电厂有限责任公司、许昌市天源热能股份有限公司、长葛市恒达热力有限责任公司、许昌东方热力有限公司、许昌天健热电有限公司、许昌宏伟热力有限责任公司、津药瑞达(许昌)生物科技有限公司、河南能信热电有限公司、华电漯河发电有限公司、河南银鸽实业投资股份有限公司、漯河天冠生物化工有限公司、临颍县盛宏热力有限公司、河南金大地化工有限责任公司、中盐舞阳盐化有限公司、漯河新盛热力有限公司、大唐三门峡电力有限责任公司、大唐三门峡发电有限责任公司、三门峡华阳发电有限责任公司、义马煤业集团股份有限公司热电分公司、东方希望(三门峡)铝业有限公司、三门峡义翔铝业有限公司、华能渑池热电有限责任公司、义马环保电力有限公司、三门峡万象实业有限公司、开曼(陕县)能源综合利用有限公司、河南开祥精细化工有限公司、南阳鸭河口发电有限责任公司、南阳天益发电有限责任公司、河南天冠燃料乙醇有限公司、国电投南阳热电有限责任公司、河南中源化学股份有限公司、河南仙鹤特种浆纸有限公司、桐柏海晶碱业有限责任公司、国电民权发电有限公司、中电(商丘)热电有限公司、河南神火发电有限公司、商丘裕东发电有限责任公司、河南龙宇煤化工有限公司、大唐信阳发电有限责任公司、大唐信阳华豫发电有限责任公司、河南华润电力古城有限公司、驻马店市白云纸业有限公司、华能河南中原燃气发电有限公司、中国平煤神马集团蓝天化工股份有限公司遂平化工厂、国电驻马店热电有限公司、国电豫源发电有限责任公司、华能沁北发电有限责任公司、河南豫光锌业有限公司、国电濮阳热电有限公司、濮阳豫能发电有限责任公司、周口隆达发电有限公司

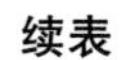

续表

序号	省(区、市)	单位名称
1630~1675	湖北	湖北华电武昌热电有限公司、国电长源第一发电有限责任公司、国电青山热电有限公司、华能武汉发电有限责任公司、武汉汉能电力发展有限公司、国电长源汉川第一发电有限公司、国电汉川发电有限公司、湖北能源集团鄂州发电有限公司、湖北西塞山发电有限公司、华润电力湖北有限公司、湖北华电襄阳发电有限公司、黄冈大别山发电有限责任公司、湖北能源东湖燃机热电有限公司、武汉晨鸣乾能热电有限责任公司、华能应城热电有限责任公司、汉川市福星热电有限公司、华电湖北发电有限公司黄石热电分公司、嘉鱼县嘉能热电有限责任公司、襄阳安能热电有限公司、东风(襄阳)能源开发有限公司、中国石化集团资产经营管理有限公司宜昌分公司、宜昌宜化太平洋热电有限公司、国电长源荆州热电有限公司、中国石化集团资产经营管理有限公司荆门公司、国电长源荆门发电有限公司、华能荆门热电有限责任公司、京能东风(十堰)能源发展有限公司、华润电力(宜昌)有限公司、宜昌东阳光火力发电有限公司、武汉汉口绿色能源有限公司、中韩(武汉)石油化工有限公司、武汉金凤凰纸业有限公司、湖北三宁化工股份有限公司、湖北兴瑞硅材料有限公司、湖北山水化工有限公司、金红叶纸业(湖北)有限公司、博拉经纬纤维有限公司、湖北金环新材料科技有限公司、襄阳龙蟒钛业有限公司、赤壁晨力纸业有限公司、潜江市正豪华盛铝电有限公司、安道麦股份有限公司、楚源高新科技集团股份有限公司、湖北省宏源药业科技股份有限公司、金凤凰纸业(孝感)有限公司、武汉钢电股份有限公司
1676~1710	湖南	大唐华银电力股份有限公司耒阳分公司、韶能集团耒阳电力实业有限公司耒杨发电厂、湖南省湘衡盐化有限责任公司、湖南衡阳新澧化工有限公司、湖南裕华科技集团股份有限公司、建滔(衡阳)实业有服公司、湖南省白沙电力有限公司、湖南华电常德发电有限公司、长安石门发电有限公司、大唐石门发电有限责任公司、湖南省湘澧盐化有限责任公司、广东溢多利生物科技股份有限公司常德分公司、常德中联环保电力有限公司、湖南新澧化工有限公司、华润电力湖南有限公司、湖南华润电力鲤鱼江有限公司、资兴煤矸石发电有限责任公司、湖南省湘维有限公司、大唐华银电力股份有限公司金竹山火力发电分公司、华润电力(涟源)有限公司、国电湖南宝庆煤电有限公司、张家界市桑梓综合利用发电厂有限责任公司、大唐华银攸县能源有限公司、大唐华银株洲发电有限公司、湖南华电长沙发电有限公司、长沙天宁热电有限公司、浏阳市宏宇热电有限公司、中国石化集团资产经营管理有限公司巴陵石化分公司、岳阳丰利纸业有限公司、华能湖南岳阳发电有限责任公司、中国石油化工股份有限公司长岭分公司、岳阳林纸股份有限公司岳阳分公司、大唐湘潭发电有限责任公司、湘潭电化集团有限公司、长安益阳发电有限公司

续表

序号	省(区、市)	单位名称
1711~1795	广东	广东粤华发电有限责任公司、广州东方电力有限公司、广州珠江电力有限公司、广州珠江天然气发电有限公司、广州大学城华电新能源有限公司、广州恒运企业集团股份有限公司、广州华润热电有限公司、广州中电荔新电力实业有限公司、广州协鑫蓝天燃气热电有限公司、广州发展鳌头分布式能源站投资管理有限公司、深圳妈湾电力有限公司、深圳能源集团股份有限公司东部电厂、深圳市广前电力有限公司、深圳南天电力有限公司、深圳南山热电股份有限公司、中海油深圳电力有限公司、深圳钰湖电力有限公司、深圳大唐宝昌燃气发电有限公司、珠海经济特区广珠发电有限责任公司、中海油珠海天然气发电有限公司、珠海深能洪湾电力有限公司、广东珠海金湾发电有限公司、中电投珠海横琴热电有限公司、华能国际电力股份有限公司海门电厂、华能国际电力股份有限公司汕头电厂、汕头经济特区万丰热电有限公司、佛山恒益发电有限公司、佛山市福能发电有限公司、佛山市顺德五沙热电有限公司、南海发电一厂有限公司、南海长海发电有限公司、佛山市南海京能发电有限公司、广东省韶关粤江发电有限责任公司、仁化县华粤煤矸石电力有限公司、韶关市坪石发电厂有限公司(B厂)、韶关市粤华电力有限公司、湛江电力有限公司、湛江中粤能源有限公司、遂溪县吉城电力有限公司、国电肇庆热电有限公司、新会双水发电(B厂)有限公司、新会粤新热电联供有限公司、广东国华粤电台山发电有限公司、茂名臻能热电有限公司、中国石化集团茂名石油化工有限公司、广东惠州平海发电厂有限公司、广东惠州天然气发电有限公司、惠州深能源丰达电力有限公司、中国神华能源股份有限公司国华惠州热电分公司、广东宝丽华电力有限公司、广东粤电大埔发电有限公司、广东红海湾发电有限公司、华润电力(海丰)有限公司、深能合和电力(河源)有限公司、阳西海滨电力发展有限公司、东莞虎门电厂、东莞深能源樟洋电力有限公司、东莞通明电力有限公司、广东电力发展股份有限公司沙角A电厂、广东广合电力有限公司、深南电(东莞)唯美电力有限公司、深圳市广深沙角B电力有限公司、东莞市三联热电有限公司、东莞中电新能源热电有限公司、东莞中电第二热电有限公司、深南电(中山)电力有限公司、中山嘉明电力有限公司、中山市永安电力有限公司、中山粤海能源有限公司、广东大唐国际潮州发电有限责任公司、广东粤电靖海发电有限公司、广东省粤泷发电有限责任公司、广东粤电云河发电有限公司、云浮发电厂(B厂)有限公司、广州双桥股份有限公司、广州锦兴纺织漂染有限公司、互太(番禺)纺织印染有限公司、广州越威纸业有限公司、佛山市佳利达环保科技股份有限公司、佛山市顺德金纺集团有限公司、广东肇庆星湖生物科技股份有限公司、东莞德永佳纺织制衣有限公司、东莞沙田丽海纺织印染有限公司、民森(中山)纺织印染有限公司、中山国泰染整有限公司

续表

序号	省(区、市)	单位名称
1796～1840	广西	国电南宁发电有限责任公司、华电南宁新能源有限公司、横县东糖糖业有限公司纸业分公司、广西永凯糖纸有限责任公司、广西永凯大桥纸业有限责任公司、神华国华广投(柳州)发电有限责任公司、安琪酵母(柳州)有限公司、柳州两面针纸业有限公司、国电永福发电有限公司、华能桂林燃气分布式能源有限责任公司、广西投资集团北海发电有限公司、广西渤海农业发展有限公司、斯道拉恩索(广西)浆纸有限公司、广西中粮生物质能源有限公司、中电广西防城港电力有限公司、防城港宏源浆纸有限公司、广西糖业集团防城精制糖有限公司、广西糖业集团昌菱制糖有限公司、国投钦州发电有限公司、广西金桂浆纸业有限公司、中国华电集团贵港发电有限公司、广西金源生物化工实业有限公司、广西粤桂广业控股股份有限公司、百色百矿发电有限公司、广西百色银海发电有限公司、百色百矿发电有限公司田东电厂、靖西湘潭电化科技有限公司、中国铝业股份有限公司广西分公司、广西华银铝业有限公司、田阳南华纸业有限公司、广西田东锦盛化工有限公司、广西信发铝电有限公司、华润电力(贺州)有限公司、广西博冠环保制品有限公司、广西皖维生物质科技有限公司、广西广投能源有限公司来宾电厂、广西投资集团来宾发电有限公司、大唐桂冠合山发电有限公司、广西联壮科技股份有限公司、广西农垦集团天成纸业有限公司、广西湘桂华糖制糖集团来宾纸业有限责任公司、广西来宾东糖纸业有限公司、广西下田锰矿有限责任公司、龙州南华纸业有限公司、广西华磊新材料有限公司
1841～1847	海南	华能海南发电股份有限公司海口电厂、华能海南发电股份有限公司南山电厂、华能海南发电股份有限公司东方电厂、中海海南发电有限公司、国电乐东发电有限公司、海南蓄能发电有限公司文昌分公司、海南金海浆纸业有限公司
1848～1878	重庆	攀钢集团重庆钛业有限公司、东方希望重庆水泥有限公司、华电国际电力股份有限公司奉节发电厂、重庆华峰化工有限公司、重庆中机龙桥热电有限公司、重庆白涛化工园区能通建设开发有限责任公司、国家电投集团重庆合川发电有限公司、重庆合川盐化工业有限公司、华能重庆珞璜发电有限责任公司、玖龙纸业(重庆)有限公司、国家电投集团重庆白鹤电力有限公司、华能重庆两江燃机发电有限责任公司、重庆市南川区先锋氧化铝有限公司、重庆市南川区水江氧化铝有限公司、重庆旗能电铝有限公司、重庆松藻电力有限公司、重庆市建新发电有限责任公司、重庆大唐国际石柱发电有限责任公司、双钱集团(重庆)轮胎有限公司、国电重庆恒泰发电有限公司、神华神东电力重庆万州港电有限责任公司、重庆索特盐化股份有限公司、重庆理文造纸有限公司、重庆松溉发电有限公司、云阳盐化有限公司、威立雅长扬热能(重庆)有限责任公司、中国石化集团重庆川维化工有限公司、重庆化医恩力吉投资有限责任公司、重庆千信能源环保有限公司、重庆永荣矿业有限公司、重庆市蓬威石化有限责任公司

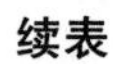

续表

序号	省（区、市）	单位名称
1879~1929	四川	国电成都金堂发电有限公司、威立雅三瓦窑热电（成都）有限公司、四川联合新澧化工有限公司、中国石油四川石化有限责任公司、四川久大制盐有限责任公司、攀钢集团有限公司、四川泸州川南发电有限责任公司、四川银鸽竹浆纸业有限公司、四川新火炬化工责任有限公司、四川金田纸业有限公司、四川华侨凤凰纸业有限公司、龙佰四川钛业有限公司、神华四川能源有限公司江油发电厂、四川巴蜀江油燃煤发电有限公司、四川环龙生活用品有限公司、四川广旺能源发展（集团）有限责任公司电力分公司、四川久大蓬莱盐化有限公司、遂宁金红叶纸业有限公司、华电四川发电有限公司内江发电厂、四川白马循环流化床示范电站有限责任公司、玖龙纸业（乐山）有限公司、乐山和邦农业科技有限公司、乐山市五通桥恒源纸业再生利用有限公司、四川和邦生物科技股份有限公司、四川省犍为凤生纸业有限责任公司、四川省乐山市福华通达农药科技有限公司、四川永丰纸业股份有限公司、犍为大同盐化有限责任公司、四川省犍为盐化有限公司、犍为三环纸业有限责任公司、四川意龙科纺集团有限公司、中机国能（南充）热电有限公司、四川华电珙县发电有限公司、四川中电福溪电力开发有限公司、四川普什醋酸纤维素有限责任公司、四川省宜宾惠美线业有限责任公司、宜宾海丰和锐有限公司、宜宾纸业股份有限公司、四川广安发电有限责任公司、四川华蓥山广能集团四方电力有限责任公司、国电达州发电有限公司、国电深能四川华蓥山发电有限公司、四川川投燃气发电有限责任公司、青神华力塔基热电有限公司、丹棱万平纸业有限公司、四川环龙新材料有限公司、成都世纪新能源有限公司、四川能投新都分布式能源有限公司、四川自贡驰宇盐品有限公司、四川达竹煤电（集团）有限责任公司渡市选煤发电厂、四川达竹煤电（集团）有限责任公司石板选煤发电厂
1930~1963	贵州	贵州开阳化工有限公司、贵州华电塘寨发电有限公司、贵州广铝氧化铝有限公司、贵州华锦铝业有限公司、贵州赤天化纸业股份有限公司、贵州鸭溪发电有限公司、贵州华电桐梓发电有限公司、贵州省习水鼎泰能源开发有限责任公司、贵州西电电力股份有限公司习水发电厂、遵义铝业股份有限公司、大唐贵州发耳发电有限公司、贵州粤黔电力有限责任公司、贵州盘江电投发电有限公司、国投盘江发电有限公司、华润电力（六枝）有限公司、贵州盘江精煤股份有限公司火铺矸石发电厂、国电安顺发电有限公司、国电安顺第二发电有限公司、贵州华电毕节热电有限公司、贵州大方发电有限公司、贵州黔西中水发电有限公司、贵州西电电力股份有限公司黔北发电厂、贵州金元茶园发电有限责任公司、国家电投集团贵州金元股份有限公司纳雍发电总厂、国能织金发电有限公司、福能（贵州）发电有限公司、贵州乌江水电开发有限责任公司大龙分公司、贵州黔东电力有限公司、贵州其亚铝业有限公司、贵州天福化工有限责任公司、国电都匀发电有限公司、贵州宜化化工有限责任公司、兴义市上乘发电有限公司、贵州兴义电力发展有限公司

续表

序号	省(区、市)	单位名称
1964~1991	云南	国电阳宗海发电有限公司、云南华电昆明发电有限公司、昆明三峰再生能源发电有限公司、云南绿色能源有限公司、昆明鑫兴泽环境资源产业有限公司、昆明中电环保电力有限公司、云南南磷集团电化有限公司、云南先峰化工有限公司、云南省盐业有限公司、中化云龙有限公司、昆明神农汇丰化肥有限责任公司、云南华电镇雄发电有限公司、云南能投威信能源有限公司、国电宣威发电有限责任公司、华能云南滇东能源有限责任公司、东源曲靖能源有限公司、云南滇东雨汪能源有限公司、云南滇能陆良协联热电有限公司、云南宣威磷电有限责任公司、云南大为制焦有限公司、云南金汉光纸业有限公司、云南新平南恩糖纸有限责任公司、云南华电巡检司发电有限公司、云南大唐国际红河发电有限责任公司、国电开远发电有限公司、云南文山铝业有限公司、云南云景林纸股份有限公司、临沧南华纸业有限公司
1992~2055	陕西	大唐陕西发电有限公司西安热电厂、榆能榆神热电有限公司、神华神东电力有限责任公司郭家湾电厂、陕西能源赵石畔煤电有限公司、陕西德源府谷能源有限公司、陕西清水川能源股份有限公司、陕西华电发电有限责任公司、陕西华电蒲城发电有限责任公司、大唐陕西发电有限公司延安热电厂、陕西华电榆横煤电有限责任公司榆横发电厂、陕西延长石油榆林凯越煤化有限责任公司、西安热电有限责任公司、大唐陕西发电有限公司渭河热电厂、大唐韩城第二发电有限责任公司、国电宝鸡发电有限责任公司、大唐彬长发电有限责任公司、国家能源集团陕西富平热电有限公司、中煤陕西榆林能源化工有限公司、西安国维淀粉有限责任公司、陕西华电瑶池发电有限公司、陕西美鑫产业投资有限公司、大唐略阳发电有限责任公司、陕西商洛发电有限公司、陕西榆林能源集团横山煤电有限公司、陕西华电杨凌热电有限公司、陕西渭河发电有限公司、陕西金泰氯碱化工有限公司、陕西延长石油榆林煤化有限公司、府谷县昊田煤电冶化有限公司、陕西新元洁能有限公司、陕西国华锦界能源有限责任公司、神华神东电力有限责任公司店塔电厂、国家能源集团陕西神木发电有限责任公司、陕西亚华煤电集团锦界热电有限公司、大唐陕西发电有限公司灞桥热电厂、大唐宝鸡热电厂、陕西宝鸡第二发电有限责任公司、华能陕西秦岭发电有限责任公司、华能铜川照金煤电有限公司、陕西神木化学工业有限公司、陕西润中清洁能源有限公司、陕西北元化工集团股份有限公司、陕西有色榆林新材料有限责任公司、陕西延长中煤榆林能源化工有限公司、陕西煤业化工集团神木电化发展有限公司、神华神东电力有限责任公司大柳塔热电厂、陕西群生发电有限公司、陕西陕北乾元能源化工有限公司、榆林经济开发区汇通热电有限公司、榆能集团佳县盐化有限公司、陕西省府谷县东山发电厂、陕西能源麟北发电有限公司、中盐榆林盐化有限公司、扶风县祥云热力有限公司、陕西陕煤澄合矿业有限责任公司电力分公司、陕西新元发电有限公司、陕西陕煤蒲白矿业有限公司热电公司、陕西银河榆林发电有限公司、府谷县金利源综合利用发电有限责任公司、府谷县黄河集团龙华发电有限责任公司、神木市龙华阳光发电有限责任公司、宝鸡阜丰生物科技有限公司、陕西黑猫焦化股份有限公司、黄陵矿业煤矸石发电有限公司

续表

序号	省(区、市)	单位名称
2056~2074	甘肃	大唐甘肃发电有限公司景泰发电厂、大唐甘肃发电有限公司西固热电厂、兰州西固热电有限责任公司、甘肃电投金昌发电有限责任公司、甘肃电投武威热电有限责任公司、甘肃电投张掖发电有限责任公司、国家能源集团甘肃电力有限公司兰州范坪热电厂、国家能源集团兰州热电有限责任公司、国电电力酒泉发电有限公司、国电靖远发电有限公司、中电建甘肃能源崇信发电有限责任公司、中电建甘肃能源华亭发电有限责任公司、华能平凉发电有限责任公司、靖煤集团白银热电有限公司、靖远第二发电有限公司、嘉峪关宏晟电热有限责任公司、金川集团热电有限公司、兰州铝业有限公司、甘肃窑街劣质煤热电有限责任公司
2075~2086	青海	青海华电大通发电有限公司、青海宁北发电有限责任公司、华能西宁热电有限责任公司、青海宁北发电有限责任公司唐湖分公司、青海黄河上游水电开发有限责任公司西宁发电分公司、青海发投碱业有限公司、中盐青海昆仑碱业有限公司、青海盐湖工业股份有限公司、青海五彩碱业有限公司、青海盐湖镁业有限公司、青海恒信融锂业科技有限公司、青海宜化化工有限责任公司
2087~2121	宁夏	宁夏启元药业有限公司、宁夏电投西夏热电有限公司、中铝宁夏能源集团有限公司、宁夏伊品生物科技股份有限公司、国家能源集团宁夏煤业有限责任公司、华电宁夏灵武发电有限公司、宁夏国华宁东发电有限公司、神华国华宁东发电有限责任公司、国家电投集团宁夏能源铝业有限公司临河发电分公司、宁夏银星发电有限责任公司、宁夏东部热电股份有限公司、宁夏泰益欣生物科技有限公司、国电石嘴山第一发电有限公司、国电宁夏石嘴山发电有限责任公司、国电大武口热电有限公司、宁夏英力特化工股份有限公司、宁夏天瑞热能制供有限公司、宁夏日盛高新产业股份有限公司、华能宁夏大坝发电有限责任公司、宁夏金昱元能源化学有限公司、宁夏可可美生物工程有限公司、宁夏大唐国际大坝发电有限责任公司、青铜峡铝业发电有限责任公司、申能吴忠热电有限责任公司、宁夏中宁发电有限责任公司、中冶美利云产业投资股份有限公司、国家电投集团宁夏能源铝业中卫热电有限公司、宁夏天元发电有限公司、宁夏兴昊永胜盐业科技有限公司、神华国能宁夏煤电有限公司、宁夏宝丰能源集团股份有限公司、中国石化长城能源化工(宁夏)有限公司、宁夏京能宁东发电有限责任公司、宁夏和宁化学有限公司、宁夏枣泉发电有限责任公司

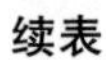

续表

序号	省(区、市)	单位名称
2122~2197	新疆	国投伊犁能源开发有限公司、新疆苏源生物工程有限公司、伊犁川宁生物技术有限公司、中粮屯河伊犁新宁糖业有限公司、新疆庆华能源集团有限公司、中粮屯河新源糖业有限公司、新疆四方实业股份有限公司、安琪酵母(伊犁)有限公司、伊犁新天煤化工有限责任公司、新疆众和股份有限公司、国电新疆红雁池发电有限公司、华电新疆发电有限公司红雁池分公司、华电新疆发电有限公司乌鲁木齐分公司、北京国电电力有限公司新疆米东热电厂、神华新疆化工有限公司、新特能源股份有限公司、新疆阜丰生物科技有限公司、新疆华泰重化工有限责任公司、中国石油天然气股份有限公司乌鲁木齐石化分公司、新疆天龙矿业股份有限公司、新疆其亚铝电有限公司、神华神东电力新疆准东五彩湾发电有限公司、大唐呼图壁能源开发有限公司热电厂、国网能源阜康发电有限公司、华能新疆阜康热电有限责任公司、新疆玛纳斯发电有限责任公司、新疆雅澳科技有限责任公司、新疆天电奇台能源有限责任公司、华电新疆发电有限公司昌吉分公司、特变电工股份有限公司能源动力分公司、玛纳斯县舜达化纤有限责任公司、新疆恒联能源有限公司、新疆昌吉特变能源有限责任公司、新疆国信煤电能源有限公司、新疆蓝山屯河能源有限公司、新疆宜化化工有限公司、新疆中泰化学阜康能源有限公司、新疆中泰矿冶有限公司、新疆神火煤电有限公司、新疆东方希望有色金属有限公司、新疆嘉润资源控股有限公司、新疆国泰新华化工有限责任公司、国电克拉玛依发电有限公司、中国石油天然气股份有限公司独山子石化分公司、新疆天泰纤维有限公司、国家电投集团新疆能源化工有限责任公司乌苏热电分公司、国网能源和丰煤电有限公司、中粮屯和股份有限公司额敏糖业分公司、中粮屯河博州糖业有限公司、新疆博圣酒业酿造有限责任公司、新疆圣雄能源股份有限公司(热电厂)、新疆中泰化学托克逊能化有限公司热电厂、国网能源哈密煤电有限公司(大南湖电厂)、国网能源哈密煤电有限公司、中煤哈密发电有限公司、新疆华电哈密热电有限责任公司、国电哈密煤电开发有限公司、新疆广汇新能源有限公司、徐矿集团新疆阿克苏热电有限公司、国电库车发电有限公司、新疆恒丰糖业有限公司、浙能阿克苏热电有限公司、华能新疆能源开发有限公司轮台热电分公司、若羌玖圣供热有限公司、新疆泰昌实业有限责任公司、新疆中泰纺织集团有限公司、中粮屯河股份有限公司焉耆糖业分公司、国电库尔勒发电有限公司、国投新疆罗布泊钾盐有限公司责任公司、新疆美克化工股份有限公司、新疆华电喀什热电有限责任公司、华威和田发电有限公司、国能巴楚生物发电有限公司、新疆准东特变能源有限责任公司、中煤能源新疆煤电化有限公司、大唐吉木萨尔五彩湾北一发有限公司
2198~2209	新疆生产建设兵团	阿拉尔盛源热电有限责任公司、新疆金川热电有限责任公司、图木舒克热电有限责任公司、新疆绿华糖业有限责任公司、新疆伊力特实业股份有限公司、霍尔果斯南岗热电有限责任公司、伊宁县南岗热电有限责任公司、伊犁新岗热电能源有限责任公司、新疆楚星能源发展有限公司、新疆新业能源化工有限责任公司、新疆梅花氨基酸有限责任公司、新疆农六师煤电有限公司、

续表

序号	省(区、市)	单位名称
2210~2225	新疆生产建设兵团	奎屯锦疆热电有限公司、新疆华仪锦龙热电有限公司、新疆锦龙电力集团有限公司奎屯热电分公司、奎屯锦疆化工有限公司、天辰化工有限公司、天能化工有限公司、天伟化工有限公司、新疆生产建设兵团第八师天山铝业股份有限公司、新疆西部天富合盛热电有限公司、新疆天富能源售电有限公司、石河子市国能能源投资有限公司、新疆天富能源股份有限公司、新疆绿翔糖业有限责任公司、新疆屯富热电有限责任公司、新疆生产建设兵团红星发电有限公司、阿拉尔市中泰纺织科技有限公司

资料来源：中华人民共和国生态环境部。

B.15

附录3　各国碳市场机制

碳市场名称		创立时间	交易对象	参与主体	交易量（亿美元）	交易价格（2021年每吨二氧化碳当量的平均美元价格）	特点
英国排放交易体系(UK-ETS)		2002年	配额及其衍生品	电力、工业及国内航空行业企业	59（自2021年以来）	平均拍卖价格:70.72	世界上最早的碳排放权交易市场;具有配额和信用额度交易两种运作模式;欧盟碳市场建成后与其合并,受英国脱欧影响,2021年1月重新启动
欧盟排放交易体系(EU-ETS)		2005年	配额及其衍生品	电力、工业及国内航空行业企业	1175.5（自2013年以来）	平均拍卖价格:62.61 平均二级市场价格:64.77	世界上最大的温室气体排放交易体系,交易额占国际交易总量3/4以上,建立后成为全球碳市场发展的引擎,是其他国家及地区借鉴的主要对象
北美碳市场	区域温室气体倡议(RGGI)	2009年	配额及其衍生品	电力行业企业	47（自建立以来）	平均拍卖价格:10.59	美国第一个强制性温室气体排放交易机制,于2009年在纽约州、新泽西州等十个州运行;配额初始配额发放以拍卖为主,每季度举行一次拍卖;主要针对电力行业

续表

碳市场名称		创立时间	交易对象	参与主体	交易量（亿美元）	交易价格（2021年每吨二氧化碳当量的平均美元价格）	特点
北美碳市场	加利福尼亚州碳市场	2012年	配额及其衍生品	电力及工业行业企业与建筑、交通行业上游企业	182.3（自建立以来）	平均拍卖价格:22.43	涵盖加州州约74%的温室气体排放源，由加州空气委员会进行管理，采用免费分配和配额拍卖相结合的方式进行配额分配
新西兰碳排放交易制度（NZ-ETS）		2008年	配额及其衍生品	电力、工业、废弃物及林业行业企业与建筑、交通、国内航空行业上游企业	21.4（自项目开始以来）	平均拍卖价格:36.04 平均二级市场价格:34.95	最初以林业为试点，后来化石燃料业、能源业、加工业等行业陆续进入交易体系，现已成长为涉及多行业的碳排放市场。交易市场的规模虽不大，但仍然建立了完善的交易制度
韩国碳排放交易制度（K-ETS）		2015年	配额及其衍生品	电力、工业、国内航空、废弃物、建筑、林业行业企业	6.675（自项目开始以来）	平均拍卖价格:23.06 平均二级市场价格:17.23	基于配额的交易制度，由政府主导实施，立法层次清晰，对二级市场监管规定充分、法律责任界定健全，目前主要涵盖电力行业

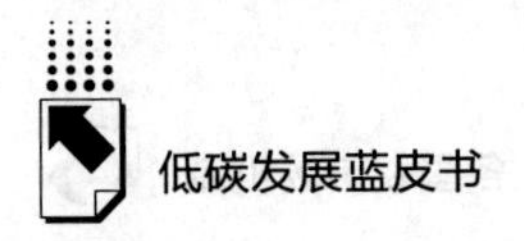

参考文献

[1] ICAP, "Emissions Trading Worldwide: Status Report," 2022.

[2] 张妍、李玥：《国际碳排放权交易体系研究及对中国的启示》，《生态经济》2018年第2期。

[3] ICAP, PMR, GIZ, "Emissions Trading in Practice: A Handbook on Design and Implementation," 2022.

[4] 张忠利：《韩国碳排放交易法律及其对我国的启示》，《东北亚论坛》2016年第5期。

[5] 陈洁民：《新西兰碳排放交易体系的特点及启示》，《经济纵横》2013年第1期。

Abstract

China Carbon Emission Trading Market Blue Book (2021-2022) is a series of research reports on China's carbon emission trading market edited by the International School of Low-carbon Studies, Shandong University of Finance and Economics. Based on the status quo of global climate governance and the background of China's "3060" pledge, this report systematically reviews the current situation, problems and trends in the development of China's carbon emission trading market (hereinafter referred to as "ETS market"). It provides a theoretical basis and practical reference to promote the improvement of China's ETS environment, the optimization of ETS mechanism and the enhancement of related policies, and to vigorously promote the transformation of China's green low-carbon economy and achieve the "3060" target on time. This book consists of a general report and five thematic parts, with 13 reports in total.

Due to its high flexibility and low emission reduction cost, ETS has been adopted by more and more countries and regions as the main carbon pricing mechanism. There are 33 ETS markets currently in operation around the world and these markets have formed a global market hierarchy of "one supranational, eight national, 18 provincial or state-level, and six city-level". By the beginning of 2022, the global active carbon trading market accounts for 55% of global GDP and 17% of greenhouse gas emissions. Against the backdrop of the growing climate crisis, China has been exploring the path of greenhouse gas emission reduction and appropriate ETS market design. The development of ETS market in China has gone through three major phases: the CDM project implementation phase started in 2005; the carbon trading pilot market construction and operation phase launched in 2011; and the national carbon market construction and operation phase initiated in 2014 and officially launched on July 16, 2021. At present, China's ETS is developing in parallel with the regional pilot markets and the national one. China has been strengthening the role of market mechanisms in greenhouse gas emission reduction, not only to effectively limit carbon emissions, but also to effectively promote green and low-carbon technology innovation and investment. The official launch of the national ETS symbolizes that China has become the world's largest carbon market, with its first compliance period covering 2225 power generation enterprises and over 4 billion tons of CO2 emissions, despite the fact that only the power sector is covered. By the end of the first compliance period in December 2021, the cumulative turnover of the national ETS reached 51. 377 million tons, with an average daily turnover of 547000 tons; the cumulative turnover reached 2. 20 billion yuan, with an average daily turnover of 23. 364 million yuan. Currently, the national ETS is running smoothly overall, and as of August 31, 2022, the cumulative turnover of carbon emission allowances reached 195 million tons, with a cumulative turnover of 8. 559 billion yuan.

The effective operation of the national ETS of China is of great significance to the domestic economy's quality and efficiency improvement and green low-carbon transformation development. Through a systematic review of ETS pilot markets and the national ETS, the report concludes that: the development of ETS pilot market has provided valuable practical experience accumulation for the launch and orderly development of the national ETS, and will continue to make exploratory promotion in the fields of institutional innovation and financial innovation. From the situation of the first and second compliance periods, the characteristics of the national ETS are mainly as follows: (1) Policy-orientation and compliance-orientation are the typical features of this market, the spot market is the main market, the power industry enterprises are the only participants, the listed agreement transaction and the bulk agreement transaction are the main trading forms, among which the bulk transaction is the main one, and the listed agreement transaction is the one with the largest turnover. (2) The overall operation of the national carbon trading market is steady. Compared with the first compliance period, the market trading activity in the second period dropped steeply, and 55% of the trading volume so far this year occurred in January, with fewer subsequent transactions. The market continued to be sluggish, with the compliance period changed from one year to two years having a certain relationship. (3) In terms of carbon emission offsets, the emission control entities have used more than 30 million tons of CCERs to offset carbon emission allowances in the first compliance period, with a turnover of 900 million yuan. CCERs occupy an important position in the carbon emission trading system. Therefore, it is necessary to ensure that the allocation of allowances is slightly lower than the GHG emissions of enterprises in the current year under the premise of meeting stable economic growth, thus making the emission control units have the willingness to purchase CCERs. It is also necessary to control the total amount of CCERs to ensure that the price of CCERs is slightly higher than the price of carbon emission allowance, so that enterprises have the incentive to carry out low-carbon technology innovation and thus avoid spending on CCERs. (4) The interdependence between carbon market and carbon finance are getting closer and closer. The development of ETS has gradually become the premise and foundation for the development of carbon finance, and the financial attributes of the underlying carbon market transactions have become more and more obvious. At the same time, the introduction of supporting carbon finance initiatives and policies will boost the development of the national ETS.

The report constructs a comprehensive evaluation index system for China's ETS. The system is constructed by taking the objectives of carbon market construction and market operation into account. It includes five dimensions of transaction scale, market structure, market value, market activity, and market volatility, selecting 10 specific indicators. In order to improve the granularity of the analysis data, the indicator system is based on monthly trading data. The analysis of China's ETS performance over 242 trading days from July 16, 2021 to July 16, 2022 reveals that the composite scores of the national ETS and the eight ETS pilot markets have all increased to varying degrees. Thanks to the valuable experience accumulated by the pilot markets over time, the national ETS developed relatively quickly during the initial stage of construction, and the trading mechanism operated relatively smoothly, quickly surpassing the ETS pilot markets in several key indicators such as trading scale, trading price, and market activity, with the largest increase in the composite score.

Generally speaking, the prominent problem of China's national ETS is the lack of effectiveness. This is caused by a number of reasons. (1) From the perspective of the allocation mechanism, the certified emission reductions (CERs) is set based on the carbon emission intensity of the regulated enterprises, and there are problems such as the lag in the accounting of allowances and the unstable supply. Due to the time lag in the allocation and payment process, enterprises holding CERs in advance will bear the risk of carbon price fluctuation, so they prefer to trade according to the total amount of CERs when they are close to compliance; (2) The participating subjects in the national ETS are limited, and only around 2000 enterprises in the power sector are included in the market, and investment institutions and other subjects have not been permitted to participate in the market. Therefore, enterprises mainly participate in trading with the goal of completing compliance, and the frequency of trading is very low; (3) the cognition and preparation of enterprises are insufficient. Enterprises have little awareness of risk management and lack of demand for carbon financial product innovation in the absence of spot market transactions, further limiting the launch of related products; (4) the market supervision system needs to be improved. At present, the national carbon trading market is regulated by the Ministry of Ecology and Environmental Protection, but the regulation of financial trading products is under the Securities and Futures Commission (SFC). The difference in the system between the departments is also one of the reasons that affects innovation, and thus market liquidity. Afterall, the national ETS has been launched less than two years, and there is still a long way to go.

This report not only analyzes from the market level, but also penetrates into the microscopic level of enterprises. Through in-depth research and visits to enterprises, relevant governmental departments, and trading centers, the report understands the distribution of different types of regulated enterprises, the compliance situation and offsetting situation of participating in the national ETS. Furthermore, it grasps the current level of enterprises' engagement in the market and their ability to cope with carbon prices from various aspects, such as enterprises' low-carbon awareness and concepts, enterprise strategic positioning, carbon management system construction, carbon data management platform construction, and carbon trading management capacity construction.

In the face of the problems and shortcomings of the market and enterprises in the initial stage of the national ETS, this report believes that: in the future, China should continue to follow up the development experience and development trend of the relatively mature ETS markets. Meantime, the scope of the included sectors should be expanded as soon as possible, the design of the mechanism for the entry of multiple entities into the market should be executed, and the scale of capital and average market activity should be expanded as well. To strengthen the formulation of carbon financial standards, promote carbon financial innovation is also going to be important. To speed up the construction of information platform, and enhance the coordination of the market at all levels is something to be considered. From the enterprise perspective, how to improve the awareness of carbon management, and construct carbon management system, and cultivate professional talents is important for the enterprises to keep developing sustainably. From the instituitional perspetive, a hybrid carbon pricing mechanism with the synergy of "carbon tax + carbon market" should be put on the agenda, and the acceleration of legislation related to climate change and carbon market in China need to be considered as well.

Keywords: "Carbon Peaking and Carbon Neutrality" Goals; Carbon Emission Trading Market; Green and Low-carbon Transition; Carbon Finance Innovation

Contents

I General Report

Abstract: This chapter firstly summarizes the construction and development of the global carbon emission trading system, sorts out the specific path of China's carbon emission trading system and the operating mechanism of China's carbon market. Secondly, it conducts a statistical investigation on the price fluctuation and trading volume of the national carbon emission trading market, and puts forward the challenges and expectations in the development process of the national carbon emission trading market in the internal and external environment. Thirdly, this part analyzes the operations and problems of the pilot carbon trading market from the two aspects of carbon trading performance and offset, and expounds the evolution and implementation of the national carbon market policy. Finally, according to the existing problems and development characteristics of the national carbon market and each pilot market, we put forward policy optimization suggestions and future development prospects, in order to provide experiences and illuminations for China's carbon market improvement and green economy transformation.

Keywords: Carbon Emission Trading Market; Pilot Carbon Trading Market; Low Carbon Transformation

Ⅱ Pilot Carbon Trading Market Reports

Abstract: Carbon emissions trading is an important means to control greenhouse gas emissions by using market mechanisms, and it is also an important institutional guarantee and an important starting point for implementing the vision of "carbon peak by 2030 and carbon neutrality by 2060". At current stage, China has successively launched carbon trading pilot markets in Shenzhen, Shanghai, Beijing, Guangdong, Tianjin, Hubei and Chongqing, achieving remarkable practical results. However, the operational problems existing in each carbon trading pilot market cannot be ignored, which is an important factor hindering the further development of the market and the full play of the market role. Clarifying the basic development and data characteristics of each carbon trading pilot market is an important prerequisite for clarifying the operational problems of the market. Therefore, from the perspectives of carbon trading volume and carbon trading price, this paper makes an in-depth study on the current situation of carbon trading volume in each carbon trading pilot market and the volatility of carbon trading price in each carbon trading pilot market, in order to provide factual basis for the analysis and research of the development challenges and operation problems of carbon trading pilot market in the following.

Keywords: Pilot Carbon Trading Market; Carbon Trading Volume; Carbon Trading Price

B.3 Opportunities and Challenges for the Development of China's Pilot Carbon Trading Market

Fang Fang, Xiao Zumian / 087

Abstract: In recent years, the emission reduction policies in China have been increasing and the economy of China has accelerated transformation, which undoubtedly provides potential opportunities for the development of carbon trading pilot markets. However, it cannot be ignored that along with the increase of trading varieties and participants, there are still many problems in system construction, infrastructure improvement and performance supervision of China's national carbon market, which is in the initial stage of development that needs to be improved urgently. Additionally, although foreign carbon emission trading systems established earlier, can provide more experience for China's further construction, the background of carbon trading in developed countries such as the European Union and the United States is quite different from our own environment. For example, For example, the proportion of high energy-consuming industries in China is relatively high, the process of comprehensively deepening reform is still advancing simultaneously, and the cross-impact of various social and economic factors is more significant. Thus, according to our own background, it is urgent and necessary to seize the new development opportunities of the carbon trading pilot market and make clear the development challenges it faces, which is the basis for the smooth development of China's carbon market and the only way for China to continue to implement the "double carbon" goal.

Keywords: Carbon Emissions Trading Market; Carbon Tariff; Local Pilot Carbon Market

B.4 Countermeasures and Suggestions for the Development of China's Pilot Carbon Trading Market

Wang Ying, Yin Zhichao / 095

Abstract: The solution to the operation problems of the carbon trading pilot market and the response to the development challenges of the carbon trading pilot market are important guarantees to ensure the further development of the carbon trading pilot market and the full play of the emission reduction, and pollution reduction of the carbon trading pilot market. It has important theoretical and practical significance for optimizing the allocation of carbon resources and promoting the accelerated transformation of the economy. Therefore, based on the above analysis of the development opportunities and challenges of the carbon trading pilot market, this paper puts forward some countermeasures and suggestions, such as further improving the high-level legal and regulatory system, accelerating the improvement of the middle-level supervision mechanism of the carbon trading pilot market in terms of information disclosure and workflow, and orderly expanding the lower-level participants and trading industries to enhance the breadth and depth of the carbon trading pilot market.

Keywords: Carbon Emission Trading System; Pilot Carbon Trading Market; Legal Support; Supervision Mechanism

Ⅲ Region and Industry Reports

B.5 Operation of Guangdong Pilot Market (2021-2022)

Zhang Chen, Chen Hao / 101

Abstract: As a pioneer of China's reform and opening up, Guangdong is a bridgehead of exploring ventures. It is one of the pilots to build the carbon trading market in China, which has achieved remarkable efficacy and considerable implications in the institutional construction and market tool innovation. Since the launch of Guangdong pilot carbon market in 2013, the market trading scale has steadily ranked first in the country, the controlled industry has achieved outstanding outcomes in carbon emission reduction, which has become an important support for Guangdong to promote high-quality development. With the acceleration of the national carbon market construction and the pressure of international carbon tariffs, Guangdong pilot carbon market will carry out in-depth and large-scale reforms in top-level mechanism construction, infrastructure optimization, international cooperations and other fields.

Keywords: Pilot Carbon Trading Market; Carbon Inclusion; Carbon Market; Carbon Tariff

Abstract: Shandong is the highest carbon emissions province in China. There are many high emission enterprises in Shandong, thus the number of controlled enterprises in Shandong ranks first among all provinces and cities in the list of key emission enterprise. However, Shandong has not experienced the pilot work of carbon emissions trading, and the enterprises do not have the carbon asset management knowledge and carbon market trading experience, which makes it difficult for enterprises to deliver carbon emission allowances on schedule. With the overall coordination of government departments at all levels in Shandong Province and the active participation of enterprises, the Shandong enterprises have delivered satisfactory answers in the past year, and the cumulative turnover of carbon allowance has reached 4.60-billion-yuan, accounting for 58.14% of the total turnover of China. In the first implementation cycle, except for 13 enterprises closed down by the court and 2 enterprises closed down for cancellation, the remaining 305 enterprises in normal operation completed their implementation tasks within the specified period. At present, the work in the second implementation cycle is being carried out in an orderly manner.

Keywords: Shandong Province; Carbon Trading Market; Non-pilot Province

Abstract: China's electricity carbon emissions account for nearly 50% of the country's overall carbon emissions, thus promoting green transformation of electricity industry is the priority to achieve "dual goal". Moreover, since the relatively sound management system, simple workflow and easy to measure carbon dioxide emissions, the electricity industry becomes the first industry that various countries choose to bring into carbon markets. On July 16, 2021, the national carbon emission trading market was officially launched, with 2162 participating electricity enterprises, covering about 4.5 billion tons carbon dioxide emissions. Based on the realistic background, this chapter analyzes the trading behaviors of these enterprises in the national carbon market by region and industry through field research and data statistics, summarizes the characteristics of enterprise transactions and performances, and finally provides countermeasures and suggestions for the electricity enterprises to cope with the difficulties in transactions through the analysis of outstanding enterprise cases.

Keywords: Electricity Enterprises; Carbon Asset Management; National Carbon Market

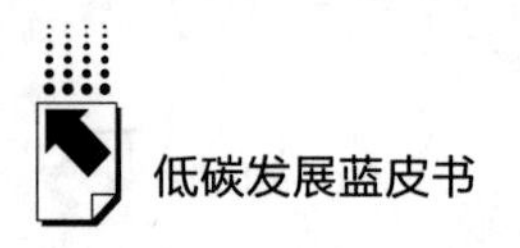

Ⅳ Carbon Finance Reports

B.8 Research Trend and Policy Evolution of Carbon Finance

Hu Xinxin, Nie Libin and Li Yue / 160

Abstract: Under the target of "Dual Carbon", carbon finance is an important tool to improve the transparency of carbon trading market and promote the efficiency of carbon pricing. Market participants can use carbon financial derivatives for sustainable investment and financing, manage carbon costs and hedge climate risks. As the launch of carbon trading markets in various countries, the carbon financial systems are also being rapidly constructed, and their experiences are conducive to improve the development of China's carbon finance. B8 first defines the relevant concepts of carbon finance and its function. Based on this, it combs the related researches about carbon finance at home and abroad, and introduces the successful experience of the international carbon finance systems from the aspects of policy, regulation, market supervision, etc. The chapter further sorts out China's carbon finance policies, and summarizes that the participants and financial derivatives in China's carbon finance market are lacking compared with the highly financialized international carbon market. Finally, this part proposes the construction and development direction of China's carbon finance.

Keywords: Carbon Finance; Financial Derivatives; Sustainable Investment and Financing

B.9 Operation and Innovation of Carbon Finance Market

Chang Huiyu, Jiang Haihui and Shi Tou / 175

Abstract: Under the background that green and low-carbon development has gradually become a global consensus, the improvement of relevant mechanisms of the carbon financial market and the continuous expansion of its coverage have promoted the rapid development of the global carbon financial market. The carbon financial market consists of voluntary carbon reduction market and mandatory carbon reduction market. Among them, the voluntary carbon reduction market, which is based on carbon credit, is divided into over-the-counter market and exchange traded market. The mandatory carbon reduction market which is the focus of the global carbon financial market development takes carbon allowance as the target asset, and formed a "one regional level, eight national level, eighteen provincial or state level, and six city level" structure at present. In general, the carbon financial market in developed countries such as the EU and the United States has been operating for a long time, and have the mature business models, rich carbon financial instruments, and large transaction scale. However, China's carbon financial market started late and still faces problems such as poor infrastructure and insufficient liquidity. In this regard, China's carbon financial market needs to expand the scope of the industry, strengthen the formulation of carbon finance standards, accelerate the construction of information platform, improve the corresponding legal system and mechanism, and promote the design of carbon finance products, so as to make the operation of China's carbon financial market more standardized and improved.

Keywords: Carbon Finance Market; Financial Instruments; Carbon Finance Policy

V Evaluation Report

Abstract: With the operation and development of the national carbon trading market, the role and significance of carbon emission trading system in achieving China's national emission reduction goals will become increasingly prominent. Building a comprehensive evaluation index system and evaluating the operation of China's carbon trading market are of great practical significance for China to successfully achieve the emission reduction goals. On the basis of previous studies, this study overcame the limitations of existing studies, combined with the construction goals and market operations, comprehensively considered five dimensions of transaction scale, market structure, market value, market activity, and market volatility, and selected 10 specific indicators to build a comprehensive evaluation index system, and evaluated the operation of China's carbon trading market for 242 trading days from July 16, 2021 to July 16, 2022 based on monthly transaction data. The results showed that in the past year, the comprehensive scores of the national carbon market and the eight pilot carbon trading markets have risen to varying degrees. Benefiting from the valuable experience accumulated in the pilot carbon trading market for a long time, the national carbon market has developed rapidly at the initial stage. The national carbon market quickly surpassed the pilot carbon trading market in several key indicators, such as transaction scale, market value and market activity. In general, since the launch of the national carbon market, the market has operated steadily on the whole, established a basic scientific and effective system, and played a role in promoting enterprise emission reduction and carbon pricing. However, due to the fact that it is still in the primary stage, the national carbon market still has some problems, such as single industry, low market trading activity, and few types of trading products. In this regard, this paper put forward some suggestions to promote the development of China's carbon market from the perspectives of expanding coverage, improving activity and liquidity, promoting the restart of CCER and introducing carbon financial products.

Keywords: Carbon Trading Market; Comprehensive Evaluation Index System; TOPSIS

Ⅵ International Experience and Lessons

Abstract: With the global warming becoming more and more intense, linking the carbon markets of various countries and regions around the world and building a global carbon emission trading system are of great significance for promoting the reduction of carbon emissions, reducing the overall cost of emission reduction, stimulating low-carbon technology innovation, and guiding the coordinated development of social economy and the environment. China is deeply involved in global climate governance and leads international cooperation on emission reduction. This puts forward higher requirements and more challenges for China's international carbon market construction and enterprise carbon management. Seek input from your opposites. The advanced practice of foreign countries in carbon market linking has accumulated beneficial experience in regional coordinated emission reduction. This chapter taking the EU and Norway, Australia and the EU, as well as Quebec and California as examples, described the current status of the international carbon market linkage. Then, the theoretical basis and practical risks of carbon market linkage were elaborated. Finally, based on the development stage and characteristics of China's carbon market, this chapter put forward some suggestions on the international linkage of China's carbon market from the aspects of object selection, laws and regulations, linking methods, and regional pilot.

Keywords: International Carbon Market Link; Market Risk; Global Cooperation on Emission Reduction

B.12 Experiences of Carbon Asset Management and Carbon Trading Strategy of Foreign Enterprises

He Qi, Li Xinhui, Hu Kangying and Xu Wei / 248

Abstract: With the maturity of the international carbon trading system, carbon emission data verification and management will become more and more strict and standardized. Understanding the policy orientation, grasping the market rules, reasonably allocating the carbon assets of enterprises, actively participating in carbon trading, making full use of carbon financial tools, creating more environmental and economic benefits, and reducing the cost of low-carbon transformation of enterprises are of great significance to the green and healthy development of enterprises. The successful practices of foreign enterprises in carbon asset management provide a feasible path for enterprises to make green transformation and innovate profit models. This chapter taking three foreign enterprises as examples, introduced the carbon asset management status and successful experience of foreign enterprises. Then combined with the practical problems of Chinese enterprises in carbon asset management, this chapter put forward suggestions from the perspective of carbon data management, enterprise carbon accounting, green financial instruments, etc. In addition, taking three enterprises as examples, this chapter introduced the carbon trading strategies of foreign enterprises, and provided practical experience for Chinese enterprises to participate in carbon trading market.

Keywords: Carbon Asset Management; Trading Strategy; Energy Transition

Ⅶ Appendixes

皮 书

智库成果出版与传播平台

✤ 皮书定义 ✤

皮书是对中国与世界发展状况和热点问题进行年度监测，以专业的角度、专家的视野和实证研究方法，针对某一领域或区域现状与发展态势展开分析和预测，具备前沿性、原创性、实证性、连续性、时效性等特点的公开出版物，由一系列权威研究报告组成。

✤ 皮书作者 ✤

皮书系列报告作者以国内外一流研究机构、知名高校等重点智库的研究人员为主，多为相关领域一流专家学者，他们的观点代表了当下学界对中国与世界的现实和未来最高水平的解读与分析。截至 2022 年底，皮书研创机构逾千家，报告作者累计超过 10 万人。

✤ 皮书荣誉 ✤

皮书作为中国社会科学院基础理论研究与应用对策研究融合发展的代表性成果，不仅是哲学社会科学工作者服务中国特色社会主义现代化建设的重要成果，更是助力中国特色新型智库建设、构建中国特色哲学社会科学“三大体系”的重要平台。皮书系列先后被列入“十二五”“十三五”“十四五”时期国家重点出版物出版专项规划项目；2013~2023 年，重点皮书列入中国社会科学院国家哲学社会科学创新工程项目。

皮书网

（网址：www.pishu.cn）

发布皮书研创资讯，传播皮书精彩内容
引领皮书出版潮流，打造皮书服务平台

栏目设置

◆ 关于皮书

何谓皮书、皮书分类、皮书大事记、
皮书荣誉、皮书出版第一人、皮书编辑部

◆ 最新资讯

通知公告、新闻动态、媒体聚焦、
网站专题、视频直播、下载专区

◆ 皮书研创

皮书规范、皮书选题、皮书出版、
皮书研究、研创团队

◆ 皮书评奖评价

指标体系、皮书评价、皮书评奖

◆ 皮书研究院理事会

理事会章程、理事单位、个人理事、高级研究员、理事会秘书处、入会指南

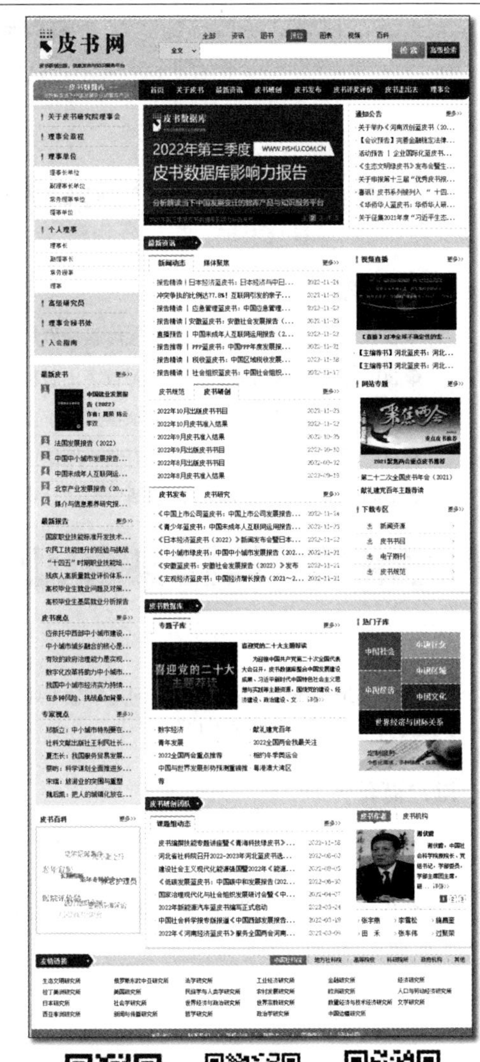

所获荣誉

◆ 2008 年、2011 年、2014 年，皮书网均在全国新闻出版业网站荣誉评选中获得“最具商业价值网站”称号；

◆ 2012 年，获得“出版业网站百强”称号。

网库合一

2014年，皮书网与皮书数据库端口合一，实现资源共享，搭建智库成果融合创新平台。

皮书网

“皮书说”
微信公众号

皮书微博

中国社会发展数据库（下设 12 个专题子库）

紧扣人口、政治、外交、法律、教育、医疗卫生、资源环境等 12 个社会发展领域的前沿和热点，全面整合专业著作、智库报告、学术资讯、调研数据等类型资源，帮助用户追踪中国社会发展动态、研究社会发展战略与政策、了解社会热点问题、分析社会发展趋势。

中国经济发展数据库（下设 12 专题子库）

内容涵盖宏观经济、产业经济、工业经济、农业经济、财政金融、房地产经济、城市经济、商业贸易等 12 个重点经济领域，为把握经济运行态势、洞察经济发展规律、研判经济发展趋势、进行经济调控决策提供参考和依据。

中国行业发展数据库（下设 17 个专题子库）

以中国国民经济行业分类为依据，覆盖金融业、旅游业、交通运输业、能源矿产业、制造业等 100 多个行业，跟踪分析国民经济相关行业市场运行状况和政策导向，汇集行业发展前沿资讯，为投资、从业及各种经济决策提供理论支撑和实践指导。

中国区域发展数据库（下设 4 个专题子库）

对中国特定区域内的经济、社会、文化等领域现状与发展情况进行深度分析和预测，涉及省级行政区、城市群、城市、农村等不同维度，研究层级至县及县以下行政区，为学者研究地方经济社会宏观态势、经验模式、发展案例提供支撑，为地方政府决策提供参考。

中国文化传媒数据库（下设 18 个专题子库）

内容覆盖文化产业、新闻传播、电影娱乐、文学艺术、群众文化、图书情报等 18 个重点研究领域，聚焦文化传媒领域发展前沿、热点话题、行业实践，服务用户的教学科研、文化投资、企业规划等需要。

世界经济与国际关系数据库（下设 6 个专题子库）

整合世界经济、国际政治、世界文化与科技、全球性问题、国际组织与国际法、区域研究 6 大领域研究成果，对世界经济形势、国际形势进行连续性深度分析，对年度热点问题进行专题解读，为研判全球发展趋势提供事实和数据支持。